“十四五”时期国家重点出版物出版专项规划项目
材料研究与应用丛书

航空材料概论

Introduction to Aeronautical Materials

（第2版）

U0223258

主　编　徐吉林
主　审　罗军明

哈尔滨工业大学出版社
HARBIN INSTITUTE OF TECHNOLOGY PRESS

内 容 提 要

本书主要内容包括：航空与材料的关系、轻金属及超高强度钢、高温结构材料、先进复合材料、航空用功能材料。本书重点讲述航空工业中所涉及的铝、镁、钛等轻金属和高强度钢、发动机用的高温金属结构材料、先进航空用复合材料及功能材料。

本书适合作为高等院校航空航天类、材料类、机械类等相关专业本科及研究生的教材，也可供从事航空材料研究及技术开发的科技工作者参考。

图书在版编目(CIP)数据

航空材料概论/徐吉林主编. —2 版. —哈尔滨：
哈尔滨工业大学出版社,2022.1(2025.1 重印)
ISBN 978-7-5603-9862-4

Ⅰ.①航…　Ⅱ.①徐…　Ⅲ.①航空材料–高等学校–
教材　Ⅳ.①V25

中国版本图书馆 CIP 数据核字(2021)第 258538 号

策划编辑　杨　桦
责任编辑　杨　硕
封面设计　刘　乐
出版发行　哈尔滨工业大学出版社
社　　址　哈尔滨市南岗区复华四道街 10 号　邮编 150006
传　　真　0451-86414749
网　　址　http://hitpress.hit.edu.cn
印　　刷　哈尔滨久利印刷有限公司
开　　本　787mm×1092mm　1/16　印张 13　字数 290 千字
版　　次　2013 年 3 月第 1 版　2022 年 1 月第 2 版
　　　　　2025 年 1 月第 3 次印刷
书　　号　ISBN 978-7-5603-9862-4
定　　价　36.00 元

第 2 版前言

　　随着我国航空事业的飞速发展,航空类专业人才的需求越来越大。而航空工业的发展又离不开航空材料的发展,这就需要有相应的航空材料类教材,本书《航空材料概论》由此而来。本书适合作为高等院校航空航天类、材料类、机械类等相关专业本科及研究生的教材,也可供从事航空材料研究及技术开发的科技工作者参考。

　　以往的航空材料类教材偏重于材料科学基础知识和传统工程材料,对航空航天新材料及其制造工艺涉及较少。因此,本书从内容安排上省略了材料科学基础知识,重点讲述航空工业中所涉及的铝、镁、钛等轻金属和超高强度钢,发动机用的高温金属结构材料,先进航空用复合材料及航空用功能材料,并将航空材料的最新科研成果编入书中,让学生能够接触到航空材料研究的最前端。

　　本书自 2013 年出版以来,受到了广大读者的好评。应读者建议并顺应航空材料的发展,现将本书修订再版。本版对第 1 版中的编写错误和一些数据进行了更正,添加了3D 打印技术在航空航天材料中的应用,如 3D 打印铝合金、3D 打印钛合金、3D 打印高温合金等。本版仍分为 5 章,第 1 章介绍材料与航空的关系、航空材料的一般特点及我国航空材料发展所遇到的问题和发展思路;第 2 章介绍铝、钛、镁、超高强度钢的基本性质和制造工艺及其在航空航天中的具体应用;第 3 章介绍航空发动机用高温金属结构材料,包括高温钛合金、高温合金、金属间化合物、难熔金属及其合金;第 4 章介绍先进复合材料及其制造工艺,包括聚合物基、金属基、陶瓷基和碳/碳复合材料;第 5 章介绍航空用功能材料,包括隐身材料、形状记忆合金和常用的功能陶瓷。

　　本书由南昌航空大学徐吉林编写。南昌航空大学罗军明教授主审,并提出许多宝贵意见,对此深表谢意。感谢连璐、张剑平、黄俊、崔世宇等老师在文字和图片处理等方面给予的帮助。本书的出版获得了南昌航空大学的资助,在此表示感谢。

　　由于编者水平有限,书中难免存在疏漏之处,敬请广大师生和读者批评指正。

编　者

2021 年 12 月

目　　录

第1章 绪 论

1903 年 12 月 17 日,美国的莱特兄弟首次把有动力、可操作和可持续飞行的飞机送上天空,揭开了人类航空事业的新纪元。航空是指飞行器在地球大气层内的航行活动,航天是指飞行器在大气层外宇宙空间的航行活动。实现航空航天飞行器的航行活动,是人类认识自然和改造自然、开拓新天地、扩大社会生产活动空间的追求和必然,也是人类文明高度发展的重要标志。

飞机是一种极其重要的交通运输工具,也是一种现代战争中不可替代的重要常规武器,同时又在工、农、林、牧、渔等国民经济建设的各行各业中有着广泛的应用。迄今为止,全世界已经生产了数十万架各类军用飞机和民用飞机以及上百万台各类航空发动机。历史证明,航空工业的发展始终离不开航空材料的发展,因为航空材料与航空技术的关系极为密切,可以说航空材料是整个航空工业的主要基础之一。一套先进飞机或发动机的设计方案,必须有与之相适应的航空材料,才能付诸实现。从航空工程技术的发展历史来看,材料性能的提高,保证了设计上的要求,提高了飞机、发动机的性能。因此,了解和掌握航空材料的过去、现在和将来,是进一步发展航空工业的前提。

1.1 材料与航空

材料种类繁多,那么什么样的材料可称为航空材料?到目前为止,国内外没有给航空材料进行确切的定义,一般来说,航空材料是指制造航空器、航空发动机和机载设备等所用各类材料的总称。一架军用飞机包括机体、发动机、机载电子设备和火力控制四大部分。一架民用客机包括机体、发动机、机载电子设备和机舱四大部分。机体材料和发动机材料是航空材料中最重要的结构材料;而电子信息材料是航空机载装置中最重要的功能材料,但它一般不直接算作航空材料。

与其他工程材料一样,航空材料按化学成分也可分为金属材料、无机非金属材料、高分子材料和复合材料。金属材料有铝合金、镁合金、钛合金、钢、高温合金、粉末冶金合金等;无机非金属材料有玻璃、陶瓷等;高分子材料有透明材料、胶黏剂、橡胶及密封剂、涂料、工程塑料等;复合材料有聚合物基复合材料、金属基复合材料、无机非金属基复合材料、碳/碳复合材料等。航空材料按使用功能可分为功能材料和结构材料,这里的结构指的是机身、机翼、垂直尾翼、水平尾翼、各种操纵面板、起落架(除传动机构之外的部分)等,用于加工制造这些结构的单元件的材料都属于结构材料。航空材料按使用部位可分为飞机机体材料、发动机材料、机载设备材料。

材料不仅是制造航空产品的物质基础,也是使航空产品达到人们所期望的技术性能、使用寿命与可靠性的技术基础。航空技术的进步与发展对航空材料起着积极的

"牵引"作用;与此同时,材料科学与工程的发展,新型材料的出现,制造工艺与理化测试技术的进步,又为航空新产品的设计与制造提供重要的物质与技术,从而对航空产业的发展起着有效的"推动"作用。例如,承载与隐形一体化材料的出现,既是隐形飞机设计构思提出的需求,也使隐形飞机从设想变为现实;优质单晶高温合金的出现,使发动机涡轮前温度得以大大提高,推动了高推重比航空发动机的进步。航空材料的发展还起到先导作用,推动了其他产业的发展,如,机体材料的进步不仅推动飞行器本身的发展,而且带动了地面交通工具及空间飞行器的进步;发动机材料的发展则推动着动力产业和能源行业的推陈出新。航空材料反映结构材料发展的前沿,代表了一个国家结构材料技术的最高水平。"一代材料,一代飞行器"是航空工业发展的生动写照,也是航空材料带动相关领域发展的真实描述。

从目前来看,航空材料同从基础理论到应用技术几十个不同学科有着密切的联系,在材料科学与工程中占有重要的地位,可以说航空材料学已经成为材料科学的一个独立分支。航空材料的研究在材料科学与工程中所起到的重要作用表现在两个方面:一方面,对材料成分、组织结构以及成形工艺与性能之间的关系的研究,促进了材料的合理使用和新材料的研制;另一方面,材料研究的深入与广泛,促进了一些有关学科的发展,有时会形成新的学科的一个门类。如,高强度材料在航空航天上的应用,对断裂力学的发展起到推动作用;由于一些高强度材料用来制造飞机、发动机上承受最大载荷的零件,为保证飞行安全,高强度材料制件的无损检测技术又成为迫切需要解决的问题,相应的各种新的无损检测技术不断出现,本身又形成了一个内容丰富的专门学科。

1.2　航空材料的演变和展望

一百多年来,材料与飞机一直在相互推动下不断发展,飞机机体的材料结构经历了四个阶段的发展,目前已经跨入第五阶段。图 1.1 所示是不同时期的典型飞机。

第一阶段(1903～1919 年):木、布结构。早期的飞机结构很简单,所用的材料主要是木材、蒙布、金属丝、钢索等,以后又发展为木材与金属的混合结构。1912 年,德国人汉斯·雷斯涅尔成功设计了世界上第一架用纯铝制成的全金属单翼飞机,但直到 20 世纪 30 年代全金属承力蒙皮才逐渐成为普通的结构形式。

第二阶段(1920～1949 年):铝、钢结构。到 20 世纪三四十年代,镁合金开始进入航空材料的行列。到 20 世纪四五十年代,不锈钢成为航空结构材料。

第三阶段(1950～1969 年):铝、钛、钢结构。到了 20 世纪 50 年代中期,钛合金开始用作航空结构材料,后被用于飞机的高温部位。在 20 世纪 60 年代末期,树脂基先进复合材料成为航空结构材料,后来在碳、硼纤维树脂基复合材料的基础上,又出现了金属基复合材料。

第四阶段(1970 年～21 世纪初):铝、钛、钢、复合材料结构(以铝为主)。现代飞机大量采用新型材料。如,F-14(美国,1970 年)的机体结构中有 25% 的钛合金、15% 的钢、36% 的铝合金,还有 4% 的非金属材料和 20% 的复合材料;而 F-22(美国,1989 年)

的飞机结构中钛合金的用量达到了41%,复合材料的用量达到了24%。

第五阶段(21世纪初至今):复合材料、铝、钛、钢结构(以复合材料为主)。由于复合材料的比强度、比模量和性能的可设计性,相信未来先进飞机的结构材料必将是以复合材料为主,而金属铝、钢结构将进一步减少。

(a)飞行者一号(1903年)　　　　　　　　(b)Me 109(1935年)

(c)F-100F(1957年)　　　　　　　　　(d)F-14(1970年)

(e)F-22(1989年)

图1.1　不同时期的典型飞机

在飞机用材方面,亚音速飞机和超音速飞机也是有差别的。亚音速飞机以铝合金为主要结构材料,它占材料比重约为80%,这不仅是因为铝合金具有资源丰富、价格低廉和容易加工的优点,更重要的原因是铝合金具有足够的强度、断裂韧性和抗应力腐蚀的能力。在亚音速飞机上使用铝合金能够得到质量最轻的结构。所以,在马赫数

$Ma<2.5$ 的超音速飞机上,铝合金仍然占据重要地位。

但是在 $Ma>2.5$ 的飞机上,存在热障问题。图 1.2 所示为飞机在 20 km 高空,以 $Ma=3$ 的速度高速飞行时,飞机外表面驻点温度分布状态图。由图可见,在这种状态下,由于气动力热,飞机表面蒙皮温度可达到 240 ~ 315 ℃。因此,现有铝合金在性能上已经不能满足要求,一般都采用钛合金和蒙皮钢来代替,例如美国的 SR-71 和苏联的米格-25 等机种就是如此。

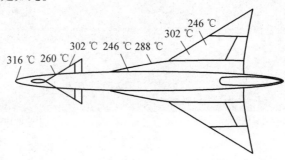

图 1.2　飞机在 20 km 高空 3 倍声速飞行时表面驻点温度分布

在相当长的时期内,铝合金仍将是亚音速飞机和低超音速飞机的主要结构材料之一。即使是 $Ma=2.5$ 的超音速飞机,铝合金也不会被其他材料全部替代。而且,粉末冶金铝合金、低密度的铝锂合金在性能上还显示出一定的适应能力。

结构钢工艺简单、性能稳定,并且一些新型超高强度钢相继出现,因此在今后一段时间内,结构钢仍然会是起落架、主要接头、隔框等一些主要承力构件的备选材料。

钛合金在飞机结构材料中所占的重要地位虽然已确定无疑,而且在先进飞机上的用量一直呈现增加趋势,但是较贵的价格,是影响其使用的一个很大因素。所以,钛合金作为飞机的主要结构材料,其使用范围究竟能扩大到什么程度,这将取决于它的可靠性和经济性,即它所能达到的性能指标及其工艺的先进程度。

先进复合材料具有比钢、铝、钛高得多的比强度、比模量和耐疲劳等优点,在目前的先进飞机结构材料中所占比例逐年递增,在未来高性能的飞机结构材料中,将会占相当重要的地位。

作为飞机动力装置的发动机,早期为一般的活塞式发动机,所用的材料以普通碳素钢为主。到了 20 世纪 40 年代,虽然人们已经掌握了喷气式发动机的设计原理,但在当时还没有合适的耐高温材料,使得在提高喷气式发动机的性能上受到了限制。直到 20 世纪 50 年代初,英国的怀特发动机首次使用了 Nimonic75 镍基合金来制造发动机涡轮叶片,才为喷气式发动机的发展开辟了一条道路。到了 20 世纪 60 年代,为了保证设计对合金性能的要求,出现了使用真空熔炼方法制备的 Udimet500、René77 等合金。为了适应 20 世纪 70 年代涡轮进口温度的要求,René80、René120 等高温合金相继研究成功并应用,而工艺上则由真空熔炼进一步向定向凝固、单晶、共晶等方向发展。目前,涡轮风扇发动机已成为主流,近十几年一直在尝试使用陶瓷基复合材料、碳/碳复合材料等高温合金,以进一步提高发动机的推重比和减少发动机的质量。

从航空材料的演变和发展可知,现代航空材料的发展趋势应该是种类增多,成本降低和性能提高,具体表现为:传统材料大有可为,新型材料亟待应用,新兴材料层出不穷,材料的通用化、标准化势在必行,可靠性、可维修性、低成本和环保性要求日趋严格。

现役飞机机体接头材料总体上仍以铝合金为主,钢用量趋于减少,钛合金用量显著增加,树脂基复合材料在承力件上得到全面应用,发展目标和趋势如下:

① 大力发展高比强度、高比刚度、高韧性、高损伤容限、抗腐蚀、耐环境等优异综合性能的先进结构材料,为高减重和长寿命设计提供材料基础。

② 积极开发结构承载和功能一体化,开发既能承受气动载荷又具备多功能的复合材料与结构。

③ 加强新材料疲劳寿命、耐久性和损伤容限设计与应用研究,提高机体使用寿命与可靠性。

④ 重视新材料及相关制备技术(如结构整体化及近成形技术),不断降低制造与维护成本。

航空发动机的发展方向是提高涡轮前温度、提高压气机增压比和降低油耗。总的发展趋势是传统金属材料与工艺将逐渐被一些新型材料和先进制造技术所代替,主要表现如下:

① 采用带热障涂层和采取各种先进冷却方式的单晶涡轮叶片或无冷却陶瓷、碳/碳复合整体涡轮,以满足1 650 ℃以上温度条件下的使用和减重要求。

② 减少压气机级数,采用整体结构,采用高温钛合金和金属间化合物制造低展弦比无凸台空心叶片。

③ 燃烧室采用短环形、浮壁结构,由金属发展到陶瓷浮壁、整体结构。

④ 增加寿命和降低全寿命成本,如F-119发动机总寿命为8 000 h,发动机冷端和热端寿命要求达到4 000 h和2 000 h。

1.3　航空材料的使用特点

航空产品具备高科技密集、系统庞大复杂、使用条件恶劣多变,要求长寿命、高可靠性和品种多、批量小等特点,从而使航空材料也相应地具有一系列基本特点:

①种类、品种、规格多。航空材料按用途分为结构材料、功能材料及工艺与辅助材料;按化学成分分为金属材料、有机高分子材料、无机非金属材料以及各种复合材料。各类材料又涉及众多的牌号、品种与规格。

②高的比强度和高的比刚度是航空结构材料的重要特点。减轻结构质量既可增加飞机、直升机的运载能力,提高机动性,加大航程,又可减少燃油消耗。因此,高强度铝合金、钛合金以及先进复合材料在航空上得到广泛的应用。

③高温合金是航空材料极其重要的组成部分。燃气涡轮(包括涡轮喷气、涡轮风扇、涡轮螺旋桨、涡轮轴)发动机是现代飞机、直升机的主要动力装置,而各类高温合金则是制造现代航空燃气涡轮发动机的关键材料。随着发动机推重比(或功重比)的提高,涡轮前温度也随之升高,对材料的耐温要求也越来越高。

④质量要求高。由于飞机、直升机是一种载人反复运行的产品,在规定的使用寿命期内,对使用可靠性、安全性有着极其严格的要求,因此对航空材料要进行严格的质量控制。

⑤抗疲劳性能是航空材料的另一个突出特点。大量的事实说明,在飞机、发动机所发生的失效事件中,约80%以上是各种形式的疲劳损伤所引起。航空材料的抗疲劳性能是关系航空产品使用可靠性和使用寿命的一项非常重要的性能指标。

⑥成本高、价格贵。航空产品品种多样而批量小,相应的航空材料的牌号品种也多,批量也小,难以形成规模化生产,同时质量要求又高,从而导致材料的成本高,价格贵。材料费用在航空产品成本中占有很大比重。

对于航空材料所使用的部位如机体结构、发动机或机载设备等,它们的特点又有所不同,而民用飞机和军用飞机由于其用途不同,所使用的材料也不尽相同。军用飞机的特点和对航空材料发展的需求目标及发展重点见表1.1;民用飞机的特点和对航空材料发展的需求目标及发展重点见表1.2。

表 1.1 军用飞机的特点和对航空材料发展的需求目标及发展重点

特点	对材料要求	发展重点
(1)超音速机动和超音速巡航能力 (2)一定的隐身能力 (3)超视距攻击能力和夜战能力 (4)高可靠性、可维修性及高耐久性	(1)大量采用轻质、高比强、高比模量材料 (2)某些部位的材料需要具有对电磁波和红外隐身特性 (3)大量采用损伤容限型材料 (4)材料环境适应性强 (5)高压液压系统要求高	(1)树脂基复合材料 (2)先进铝合金包括铝锂合金 (3)各类钛合金 (4)隐身材料 (5)新型超高强度钢 (6)高性能透明材料 (7)新型功能材料

表 1.2 民用飞机的特点和对航空材料发展的需求目标及发展重点

特点	对材料要求	发展重点
(1)安全性、可靠性要求高 (2)采用损伤容限设计 (3)耐久性要求高 (4)舒适性 (5)经济性和竞争性	(1)重要材料必须经过适航认证 (2)要求材料具有轻质、高强、高温、耐久等特性 (3)高可靠性要求材料性能实验数据满足民机设计数据的统计要求 (4)耐腐蚀性和环境适应性高 (5)消声阻尼减震的要求高 (6)舱内材料要求阻燃、无毒、低烟雾密度、高热释放速率 (7)材料价格有竞争力	(1)适航条件与技术 (2)损伤容限型高纯铝合金 (3)损伤容限型钛合金 (4)超高强度钢 (5)内装饰材料 (6)减振阻尼材料(金属、非金属) (7)材料损伤容限数据测试及方法研究 (8)低成本材料与技术 (9)先进复合材料

航空发动机相当于飞机的心脏,是确保飞机使用性能、可靠性和经济性的决定因素。航空发动机对航空材料发展的需求是以高推重比发动机为代表,是以军用航空发

动机的需求为主,主要是对各种高温材料的发展需求,尤其是发动机核心机转动部件所需的关键材料,即压气机盘和叶片所需的 550~600 ℃高温钛合金、燃烧室所需高温板材、涡轮部分所需的 650~750 ℃粉末涡轮盘材料及 1 050~1 100 ℃单晶叶片材料等。航空发动机对航空材料发展的需求目标和发展重点见表 1.3。

表 1.3 航空发动机对航空材料发展的需求目标和发展重点

特点	对材料要求	发展重点
(1)发动机主要特征参数: 压气机出口温度:635 ℃ 高压涡轮进口温度:1 715 ℃ 加力燃烧室温度:1 777 ℃ 压气机总增压比:25 (2)寿命要求: 冷端部件:4 000 h 热端部件:2 000 h (3)采用推力矢量喷管	(1)某些部件必须采用轻质超高温材料 (2)大量采用高温、轻质、高比强、高比模量材料 (3)需要大量各类钛合金 (4)材料抗氧化能力要求更高 (5)密封、隔热、润滑、轴承要求高	(1)单晶叶片材料 (2)粉末涡轮盘材料 (3)金属基复合材料 (4)高温高分子材料及其复合材料 (5)高温、高强钛合金 (6)金属间化合物及其复合材料 (7)高温无机材料 (8)高温密封材料、润滑材料、隔热材料 (9)超高温结构复合材料(陶瓷、碳/碳复合材料及难熔金属材料) (10)高温材料损伤容限数据测试及方法 (11)材料无损检测技术

1.4 我国航空材料的发展现状

我国的航空工业是在 20 世纪 50 年代开始建立的,它是和新中国一起成长、壮大起来的。早在 1951 年中央军委、政务院就颁发了《关于航空工业建设的决定》,成立了直属军委领导的航空工业委员会,并在国家重工业部设立航空工业局,以后陆续演变为第三机械工业部、航空工业部、航空航天工业部、中国航空工业总公司及中国航空工业第一集团公司、中国航空工业第二集团公司。中国航空产业经历了从修理、引进、仿制到改进、改型和自行设计研制的发展历程。用于制造航空产品的材料也经历了引进、仿制、改进、改型和自行研制的发展历程。到目前为止,我国已定型生产的航空用金属、有机高分子材料、无机非金属材料以及复合材料的牌号有 2 000 余个;已建成具有一定规模的航空材料研究与生产基地,拥有生产航空产品所需各类材料牌号、品种与规格的生产设备及检测仪器;先后制定了 1 000 余份各类航空材料、热工艺及理化检测标准(包括国标、国军标与航空标准);编写出版了《中国航空材料手册》《航空发动机结构设计用材料性能数据手册》及《航空材料选用目录》等;颁布了"航空工业材料及热工艺技术工作规定""航空材料(含锻、铸件)技术管理办法"等法规性文件。从总体上看,我国目前已定型生产的航空材料(含类别、牌号、品种与规格)及其相应的标准与规范,基本上能满足第二代航空产品批量生产的需求。针对第三代航空产品所需关键材料,如热强钛合金、高强铝合金、超高强度结构钢不锈钢、树脂基复合材料、单晶与粉末高温合金等,从技术上看,已具备试用条件,但要转化为在特定工况下使用的零部件,并体现出第三代航空产品的总体效能(技术与战术性能、使用可靠性与寿命以及经济效益等),尚需做大量的工作。

我国航空材料的现状与新一代航空产品(飞机以 F-22 为代表,发动机以推比 10 为代表)对材料的需求之间尚存在较大的差距,主要有以下三方面:

①前沿材料研究滞后,新材料储备小,第三代、第四代航空产品所需的一些关键材料,如快速凝固材料、高强轻质结构材料、热强钛合金、超高强度钢、金属间化合物及以其为基的复合材料、树脂基复合材料等的研究滞后。

②新材料研制、生产和应用研究的基础条件较差,如超纯熔炼、高温整体扩散连接、喷射成形、等温锻造、电子束沉积涂层、纳米材料制备、超高温检测、超声显微镜、激光无损检测等先进的合成与加工设备、质量检测与控制手段等不能满足新材料研制、生产与应用的需要。

③一些常用结构材料的质量不稳定,性能数据分散,表面质量差,尺寸精度低,有些品种规格不能正常供货,满足不了生产使用要求。

当前我国航空材料存在的问题,主要有以下几方面。

(1)材料牌号多且乱

各类材料均没有形成具有不同性能水平档次的牌号序列。我国现有各类航空材料牌号约 2 000 余个,居世界之首。如研制和生产的高温合金牌号有近 100 个,几乎是世界航空用高温合金牌号的总和。仅涡轮盘用高温合金先后共研制 13 个牌号。处在同一性能水平的有 7 个,真正适应并具有不同性能水平档次的只有 4 个牌号。根据《航空材料选用目录》所载,在我国各类航空产品上所用的结构钢共有 131 个牌号,不锈钢有 81 个牌号。编入《航空材料手册》的结构钢只有 47 个牌号,不锈钢也只有 36 个牌号。纳入国家军用标准的结构钢与不锈钢分别仅有 38 个和 32 个。有的仅在 1~2 个产品上制作 1~2 个零件,用途单一,用量极少,目前大部分是按企业标准或型号标准进行试生产。

(2)材料性能数据"少、缺、散"现象严重

大多数材料只有表征其性质与特征的基本性能数据,少数材料甚至只有技术标准中规定的五大力学性能(抗拉强度 σ_b、屈服强度 $\sigma_{0.2}$、伸长率 δ、断面收缩率 φ、冲击韧性 α_k)数据;某些用作关键件、重要件的材料,缺少按损伤容限设计的性能数据和按可靠性概率设计所需的统计性能数据,如 A 基值、B 基值及 -3σ 值等。零部件在使用环境温度、介质及应力综合作用下的使用性能数据更是缺少。受材料生产工艺技术水平、设备能力以及材料生产批量等的限制,材料冶金质量的稳定性、均匀性及一致性较差,导致材料性能数据分散,离散系数大。此外,在航空产品定寿、延寿及结构完整性研究过程中,所测定的材料性能数据目前大部分分散保存在各工厂和研究所,没有汇总集中和建立起统一的航空材料性能数据库,使国家花费巨额资金测试所得的材料性能数据处于分散状态,无法做到资源共享。

（3）材料的实物质量低

当前国内生产的航空材料，从总体上看，其标准质量（指技术标准规定的质量指标）基本上达到或接近国际水平，但材料的实物质量却普遍较低。主要表现在不同炉批的材料，其成分与性能虽然符合标准规定，但波动范围大，材质的一致性、均匀性和稳定性较差。

经过几代科研、生产与应用技术队伍的努力，我国已基本形成了比较完整的航空材料研制技术和批量生产能力，总体上基本满足了在研与批量生产飞机及其发动机对材料的需求，但一些关键材料上仍存在重要技术问题急待解决，具体有涡轮叶片、涡轮盘、钛合金、铝合金、超高强度钢和复合材料构件及其制备技术等存在的重大技术问题。

（1）涡轮叶片材料及其制造技术

为了满足高推重比叶片使用温度的要求，可采用陶瓷基复合材料、难熔金属铌合金和超气冷叶片。目前我国已拥有多种铸造高温合金用于生产或研制发动机。近期的研究应将提高定向和单晶叶片成套技术作为重点，选择一两个先进材料，完成材料研制、小批量生产和工程化全过程，不断提高叶片研制和批量生产的整体水平。加强涡轮叶片防护涂层技术、焊接技术等相关工艺研究，特别是陶瓷热障涂层技术等，以提高叶片的承温能力和使用寿命等。同时提高关键设备的配置，如具有高温度梯度的定向凝固装置、在线取向测定装置等。同时适当安排后继叶片的研制项目，如陶瓷、碳/碳复合材料以及难熔金属间化合物等。

（2）涡轮盘材料及其制造技术

当前，航空发动机涡轮盘制造一般采用常规铸锻工艺和粉末冶金工艺，此外，国内外也开展了喷射成形工艺方面的研究工作。我国目前采用的涡轮盘大部分是变形盘，最高工作温度为 650 ℃，满足不了高推重比发动机的需求。"九五"计划以来，重点研究了损伤容限型第二代粉末高温合金，采用等离子旋转电极制（PREP）粉末＋热等静压＋大气等温锻造的工艺路线。此外，我国已采用铸锻技术制造出 650 ℃以下使用的涡轮盘和压气机盘。目前，国内涡轮盘材料存在的主要问题是：粉末高温合金纯净度不高；与铸锻工艺技术制造高性能涡轮盘一样，需建立大型挤压机，以获得均匀、洁净的锻造用挤压预制坯等。在喷射成形方面，国内已研制出喷射成形装置，并制成航天用小型涡扇发动机涡轮盘。采用铸造＋热等静压研制的各种小型双性能盘已得到成功应用，但发动机双性能涡轮盘的研制尚处于应用基础研究阶段。

（3）钛合金及其构件

钛合金在飞机和发动机中的使用量也是衡量其先进性的重要指标之一。例如，美国第四代飞机 F–22 机体钛合金使用量已达 38.8%，其中，最大投影面积达 5.53 m² 的大型钛合金整体锻件，在机翼和后机身构件中都得到了广泛应用；美国先进的 V2500 发动机钛合金用量也达到了 30% 左右。我国在航空用钛合金方面的研究和应用也已取得一定进展，特别是对航空用高强度钛合金和中强度钛合金的研究已积累了较丰富的应用经验。近几年，我国自主研发的新型高强、高韧、可焊、损伤容限型钛合金已逐步得到了扩大应用，中等强度高损伤容限型钛合金也已进入工程化应用研究阶段，并已成为新一代飞机高减重和长寿命设计用主要钛合金材料。我国在纤维增强钛基复合材料、抗燃烧钛合金、Ti-Al金属间化合物等耐热钛合金的开发和应用方面也已经取得了突破性的进展,但离实际应用还有一个过程。今后,应加强损伤容限钛合金大型整体锻件制造及其工程应用,提升锻造、焊接、超塑成形、扩散连接及相应的配套装备水平;加强高温钛合金材料及其制造技术(整体叶盘制造等)的工程化应用研究;提高大型、薄壁、复杂钛合金精密铸件制造技术和应用成熟度等。

(4)铝合金及其构件

铝合金是飞机结构的主要材料。F-22战机采用了当时最先进的高纯铝合金7050和2124,用作机体内部结构(如框架、加强肋、腹板、接头件以及某些蒙皮等),其质量占前机身的50%、中机身的35%、后机身的22%、中央翼的23%。20世纪90年代以来,航空铝合金的发展取得了突破性进展,出现了以2524、7150、7055、2197等为代表的高性能铝合金。这些新型铝合金的出现使许多原先预计使用其他材料的飞机仍然采用铝合金制造,如Boeing777、A340、F35等。国内在"七五""八五"期间对一些重要的先进铝合金开展了研究,但未进行工程化应用研究;"九五""十五"期间安排了铝锂合金和高阻尼材料的预研工作;"十一五"期间,开展了先进铝合金的工程化研究工作,以满足国内新一代飞机的迫切需求。重点开展抗拉强度在700 MPa以上超高强度铝合金研究,耐温在150~300 ℃以上的高温铝合金研究,以及耐蚀、可焊铝合金和铝锂合金的研究工作。同时,加强大型熔炼、轧制、锻造等设备建设,开展大规格厚板、锻件等应用研究工作。

(5)超高强度钢

超高强度钢在现役飞机结构中约占5%,用于重要承力件中,如起落架、翼梁、承力螺栓等,其中低合金超高强度钢具有高强度和中等断裂韧度,例如GC-4、3и643、300M、35NCD;高合金超高强度钢主要是高Co-Ni的低碳二次硬化超高强度钢,具有超高强度、高断裂韧度和良好的耐腐蚀与耐应力腐蚀性能,例如AF1410、AerMet100等。为进一步提高耐腐蚀性能,超高强度钢的发展方向是二次硬化型的不锈齿轮钢。典型超高强度钢AerMet100比强度高,已成功用于国外F/A-18E/F、F-22和JSF-35飞机起落架。我国超高强度钢已经成功用于现役机种,使起落架的寿命达到与机体相同。耐腐蚀性和韧性更好的超高强度钢正在应用研究中,近期还发展了两种具有高断裂韧度的超高强度不锈钢和不锈齿轮钢。需要加强超高强度不锈钢和不锈齿轮钢的研制与应用研究,以及 $\sigma_b \approx 2\,400$ MPa的超高强度钢的探索研究。

(6)复合材料及其构件

复合材料的用量及其性能水平已成为评价飞行器先进性的重要特征之一。我国复合材料研制和开发能力已初具规模,并能生产出一些大型复合材料构件,但在应用基础研究方面尚待加强;树脂质量稳定性有待提高,国内基础工业也较薄弱;一些关键增强材料尚不能完全立足于国内;复合材料与制造技术的工程化问题尚待彻底解决,低成本复合材料的制造和应用技术研究还不够深入。为此,建议建立复合材料构件设计、试验、试飞管理体系,进行跟踪检查,积累数据,制定相应的设计规范和准则;根据型号需求,加强材料与设计、材料与制造之间的统筹规划,明确优先发展的材料和构件及其制造技术;适当安排下一代高性能非聚合物基的复合材料与制备工艺技术,如用于发动机燃烧室调节件的 SiC 纤维强化陶瓷基复合材料及其制造技术等。

1.5 我国航空材料的发展思路

在深入分析研究我国航空材料的现状与问题、需求与差距的基础上,应把建立起符合我国国情的航空材料体系作为发展我国航空材料的总体思路,根据型号需求牵引、技术发展推动的原则,形成"探索一代、预研一代、研制一代、生产一代"迭代进步和跨越式发展模式。这里所提的"航空材料"体系是指由用作航空产品的各类材料牌号系列、标准(规范)系列、性能数据库以及有关材料选用、研制和采购工作的运行机制与行为规范等四方面构成的相互联系、相互协调的有机整体。

建立中国航空材料体系的具体思路应包括以下几个层次。

(1)逐步理顺和建立我国航空用各类材料的牌号序列

首先要对现有用于各类航空产品的材料加以收集汇总,然后按照"淘汰落后材料,限用综合性能差与使用面窄的材料,合并性能水平相近的材料,推荐综合性能好的材料,补充暂缺的先进材料"等原则,加以分类整理,建立起适合我国国情的具有不同性能水平档次的各类材料的牌号序列,并逐步纳入国标、国军标或航标。

(2)加大对现有定型材料的改进改型研究力度

通过调控成分或变更工艺等手段,充分挖掘现有材料的潜力,做到"一材多用"。

(3)加强对新材料的研究

先进航空产品的发展,对材料的要求越来越高,因此,要加强对树脂基复合材料、陶瓷基复合材料、金属间化合物、高强高韧、可焊、耐蚀合金钢、高强铝合金、耐热钛合金等的研究。

(4)在建立材料牌号序列的同时,建立航空材料性能数据库

对那些用于关键件、重要件的材料,要补充测试有关结构设计、可靠性评估与寿命预测等所需的性能数据。

(5)加强特种工艺和理化测试技术的开发研究

在制定材料标准的同时,制定相应的特种工艺及理化检测标准,形成完整的标准系列,以扩大材料应用范围,提高材料的应用技术经济效益。

(6)建立和完善运行机制及行业规范

在有关材料选用、材料研制和材料采购等方面,建立和完善与市场经济相适应的运行机制及一套行之有效的行为规范,理顺材料选用、材料研制、材料采购等部门之间的关系,使这方面的工作走上科学化、规范化和程序化的轨道。

建立中国航空材料体系是当前发展我国航空材料的关键步骤,同时是一个繁杂的系统工程,也是一项开拓性的工作。应本着循序渐进、逐步实施的原则,先研究发动机材料体系,取得经验后,再研究飞机(含直升机)机体材料体系和机载设备材料体系,最

后汇总、合并形成中国航空材料体系。

习题与思考题

1. 什么样的材料可称为航空材料? 材料与航空有何关联? 从航空材料的演变过程可得出其发展趋势如何?

2. 航空材料在使用过程中有何特点? 军用飞机与民用飞机中所使用的材料有何区别,又有何联系?

3. 针对我国目前航空材料的发展现状,你觉得我国的航空材料应采用什么样的发展思路? 哪些航空材料及制造技术是我国急需解决和发展的?

参 考 文 献

[1] 李成功,傅恒志,于翘. 航空航天材料[M]. 北京:国防工业出版社,2002.

[2] 北京航空材料研究所. 航空材料学[M]. 上海:上海科学技术出版社,1985.

[3] 曹春晓,郝应其. 材料世界的天之骄子——航空材料[M]. 北京:清华大学出版社,2002.

[4] 刘劲松,蒲玉兴. 航空材料及热处理[M]. 北京:国防工业出版社,2008.

[5] 莫依谢耶夫. 钛合金在俄罗斯飞机及航空航天上的应用[M]. 董宝明,等译. 北京:航空工业出版社, 2008.

[6] 钟培道. 我国航空材料的现状、问题与发展思路[J]. 航空科学技术,2001(4):13-16.

[7] 陈亚莉. 国外航空材料发展现状与趋势[J]. 军民两用技术与产品,2011(6):15-17.

[8] 颜鸣皋,吴学仁,朱知寿. 航空材料技术的发展现状与展望[J]. 航空制造技术,2003(12):19-25.

[9] 颜鸣皋. 航空材料技术的发展与应用[J]. 新材料产业,2009(10):24-27.

[10] 李凤梅,韩雅芳. 中国航空材料现状、问题与对策[J]. 新材料产业,2010(11):22-25.

第 2 章　轻金属及超高强度钢

2.1　引　言

轻金属和超高强度钢都是航空航天飞行器的主要结构材料,它们的主要特点都是比强度高、综合性能优良,特别适合制造航空航天飞行器。

本章所要讲述的轻金属主要是铝、镁、钛及其合金。铝合金密度小、塑性好、耐腐蚀、易加工、价格低,从第二代飞机以来就是制造飞机的主要结构材料。钛合金比强度高、热强性好,它的发展一开始就和航空工业中的应用联系在一起,目前越来越多地被应用于制造飞机机体和发动机中温度较高的部位。镁合金比铝合金和钛合金的密度更低,曾在航空和火箭上有较多的应用,但由于其耐腐蚀性能较差和一些其他问题,目前在航空和航天工业中应用不多。但近年来,由于镁合金性能的改进和防腐方面有较大改善,其在航空航天上的应用有上升趋势。超高强度钢具有极高的比强度和良好的韧性,用于制造飞机机体和导弹弹体或运载火箭箭体上的重要承力件,如飞机起落架、大梁等,也是航空航天的关键结构材料。

2.2　铝　合　金

2.2.1　铝合金的特点

铝合金作为航空飞行器结构材料的最突出的特点是:密度小、延展性好、耐腐蚀、易加工、价格低。具体特点如下:

①纯铝具有银白色金属光泽,密度小($2.72\ \text{g/cm}^3$),熔点低($660.4\ ℃$)。

②铝的导热及导电性能好。当铝的截面和长度与铜相同时,铝的导电能力约为铜的 61%;如果铝与铜的质量相同而截面不同(长度相等),则铝的导电能力为铜的 200%。

③化学特性稳定。铝抗大气腐蚀性能好,因为其表面易形成致密的氧化铝膜,能阻止内部金属的进一步氧化;铝与浓硝酸、有机酸及食品基本不起反应。

④铝呈面心立方结构,工业用纯铝塑性极高($\psi=80\%$),很容易承受各种成形工艺,但其强度过低,σ_b 约为 69 MPa,故纯铝只能通过冷变形强化或合金化来提高其强度后,才可以作为结构材料。

⑤铝是非磁性、无火花材料,且反射性能好,既能反射可见光,也能反射紫外线。

⑥铝中的杂质为硅和铁,当杂质含量越高时,其导电性、抗腐蚀性及塑性越低。铝

合金中常加入的元素主要有 Cu、Mn、Si、Mg、Zn 等,此外还有 Cr、Ni、Ti、Zr 等辅加元素。

正因为铝合金具有这些特点,所以在当前在役的民用飞机中,铝合金在总结构用量上占 70%～80% 的比例,在军用飞机结构上用量为 40%～60%。尽管先进复合材料和钛合金在新型号飞机上应用比例日益提高,但铝合金由于成本和工艺上的优势,在将来仍是航空器,特别是民用飞机的主要结构材料之一。

2.2.2　铝合金的分类

根据铝合金的成分和生产工艺特点,可将铝合金分为变形铝合金和铸造铝合金两类。变形铝合金可通过熔炼、浇注、成锭、挤压、锻造等热加工工序,生产板、管、棒等成品或半成品,而铸造铝合金则是在合金熔炼后直接浇注成形。二元铝合金一般具有如图 2.1 所示的一类相图,具有有限固溶型共晶相图。在图 2.1 中,位于 D 左边的合金,在加热时能形成单相固溶体组织,其塑性较高,适合压力加工而被用作变形铝合金。成分位于 D 右边的合金,都具有共晶组织,而共晶组织的可铸性良好,所以适合铸造而被用于铸造铝合金。铸造铝合金主要有 Al–Si(w(Si)≥5%)、Al–Cu(w(Cu)≥4%)、Al–Mg(w(Mg)≥5%)、Al–Zn 和 Al–RE 系合金。

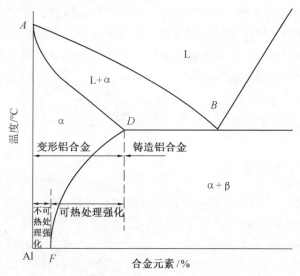

图 2.1　二元铝合金一般相图

由图 2.1 还可知,成分位于 F 点左边的合金不能进行热处理强化,而成分在 F 和 D 之间的合金则能热处理强化,所以又可将变形铝合金分为可热处理强化铝合金和不可热处理强化铝合金。不可热处理强化铝合金主要有纯铝、Al–Mn、Al–Mg 和部分铸造铝合金,而可热处理强化铝合金有 Al–Cu、Al–Mg–Si 和 Al–Zn–Mg 系合金。

按铝合金性能和用途还可分为:工业纯铝、光辉铝合金、防锈铝合金、切削铝合金、耐热铝合金、低强度铝合金、中强度铝合金、高强度铝合金(硬铝)、超高强度铝合金(超硬铝)、锻造铝合金和特殊铝合金。按合金中所含主要元素成分分为:工业纯铝、Al–Cu

合金、Al-Mn 合金、Al-Si 合金、Al-Mg 合金、Al-Mg-Si 合金、Al-Zn 合金、Al-Li 合金及备用合金组。

2.2.3 铝的合金化

纯铝的强度很低,室温下仅 45 ~ 50 MPa,不适合作为结构材料使用。通过向铝中加入适量的某些合金元素,并进行冷变形加工或热处理,可大大提高其力学性能,其强度甚至可以达到钢的强度指标,抗拉强度可达 400 ~ 700 MPa,可用于制造承受较大载荷的构件和零件。目前,铝中加入的合金元素主要有 Cu、Zn、Mg、Si、Mn 和 Li 等。

1. 合金元素的强化机理

这些合金元素的强化机理不尽相同,有固溶强化和沉淀强化两种强化机理。

(1)固溶强化

常温下在铝中溶解度大的元素(溶质),以固溶体形式存在于铝合金中,溶质原子会使铝晶格发生畸变,阻碍位错运动,起到固溶强化的作用,提高合金强度。合金元素的固溶强化能力同其本身的性质及固溶度有关,但总体固溶强化效果不明显,因此,铝的强化不能单纯依靠合金元素的固溶强化作用。

(2)沉淀强化

高温下溶解度大、常温下溶解度小的元素,会在常温下形成各种均匀、弥散的共格或半共格的亚稳沉淀相,在基体中形成强烈的应变场,增加对位错运动的阻力,从而提高合金强度。铝合金的热处理强化实际上就是利用了沉淀强化原理。可沉淀强化是热处理强化铝合金的重要特点,通过热处理实现的强化方法也称时效强化。

2. 合金元素的强化手段

铝合金强化手段有过剩相强化、形变强化和细晶强化。

(1)过剩相强化

过剩相强化是当合金元素加入量超过其极限溶解度时,合金固溶处理时就有一部分第二相不能溶入固溶体,这部分第二相称为过剩相。过剩相一般为强、硬、脆的金属间化合物,当其数量一定且分布均匀时,对铝合金有较好的强化作用,但会使合金塑性和韧性下降,数量过多还会脆化合金,其强化也会下降。二元铝硅合金的主要强化手段就是过剩相强化,其过剩相为硅晶体。

(2)形变强化

对合金进行冷塑性变形,利用金属的加工硬化效应提高合金强度称为形变强化,这是对不能热处理强化的铝合金的主要强化手段。

(3)细晶强化

若能细化铝合金组织,包括细化 α 固溶体或细化过剩相,即提高合金的强度,还能改善合金的塑性和韧性。

3. 主要合金元素

Cu 在铝中不仅可通过固溶强化和沉淀强化提高合金的室温强度,而且可增加铝铜合金的耐热性,因此 Cu 是高强度铝合金及耐热铝合金的主要合金元素。Mg 在铝中的固溶效果较好,可提高铝的强度,同时还可降低铝的密度。铝镁合金沉淀强化效果不大,但具有良好的抗腐蚀性,可作为防锈合金使用。镁不能单独作为高强铝合金的主要添加元素,必须与其他元素配合加入,才能发挥作用。Mn 在铝中的固溶度较低,固溶强化效果有限。Al-Mn 系中的第二相 $MnAl_6$ 与铝的电化学性质相近,具有良好的抗蚀性,因而在防锈铝合金中常加入 Mn,一般 $w(Mn) \leqslant 2\%$。Si 同 Mn 一样,在铝中的固溶度较低,固溶强化能力有限,且沉淀强化效果不大,所以主要借助于过剩相强化。二元 Al-Si 系合金共晶点较低,易于铸造,是铸造铝合金的基础合金系列,$w(Si)$ 一般选择 $10\% \sim 13\%$。Si 和 Mg 可在铝中形成 Mg_2Si 沉淀相,具有很好的强化效果,因此 Si 也可作为沉淀强化元素加入到含镁的铝合金中,其 $w(Si)$ 通常不超过 1.2%。Zn 在铝中的溶解度很大,具有很强的固溶强化能力,少量 $Zn(w(Zn)$ 为 $0.4\% \sim 0.8\%)$ 即能提高铝合金的强度及抗腐蚀性。在多元铝合金中 Zn 是形成沉淀强化相的元素,可显著提高合金的沉淀强化效果。Li 在铝中的固溶强化能力有限,但在时效甚至淬火过程中迅速形成 Al_3Li 有序沉淀相,对铝合金具有很强的强化能力。而且 Li 可大幅度降低铝合金的密度,显著提高铝合金的弹性模量。在二元 Al-Li 合金系中,一般 $w(Li) \leqslant 3.0\%$。

除这些强化元素外,铝合金中有时还包含一些其他元素。如,Cr、Mn、Ti、Zr 等过渡元素,在铝合金中的溶解度小,没有多少强化作用,但可以与 Al 形成金属间化合物,对控制晶粒结构作用很大,可改善合金的综合性能;稀土在铝合金中的应用正逐步扩大,其作用表现为增加熔炼时合金的成分过冷度、细化晶粒、球化杂质相、降低熔体表面张力、增加流动性、改善工艺性能等;Fe、K、Na 等元素属于控制含量的杂质,这些元素的存在会极大地损害铝合金的断裂韧性。

2.2.4　铝合金的沉淀强化原理

本节以 $Al-Cu(w(Cu)=4\%)$ 二元合金为例介绍铝合金的沉淀强化原理,其相图如图 2.2 所示。

Cu 在 Al 中高温时溶解度大,常温时溶解度小。对于含 Cu 4%[①]的 Al-Cu 二元合金,500 ℃时,Cu 可全部溶于 Al 中形成 α 固溶体。

冷却到常温后,绝大多数 Cu 以 GP 区(Guinier-Preston 区)或 θ 相(CuAl 金属间化合物)的形式析出。GP 区为溶质原子(Cu)的富集区,其晶体结构与基体相同,Cu 原子集中在 Al 晶格的 $\{100\}$ 面上。GP 区成分 $w(Cu) \approx 90\%$,形状为圆盘形,直径为 5(室温)~60 nm(150 ℃),厚度小于 1 nm。GP 区或 θ 相的形成,能阻碍形变过程中的位错移动,提高了硬度和强度。

应用沉淀强化原理,可以对铝合金进行时效处理,以改善铝合金的力学性能和抗腐蚀性能。所谓时效处理,是将固溶处理后得到的过饱和铝合金固溶体在一定温度下保持一段时间,加速合金元素从固溶体中沉淀析出的处理工艺。其实质是沉淀强化相从

---

① 本书中,金属在合金中的含量(或添加量)均指质量分数。

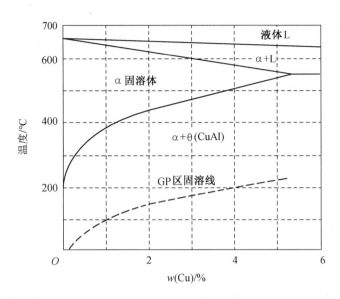

图 2.2 Al-Cu 二元合金相图

过饱和固溶体中的析出和长大。在室温下合金自发强化的过程称为自然时效,在某一人工加热温度下进行的时效过程则称为人工时效。时效处理过程中,铝合金的硬度(强度)会随时效时间变化。描述这种变化规律的曲线称为时效曲线,如图 2.3 所示。

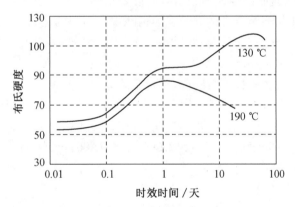

图 2.3 Al-Cu(w(Cu)=4%)合金的时效曲线

从图 2.3 可以看到,时效温度、时间对铝合金的时效硬化效果有很大影响。随时效时间延长,硬度并不是始终增大的,而是存在一个峰值。硬度达到时效曲线上峰值的时效状态称为峰时效。相应地,在峰时效之前停止保温,得到的时效状态称为欠时效。在峰时效之后停止保温,得到的是过时效状态的铝合金。

尽管过时效相对于峰时效在硬度和强度上有损失,但由于沉淀相的过量析出,特别是在合金组织的晶粒内部也析出了沉淀相,减小了晶粒内部与晶粒边界(晶界)的电化学性质的差异,因此可以减少晶间腐蚀以及沿晶间发生的应力腐蚀断裂的可能性,提高铝合金的耐腐蚀能力。

时效处理是决定合金时效强化效果的重要工艺参数，温度过低，溶质原子扩散困难，GP 区不易形成，时效后的强度和硬度较低；温度过高，扩散速度加快，析出相晶核尺寸大、数量少，结果不能达到最好的强化效果。同一种成分的铝合金，采用不同的热处理时效，可以得到差异很大的性能，据实验统计表明，$T_s = (0.5 \sim 0.6)T_r$，其中 T_s 为最佳时效温度，T_r 为合金的熔点。所以，可以说一种新的时效制度的研究成功，就相当于开发出一种新的铝合金。

2.2.5　铝合金的牌号

早期铝合金是使用国标《铝及铝合金加工产品的化学成分》（GB 3190—1982）进行牌号命名的，采用汉语拼音加顺序号，即变形铝合金用"L"表示，铸造铝合金用"ZL"表示。根据国标可把变形铝合金分为：防锈铝记为"LF"，如 LF3、LF21 等 Al–Mg 系和 Al–Mn 系铝合金；硬铝记为"LY"，如 LY6、LY12 等 Al–Cu–Mg 系合金；超硬铝记为"LC"，如 LC6、LC4 等 Al–Zn–Cu–Mg 系合金；锻铝记为"LD"，如 LD5、LD11 等 Al–Mg–Si–Cu 系合金。而铸造铝合金可分为：Al–Si 系，记为"ZL1+两位数字顺序号"；Al–Cu 系，记为"ZL2+两位数字顺序号"；Al–Mg 系，记为"ZL3+两位数字顺序号"；Al–Zn 系，记为"ZL4+两位数字顺序号"。

为了与国际接轨，在《变形铝及铝合金牌号表示方法》（GB/T 16474—2011）中采用 4 位字符标记法表示变形铝合金牌号。第 1 位表示属于哪种主要合金系；第 2 位表示合金的改型；第 3、4 位表示合金的编号。与国际牌号不同的是，《变形铝及铝合金牌号表示方法》中的第 2 个字符为字母（A 为原合金，B、C、D 等为不同次数的改型合金），而国际牌号是数字（0 为原合金，1、2、3 等为不同次数的改型合金），其他 3 位字符与国际标准一致为数字，意义也一样，具体变形铝合金的标记法见表 2.1。我国旧标准中的防锈铝主要为 Al–Mg 系和 Al–Mn 系，所以"LF"改成 5 或 3，如 LF21 变成 3A21，LF2 变成 5A02。硬铝为 Al–Cu–Mg 系合金，所以"LY"改成 2，如 LY12 变成 2A12。超硬铝为 Al–Zn–Cu–Mg 系合金，所以"LC"改为 7，如 LC6 变成 7A06。锻铝为 Al–Mg–Si–Cu 系合金，"LD"改为 2，如 LD5 变成 2A05。

铝合金的标记除了牌号标记外，还有状态代号标记，见表 2.2。

表 2.1　变形铝合金标记法

合金系	四位数字标记	合金系	四位数字标记
$w(\text{Al}) > 99.00\%$ 铝	1×××	铝镁硅	6×××
铝铜	2×××	铝锌	7×××
铝锰	3×××	其他	8×××
铝硅	4×××	备用	9×××
铝镁	5×××		

表 2.2　变形铝合金的状态代号

代号	名称	状态代号	热处理状态
F	自由加工状态	T3	固溶、冷作、自然时效
O	退火状态	T4	固溶、自然时效
H	加工硬化状态	T6	固溶、人工时效
W	固溶热处理状态	T7	固溶、过时效
T	热处理状态	T8	固溶、冷作、人工时效

2.2.6　铝合金的制造工艺

1. 铸造铝合金

铸造铝合金作为目前应用较为广泛的一类铝合金材料,其生产制造工艺过程主要包括合金的熔炼、铸造成形、热处理及表面处理等。其中合金熔炼涉及的主要内容有精炼处理、变质处理和细化处理等;铸造成形涉及的工艺方法主要有砂型铸造、金属型铸造、低压铸造、差压铸造、真空吸铸法和石膏型精密铸造法等;而合金的表面处理则包括机械精整、阳极氧化、镀层、化学抛光和电解抛光、化铣、修补、涂漆、喷丸和抛丸等。目前,国内外已对铸造铝合金的生产工艺进行了大量的研究开发,许多技术已经相当成熟,并在实际生产中得到大量应用。

（1）熔炼

由于炉料和铝合金液在熔炼、运输和浇注过程中吸收了气体,产生了夹杂物,使合金液的纯度降低,流动性变差,浇注后会使铸件(铸锭)产生多种铸造缺陷,影响其力学和加工工艺性能,以及抗腐蚀性能、气密性能、阳极氧化性能及外观质量等,故必须在浇注前对其进行精炼处理,以达到排除气体和夹杂物的目的,从而使合金液的纯净度得到提高。目前,各国已研究和开发了许多铝合金熔液的精炼方法。综合起来,主要可分为吸附法、非吸附法及过滤法等。

由于铸造铝硅合金中的共晶硅呈粗大针状或板状,会显著降低合金的强度和塑性,所以一般都要进行变质处理,以达到改变共晶硅形貌和使合金性能得到提高的目的。自发现 Na 对铸造 Al-Si 合金具有变质作用以来,国内外对铸造铝合金的变质剂和变质处理工艺等进行了大量的研究,取得了很大的进展。

变质剂中主要有 Na 和 Na 盐变质剂、Sr 变质剂、Te 变质剂、Sb 变质剂、RE 金属变质剂、Bi 变质剂、Ba 变质剂和复合变质剂等。制造铝合金的变质工艺主要有压入法、搅拌法和中间合金变质法等。

（2）铸造成形

铝合金的铸造成形有砂型铸造法、金属型重力铸造法、压力铸造法、低压铸造法、石膏型精密铸造法、熔模铸造法、离心铸造法、差压铸造法、真空吸铸法等。

①砂型铸造法。砂型铸造法是一种在大气下靠熔液自身重力充型和凝固的铸造方法。砂型铸造的充型和凝固条件差,铸件质量不易保证,并且很不稳定,劳动量及劳动

强度大,劳动条件差,适合于单件小批量铸件的生产,对大批量生产则要配合采用机械自动生产线。目前,表面和尺寸精度要求不很高的各种铝合金铸件多采用此铸造方法生产,特别是其中一些外形复杂、内有弯曲流道、变化截面的歧管等复杂异形铝合金铸件(如航空发动机、导弹、内燃机的增压器壳体、整体叶轮等铸件)。砂型铸造属于传统铸造方法,其技术易于掌握,设备比较简单,投资少。此法的技术要点是型砂的配制、铸型制造和浇注系统的设计。

②金属型重力铸造法。金属型重力铸造法是在大气压力下,靠合金液自身重力充型、凝固的铸造方法。由于铝合金的浇注温度不高,而常用碳钢、合金钢、铸铁或铜合金制作的金属型的热容量、热导率均比砂型大很多,而且寿命长(尤其是铜合金模),故有利于加快金属或合金的凝固冷却速度,减少气孔、缩孔和疏松等缺陷。并且,铸件还能获得激冷的表面细晶粒组织,使铸件机械性能和表面质量得到显著提高。它与砂型铸造法相比大大提高了生产率,改善了劳动条件和劳动强度。金属型铸造的不足之处在于难以铸出外形复杂、内有弯曲变截面流道的歧管及薄壁的大型铝合金铸件,只适合结构不很复杂、模具制造周期短的较大批量铸件的生产。

③压力铸造法。压力铸造法是一种在压铸机高压作用下,使合金液高速进入金属型(模具)型腔充型并凝固冷却的快速铸造方法。压力铸造法的优势:铸件尺寸精度和表面光洁度高、含气量很少、组织致密、晶粒较细、机械性能好,无须机械加工即可装配,而且最小壁厚可达0.3 mm,适合铸造薄壁铸件和大批量生产,生产效率很高。近十多年来,虽然国内外在开发真空压铸、充氧压铸、双冲头压铸等新的压铸技术方面取得了一些进展,但仍然存在一些不足,如不能生产大型的复杂结构形状的铝合金铸件,且模具设计、制造周期长,成本高,压铸件不能通过热处理来强化,不适于小批量甚至中批量的铝合金铸件生产。

④低压铸造法。低压铸造法作为介于压力铸造法和金属型重力铸造法之间的一种铸造方法,其工作原理是用比较低的空气压力作为注入合金液的手段,在与重力相反的方向,把合金液推(压)上铸型,进行浇注。

⑤石膏型精密铸造法。石膏型精密铸造法主要包括石膏型熔模精密铸造法和石膏型取模精密铸造法两种工艺。与传统熔模精密铸造法相比,石膏型熔模精密铸造法不在熔模(蜡模)上涂敷几层耐热的陶瓷耐火浆料形成壳型,而是用蜡模作为所要铸造的铸件的过渡模型(铸造上又称母模),直接向其周围浇灌石膏浆料,利用半水石膏的缩水硬化性能获得石膏铸型,待其干燥、硬化后,再加热、焙烧、固化,然后向其内浇铝合金液,等合金液凝固、冷却后,打掉石膏型壳,取出铸件并切割浇冒口后便获得石膏型精密铸件。石膏型取模精密铸造法与石膏型熔模精密铸造法的不同之处在于:首先,这一方法不加热熔失蜡模,而是用人工取出以便形成石膏铸型型腔的过渡模(母模)。即为了简化工序、缩短生产周期、降低成本,取消了上述设计、制造蜡模模具的工序,而是根据产品图纸,加上合金的收缩率,直接加工出非蜡质材料的过渡模(母模)。其他工序与第一种方法一样。其次,石膏型熔模精密铸造法的过渡蜡模是可附装型芯的复杂的整体蜡模,而取模精铸法的过渡模多为两半或阶梯状分型的不能附装型芯的硬模,所以只

能铸造无内通道的形状简单的铸件。

（3）表面处理

铸造铝合金的表面处理工序较多，包括机械精整、阳极氧化、镀层、化学抛光和电解抛光、化铣、修补、喷丸、涂漆和抛丸等。

机械精整是对铸件进行边缘和表面修整，改善铸件外观的平整面，使构件表面和边缘光滑，消除尖角应力集中，提高铸件寿命。机械精整还可以使铸件表面处于高应力状态，显著提高构件疲劳抗力。喷砂是将磨料喷射到铸件表面，去除表面缺陷，形成均匀的无光表面。喷砂具有速度高、成本低的优点，通过调整喷砂距离、角度、压力、速度和磨料种类等参数，可以得到不同效果的铸件表面。阳极氧化和镀层等表面处理可以起到装饰、防锈、耐磨、改善铸件焊接特性和提高涂漆结合力等作用。化学抛光和电解抛光是分别利用化学和电化学方法以得到光亮平整的铸件表面，用于蚀刻、整平、镜面抛光和精加工等。化铣是用化学的方法去除工件需要加工掉的金属，以达到加工成形的特种工艺方法。其特点是将铸件不需要加工的部分用保护涂料保护，将加工部分暴露在化学铣切腐蚀液中，进行有选择的腐蚀，用以减轻结构质量，完成铸件加工。当铸件出现缺损、孔洞、砂眼、气孔等铸造缺陷或加工后的表面缺陷时，需进行修补。根据不同的缺陷，可进行焊补、浸渗和填补等修补工艺。喷丸强化工艺是利用高速运动的弹丸流对金属表面进行冲击而产生塑性循环应变层，由此导致该层的显微组织发生有利的变化并使表层引入残余压应力场，表层的显微组织和残余压应力场是提高金属铸件疲劳断裂和应力腐蚀（含氢脆）断裂抗力的两个强化因素，其结果使铸件的可靠性和耐久性得到提高。涂漆前常常进行表面处理，主要有阳极氧化和化学氧化两种方法。涂漆前的表面处理除本身具有良好的耐腐蚀性外，还要对油漆具有良好的吸附能力，故常用作油漆的基层。涂漆包括底漆和面漆，底漆的作用是与面漆配套使用，提高铸件的耐腐蚀性。底漆的种类主要有锌黄油基底漆、锌黄醇酸底漆、锌黄丙烯酸底漆、锌黄纯酚醛底漆和锌黄环氧酯底漆。用于铝合金的面漆主要有油基漆、醇酸漆及环氧漆。环氧漆应用最为广泛，它分为环氧氨基漆、环氧硝基瓷漆和环氧硝基无光瓷漆。

2. 变形铝合金

变形铝合金的各种制品是由铸坯经过塑性变形而获得的，其塑性变形加工方法主要包括轧制、挤压和锻造等。生产变形铝制品所需的坯料，必须通过变形铝合金的熔炼和铸造获得。变形铝制品由于有改进表面质量、增强表面抗氧化能力和表面着色等方面需要，通常也会引入表面处理环节。

（1）铸坯的制备

变形铝合金铸坯的组织和性能，对其半成品和成品的组织性能存在遗传性影响，所以熔炼与铸造环节在变形铝合金生产中显得非常重要，主要包括熔体净化、熔体变质处理和铸坯成形等三个方面。

①熔体净化。变形铝合金在熔炼过程中，熔体中存在气体、各种夹杂物及其他金属杂质等，往往使铸锭产生气泡、气孔、夹杂、疏松、裂纹、白斑等缺陷，对铸锭的加工性能及制品强度、塑性、抗腐蚀性、阳极氧化性和外观品质都有显著影响。熔体净化就是利

用物理化学原理和相应的工艺措施,除掉液态金属中的气体、夹杂和有害元素,以便获得纯净金属熔体的工艺方法。根据合金的品种和用途不同,对熔体纯净度的要求有一定差异,通常从氧含量、非金属夹杂和钠含量等几方面来控制。

熔体净化方法包括传统的炉内精炼和后来发展的炉外净化。铝合金熔体净化方法按其作用原理可分为吸附净化和非吸附净化两个基本类型。吸附净化是指通过铝熔体直接与吸附剂(如各种气体、液体、固体精炼剂及过滤介质)相接触,使吸附剂与熔体中的气体和固态氧化夹杂物发生物理化学的、物理的或机械的作用,达到除气、除杂的目的。属于吸附净化的方法有吹气法、过滤法、熔剂法等。非吸附净化是指不依靠向熔体中加吸附剂,而是通过某种物理作用(如真空、超声波、密度差等),改变金属-气体系统或金属-夹杂物系统的平衡状态,从而使气体和固体夹杂物从铝熔体中分离出来。属于非吸附净化方法的有静置处理、真空处理、超声波处理等。

②熔体变质处理。变质处理也称孕育处理,是指向金属液内添加少量的特定变质剂,促进金属液形核,抑制晶粒长大,达到细化晶粒、改善组织形态及力学性能的目的。对于变形铝合金而言,变质处理主要是为了细化基体相,并希望能改善脆性化合物、杂质及夹渣等第二相的形态和分布状况。根据变质剂在金属液中的存在形式,其变质机理分为两类:一是以不溶性质点存在于金属液中的非均质形核产生作用;二是以溶质的偏析及吸附产生作用。某种变质剂对同一合金,可能存在一种或多种变质机理,需具体分析才能深入揭示其变质过程。变形铝合金常用 Ti 作变质剂来细化 α-Al 晶粒,Ti 多以 Al-Ti 中间合金的形式加入铝液。一般加入(0.01% ~0.05%)Ti 就有明显细化效果,加入(0.1% ~0.3%)Ti 效果更好。

③铸坯成形。铸坯成形是将金属液铸成形状、尺寸、成分和质量符合要求的锭坯。一般而言,铸锭应满足下列要求:a.铸锭形状和尺寸必须适合压力加工的要求,以避免增加工艺废品和边角废料;b.坯料内外不应该有气孔、缩孔、夹渣、裂纹及明显偏析等缺陷,表面光洁平整;c.坯锭的化学成分符合要求,结晶组织基本均匀。铸锭成形方法目前广泛应用的有块式铁模铸锭法、立式连续及半连续铸锭法、热顶铸锭法、电磁铸锭法、卧式连续铸锭法、连续铸轧法等。

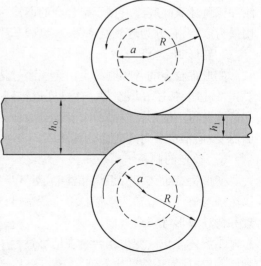

(2)轧制

铝合金板带材通常采用轧制的方式生产。轧制是轧件由摩擦力拉进旋转轧辊之间,受到压缩而产生塑性变形的过程,图2.4 为简单轧制过程示意图。通过轧制可使金属的形状、尺寸和性能发生改变。轧制方式按金属变形温度可分为热轧和冷轧;按轧机排列方式可分为单机架轧制、半连续轧制和连续轧制。

图2.4　简单轧制过程示意图

在铝及铝合金板带材生产中,按板带材生产的厚度分类,可分为厚板、中厚板、薄板及铝箔。其中厚度大于 8.0 mm 的称为厚板;厚度为 5.0 ~ 8.0 mm 的称为中厚板;厚度为 0.2 ~ 5.0 mm 的称为薄板;国内通常将厚度小于 0.2 mm 的称为铝箔。

（3）挤压

挤压是对放在挤压筒内的金属坯料施加外力,使之从特定的模孔中流出,获得所需断面形状和尺寸的一种塑性加工方法。目前,铝和铝合金型材、棒材种类繁多,大部分是用挤压方法生产的。挤压方法的主要特点是:金属在挤压筒内处于三向压缩应力状态,因此可以充分发挥金属的属性;能生产各种断面形状复杂的实心和空心型材;生产灵活性大。其不足之处是:与轧制生产相比,产量低,成本高,成品率低,加工费用高。

根据挤压方向、润滑状态、挤压温度、金属应力-应变状态、工模具的种类和结构、制品的形状和数目等的不同,挤压方法可以分为很多种。现在工业上广泛应用的挤压方法有正向挤压法、反向挤压法、侧向挤压法、玻璃润滑挤压法、静液挤压法、连续挤压法等(图 2.5)。变形铝合金挤压生产中还存在特种型材挤压(包括超精密型挤压和大型型材挤压)、高速挤压和冷挤压、等温挤压等。

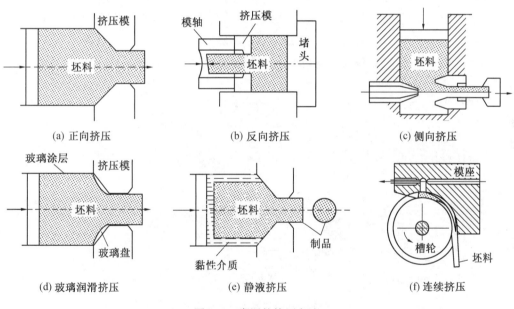

图 2.5　常用的挤压方法

（4）锻造

锻造又称锻压,是利用金属塑性变形以得到一定形状的制品,同时提高金属机械性能的压力加工方法。锻造是铝合金成形的重要方法之一,在国民经济中有着广泛的应用。铝合金锻造可以在锻锤、机械压力机、液压机、顶锻机、扩孔机等各种锻造设备上进行,可以自由锻、模锻、顶锻、辊锻和扩孔。一般来说,尺寸小、形状简单、偏差要求不严的铝锻件,可以很容易地在锤上锻造出来,但是对于变形量大、要求剧烈变形的铝锻件,则宜用水压机来锻造。对于大型复杂的铝锻件,即使在最大的锻锤设备上也无法锻造,必须采用大型模锻水压机生产。20世纪80年代发展起来的等温模锻和超塑性锻造,由于应变速率低,只能在液压机上锻造。另外,半固态模锻也只能用液压机锻造。

3. 3D 打印铝合金

3D打印属于一种非传统加工工艺,也称增材制造、增量制造和快速成形等,是近些年全球先进制造领域兴起的一项集光/机/电、计算机、数控及新材料于一体的先进制造技术。与切削等材料"去除法"不同,增材制造技术通过将粉末、液体或片状、丝状等离散材料逐层堆积,"自然生长"成三维实体,因此被通俗地称为"3D打印"。增材制造技术将一个三维实体变成若干个二维平面,大大降低了制造的复杂程度。理论上,只要在计算机上设计出结构模型,就可以应用该技术在不需要刀具、模具及复杂工艺条件下,快速地将设计变成实物,这符合现代和未来制造业对产品个性化、定制化、特殊化需求日益增加的发展趋势,也导致3D打印技术在航空航天、数字医疗、汽车、军工、模具等行业获得广泛应用。

3D打印技术的原理:由设计者首先在计算机上绘出所需零件的三维模型(图2.6(a)),对其进行分层切片,得到各层截面的二维轮廓(图2.6(b));按照这些轮廓,成形头通过激光扫描(图2.6(c)),选择性地固化一层层液态树脂(或切割一层层纸,或烧结一层层粉末材料,或喷涂一层层热熔材料、黏结剂等),形成各个截面轮廓,并逐步顺序叠加成三维制件(图2.6(d))。经过几十年的发展,3D打印衍生出许多不同的技术,它们的区别在于可用材料的方式和类型不同、适应材料不同,以及以不同的层构建来创建部件,具体见表2.3。

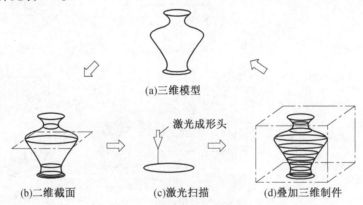

图 2.6　3D 打印技术的原理示意图

表 2.3　3D 打印技术原材料和使用技术类型及适应材料

类型	技术类型	适应材料
挤压	熔融沉积式(FDM)	热塑性塑料、共晶系统金属、可食用材料
线	电子束自由成形制造(EBF)	几乎任何合金

续表2.3

类型	技术类型	适应材料
粒状	直接金属激光烧结(DMLS)	几乎任何合金
	电子束熔化成形(EBM)	钛合金
	选择性激光熔化成形(SLM)	钛合金、钴铬合金、不锈钢、铝
	选择性热烧结(SHS)	热塑性粉末
	选择性激光烧结(SLS)	热塑性塑料、金属粉末、陶瓷粉末
粉末层喷头	石膏3D打印(PP)	石膏
层压	分层实体制造(LOM)	纸、金属膜、塑料薄膜
光聚合	立体平版印刷(SLA)	光硬化树脂
	数字光处理(DLP)	光硬化树脂

3D打印技术与传统制造工艺相比有着独特的优势。3D打印技术可迅速制造出具有自由曲面等复杂形态的产品,加工过程中无切削废料,可以为企业节省原料,减少资源浪费;3D打印技术还可以将设计进一步优化并迅速变为实物,对设计的正确性、造型的合理性、可装配性和干涉性进行具体的检验,使开发产品中的风险降低。总体来说3D打印技术具有以下几个特点。

(1)快速制造复杂零部件产品

3D打印技术可以实现复杂零件的加工制造,无须使用模具,可直接从计算机设计图纸数据转化成实体零件。3D打印技术与传统的制造工艺相比,能让复杂零部件的制造流程大大缩短,这将极大地缩短产品研发制造周期。

(2)高效利用原材料

3D打印技术显著提高了材料利用率,打印成形过程中对材料的利用比较充分,打印后产品只需进行简单的后续处理即可投入使用,使材料的使用率达到了60%,甚至可达90%以上。传统制造方法对材料的使用率很低,尤其是航空复杂零部件的加工一般不会大于10%,甚至仅为2%~5%,从而造成制造成本的增加。

(3)高度优化产品结构

3D打印技术的应用可以在保证性能的前提下进一步优化零部件的结构,减少零部件质量。对传统的拼接构件可以实现部件的整体制造,无须焊接、铆接等组装工艺,通过将复杂结构设计成简单结构,达到减小质量的效果。通过结构优化的零部件,能使零部件的应力呈现出最合理化的分布,降低疲劳裂纹产生的危险性,从而提高零部件的结构强度,增强完整性和可靠性等性能,增加使用寿命。

(4)适用于个性化小批量生产

传统工艺制造零部件需要多设备或多流程协作共同完成,工艺复杂,流程多、生产周期长,生产成本高,适合批量生产或者标准化生产。3D打印技术与传统工艺相比,无须其他设备、模具、夹具等工具就可以制造出不同形状的零件。因此3D打印技术适合小批量,甚至是单件个性化定制的生产。

激光增材制造用的铝合金材料主要为 Al-Si 和 Al-Si-Mg 系铝合金(4XXX 系铝合金),包括 AlSi12、AlSi10Mg、Al7Si0.6Mg(A357 铝合金)等。而航空航天用 2XXX 和 7XXX 系列铝合金因其凝固过程的热裂倾向问题,很难使用激光增材制造方法进行制备,因此对此类铝合金进行改性研究是铝合金激光增材制造的研究热点之一。铝合金的 3D 打印技术研究比钛合金材料相对滞后一些。美国于 1999 年最早进行了铝合金的 3D 打印研究,所采用的材料是 AlSi10Mg,工艺为 SLM。由于当时所采用的铝合金粉末成分和粒度不合适等原因,未能取得理想结果。德国弗劳恩霍夫(Fraunhofer)激光研究所于 2013 年研发出两种用于 3D 打印的铝合金粉末材料 AlSi10Mg 和 AlMgSc-Zr,将粉末的成分、粒度都进行了改善,从而提高了 3D 打印零件的综合性能。试验结果显示,利用上述两种粉末打印出的零件的相对密度达到 100%,综合力学性能高于铸造铝合金 20% 以上,且表面光洁度高,无微裂纹。克兰菲尔德大学还开展了大量的铝合金电弧增材制造(Wire Arc Additive Manufacture,WAAM)技术应用研究,试制了诸多铝合金零件,如图 2.7 所示。针对航天领域的铝合金支座、舱段、框梁、网格等典型结构,首都航天机械有限公司、北京航星机器制造公司、华中科技大学等单位分别开展了应用试制,如图 2.8 所示,目前均处于探索研究阶段。

(a)沉积态框梁 (b)半球

图 2.7　克兰菲尔德大学的 WAAM 铝合金零件

(a)管路支架(2219,首都航天机械　(b)壳体模拟件(4043,首都航天机械
　　有限公司)　　　　　　　　　　　有限公司)

图 2.8　国内 WAAM 铝合金零件

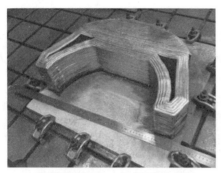

(c)框梁结构(5B06,北京航星机器制　　(d)网格结构(4043,华中科技大学)
造公司)

续图 2.8

2.2.7　铝合金在航空中的应用

铝合金在目前的民用飞机结构上的用量为 70% ~ 80%,在军用飞机结构上的用量为 40% ~ 60%。在最新型的 B777 客机上,铝合金占结构质量的 70%。一些新型的军用飞机(F-22、B2)结构上大量应用纤维增强树脂基复合材料和钛合金,铝合金用量已降到 20% 以下。虽然铝合金在飞机上的应用受到钛合金和复合材料的挑战,但是其作为主体结构材料的地位基本未变。我国的航空铝合金经过 50 多年的发展,逐渐形成了以第二代铝合金为主的应用材料体系,但是对于国外目前广泛应用的第三代高纯铝合金,国内还未实现大规模的应用。总体来说,航空铝合金在 20 世纪 80 年代末期以后取得了突破性进展。航空铝合金的研发应当紧紧围绕强度、刚度、耐热性、可靠性、长寿命、减重和低成本制造技术等问题展开。

铝合金的发展与航空事业的发展是密不可分的。20 世纪初,在莱特兄弟制造的飞机上就采用了 Al-Cu-Mn 铸造的飞机发动机的曲柄箱体。1906 年,Wilm 在 Al-Cu-Mg 系合金中发现时效硬化现象,使铝合金作为飞机主体结构材料成为可能。此后,铝合金作为飞机机体的主要结构材料登上历史舞台。

铝合金在飞机上主要是用作结构材料,如蒙皮、框架、螺旋桨、油箱、壁板和起落架支柱等。航空铝合金的发展既受飞机性能改进的需求牵引,也受材料自身技术发展的推动。按飞机对结构材料的需求牵引,将航空铝合金的发展大致划分为 5 个阶段:

①静强度需求阶段(1906 年至 20 世纪 50 年代末)。在航空工业初期,飞机设计对机体材料的要求只是简单的高的静强度,目的在于减小结构质量,提高载重量和航程。在此期间,研制和开发了 2014、2017 铝合金,随后又研制了 2024-T3 铝合金,至 20 世纪 30 年代,2024 铝合金在飞机上得到了广泛的应用。二战期间,为获得更高的机体材料强度,研制了高强 Al-Zn-Mg-Cu 系铝合金 7075-T6,随后又研制了更高强度的 7178-T6 铝合金。这些铝合金在 60 年代以前广泛应用于民用及军用飞机上。

②抗腐蚀性能需求阶段(20 世纪 60 年代)。由于飞机上开始使用厚大截面的结构,出现了机体结构的应力腐蚀问题,对机体材料的需求除满足静强度外,还需满足抗

腐蚀性能。2024-T3、7075-T6 铝合金在短横向都有应力腐蚀开裂倾向。7 系铝合金的应力腐蚀问题由于 7075-T73 铝的研制成功而得到解决,但同时牺牲了约 15% 的静强度。随后又研制了在牺牲较小强度的条件下可一定程度满足抗腐蚀性能要求的 T76 状态。20 世纪 60 年代,7075-T73、7075-T76 铝合金在飞机上获得广泛应用。

③综合性能需求阶段(20 世纪 60 年代末~70 年代末)。受飞机失效-安全设计的影响,对材料提出了高断裂韧度的要求,在这种需求牵引下,美国首先研制了 7475 铝合金。为进一步满足厚大截面结构强度和应力腐蚀性能的要求,Alcoa 公司研制了 7050-T74 铝合金。20 世纪 70 年代后期,对飞机设计提出了机体结构材料在具有高强度的同时应具有高的断裂韧度和优良的抗疲劳性能的要求。Aleoa 联合 Boeing 公司研制了 7050 改型铝合金 7250-T6;为满足腐蚀性能要求,又研制了 7150-T61。2 系铝合金方面,Aleoa 研制了高强 2324-T39 厚板及 2224-T3511 挤压件,以获得高的断裂韧度而强度不低于 2024-T3。这些合金都得到了广泛应用。

④强烈的减重需求和高可靠性需求阶段(20 世纪 80 年代初~90 年代初)。由于能源危机及为提高军用机战斗力,对飞机设计提出了强烈的减重要求。另外,钛合金、树脂基复合材料逐渐兴起,铝合金面临极大的挑战,这些都大大激发了非传统铝合金的研制及传统铝合金的挖潜工作。非传统材料主要包括铝锂合金、快速凝固耐热铝合金及铝基复合材料等,这些材料目前离大规模应用还有一定距离。在传统铝合金方面,为满足飞机减重需求,主要从提高合金比强度方面出发。Alcoa 首先研制成功了 7150 铝合金的 T77 热处理状态,该状态第一次在铝合金中实现了在满足腐蚀性能的同时不牺牲合金强度的目标。随后 Aloca 又研制成功了超高强度的 7055-T77 铝合金及具有优良疲劳性能的 2524-T3 铝合金。这些高性能铝合金的出现极大地推动了航空铝合金的应用与发展,许多原来预测使用复合材料和钛合金的部位结果仍选用了高性能铝合金,这在 B777、C-17、F-35 等飞机上得到体现。

⑤降低制造成本的需求阶段(20 世纪 90 年代初至今)。冷战结束后,无论是民机还是军机,降低飞机成本的呼声越来越高。由于制造成本占飞机机体结构成本的 95% 左右,因而降低制造成本成为机体材料研制的主要目标。最初始的目标是在不改变现有飞机结构设计的基础上,减少结构成本 25%,为达到这个目标,英国、美国等国家开展的主要工作如下:以整体机加工件代替锻件或多零件装配而成的结构部件;开展机翼的高温时效成形和高强铝合金的快速超塑成形;开展可焊接铝合金和铝合金焊接技术的研究;用优质铸件制造复杂构件以减轻结构质量和降低制造成本;开展低成本高性能铝锂合金研究以及开展铝基复合材料的研究;等等。

从上述铝合金的发展可看出,变形铝合金在飞机上的应用主要为 2 系 Al-Cu 合金(硬铝)和 7 系 Al-Zn 合金(超硬铝),具体应用见表 2.4。

表 2.4 变形铝合金在飞机各部位的典型应用

应用部位	应用的铝合金
机身蒙皮	2024-T3、7075-T6、7475-T6
机身桁条	7075-T6、7075-T73、7475-T76、7150-T77
机身框架/隔框	2024-T3、7075-T6、7050-T6
机翼上部蒙皮	7075-T6、7150-T6、7055-T77
机翼下部蒙皮	2024-T3、7475-T73
机翼下部桁条	2024-T3、7075-T6、224-T39
机翼下壁板	2024-T3、7075-T6、7175-T73
翼肋和翼梁	2024-T3、7010-T76、7150-T77
尾翼	2024-T3、7075-T6、7050-T76

2 系铝合金的代表型号是 2024,组成为 Al-4.4Cu-1.5Mg-0.6Mn(质量百分比),Fe、Si 为主要杂质。2024 铝合金在 T3 和 T4 状态下使用,具有较高的塑性、疲劳寿命、断裂韧性和抗疲劳裂纹扩展性能,但抗腐蚀性较差。该铝合金厚板主要用在机身、机翼、抗剪肋板和腹板以及对强度要求高的其他结构件上。可采用人工时效提高 2024 铝合金的抗腐蚀性、耐热性及屈服强度,但塑性、抗疲劳断裂的能力会有所下降,疲劳裂纹扩展速率也会加快。2024 铝合金经人工时效后具有优良的综合性能和高温抗蠕变性能,高温软化倾向小,可在较高温度下长期使用,主要用于常承受 121 ℃以上高温的商用和军用飞机的蒙皮和发动机舱。2024 铝合金研制较早,为了充分发挥该铝合金的潜能,目前已开展对 2024 铝合金薄板 T361、T81 和 T861 状态热处理工艺制度的研究。2024 铝合金的衍化是在保持主要合金元素大体不变的情况下,向着高纯化方向发展,以提高铝合金的塑性、韧性与强度。通过减少 2024 铝合金中的 Fe、Si 杂质含量,相继研究出 2124、2224、2524 等新铝合金,2524 作为 2 系铝合金的较新改型,已经应用于 B777 客机和 F-35 战机。2524 铝合金属高纯度铝合金,在保证强度及其他性能与 2024-T3 铝合金相当的情况下,该铝合金的疲劳强度提高 10%,断裂韧度提高 20%,并且在 AMS 标准中首次规定了材料的疲劳裂纹扩展速率,使该铝合金成为一种真正的损伤容限合金,一度被认为是抗断裂韧性与抗疲劳性最高的高强度铝合金。2524 已经成为新一代航空铝合金的代表,是新一代飞机蒙皮材料的首选。我国自行设计制造的新型涡扇支线客机 ARJ21 的机身蒙皮、机翼下壁板、机身框架和隔框使用的材料就是 2524-T3 铝合金。2524-T3 铝合金的研制成功被认为是航空铝合金研究史上划时代的进步。

7 系铝合金的代表型号是美国于 1943 年开发出的 7075,组成为 Al-5.6Zn-2.5Mg-1.6Cu-0.26Cr(质量百分比),是航空工业中用得最早而且至今仍广泛使用的一种超高强度铝合金。7075 铝合金常用热处理状态有 T6、T73、T74 和 T76。T6 态强度最高,但抗蚀性差、断裂韧性不好。T73 态耐蚀性好,但强度相比 T6 态下降约 15%,麦道公司的 DC-10 飞机发动机整体吊挂和直尾翼使用的材料就是 7075-T73 铝合金。T76 状态具有比 T73 状态高的强度和比 T6 状态高的抗应力腐蚀性能。7075 铝合金主要的半成品形式有板材、棒材、型材和锻件,由于其具有高强度的特点,因此广泛使用于飞机结构的重要受力零件,如飞机蒙皮、翼梁、隔框、长桁、起落架及液压系统部件等。为了提高韧性及耐腐蚀性,波音 747 开始采用 7075-T651 铝合金,而洛克希德 L-1011 则采用 7075-T7651 铝合金。空客 A350XWB 水平及垂直大梁、主框架,主起落架接头件等用的也是 7075 铝合金。7075 铝合金曾给飞机的结构和性能带来革命性变化,同时也为超高强铝合金飞速发展奠定了基础。7475 铝合金是美国铝业公司(Alcoa)于 1969 年在 7075 铝合金的基础上研制开发的高纯度超高强铝合金,它主要是减少了 Fe 和 Si 杂质的含量,合金静强度与 7075 合金相应的状态接近,T6 状态的室温韧性与 2024-T3 铝合金相当,抗应力腐蚀开裂和抗剥离腐蚀性能与 7075 铝合金相应状态相当。由于提高了纯度,在相同的强度条件下,合金的断裂韧度得到提高,因而具有良好的综合性能。该铝合金已在大飞机领域得到广泛应用,主要用于制造客机、运输机和战斗机的机身和下机翼蒙皮、翼梁、中心机翼结构件和舱壁。7085 铝合金是美国铝业公司最近开发出的一种新型超高强铝合金,主要合金成分:$w(Zn)$ 为 7.0% ~ 8.0%、$w(Mg)$ 为 1.2% ~ 1.8%、$w(Cu)$ 为 1.3% ~ 2.0%、$w(Zr)$ 为 0.08% ~ 0.15% 。其主要用作锻件。与其他 7 系铝合金相比,7085 铝合金具有高强度、高抗疲劳性能、高抗应力腐蚀性能与剥落性能、低淬火敏感性等一系列优良性能。7085 铝合金已被成功用于空客 A380 的机翼大梁和翼肋,它是下一代超高强铝合金厚板的代表,也是当前国内外研究的热点。

铝合金在民用及军用飞机上的应用非常广泛,图 2.9 是铝合金在民用飞机上的一些典型应用。图 2.10 是由铝合金制成的一些大型飞机结构件。

为了尽可能地降低飞机结构件的用量,Al-Li 系合金是近些年来引起人们广泛关注的一种新型超轻结构材料。所谓铝锂合金是指含锂(Li)元素的铝合金,其中 Li 并不一定作为最主要的添加元素存在于铝合金当中,如 2 系含 Li 铝合金,其主要添加元素是 Cu 而非 Li。以 Li 为主要添加元素的铝合金一般归入 8 系——其他铝合金系中。

Li 是密度最低的金属元素,其密度仅为 0.53 g/cm³,而且在添加 Li 的铝合金中,Li 在时效处理时能以 δ′(Al₃Li)相的形式析出,起到沉淀强化作用。所以,含 Li 铝合金具有密度低、强度高、模量大等优势,如:每添加 1% 的 Li,铝合金密度减小 3%,弹性模量提高 6%;加 2% ~ 3% 的 Li,密度减小 10%,质量约降低 20%,比刚度可增加 20% ~ 30%,强度可与 LY12 媲美;当 Li 含量为 3% 时,Al-Li 合金的韧性明显下降,脆性增大。因此,其合金中的 $w(Li)$ 仅为 2% ~ 3% 。Li 在铝中的溶解度随温度变化而变化。

Al-Li 合金也有缺点,其塑性和韧性差,缺口敏感性大,材料加工及产品生产困难,价格较贵,是硬铝价格的 2 ~ 3 倍。所以目前在飞机结构,特别是在民用飞机结构中用量还不大。但随着新型铝合金性能的改进、制造工艺的发展,以及在海水中萃取 Li 的技术获得成功(Li 的价格将大幅下降),含 Li 铝合金在飞机上铝合金中的比例将会得到提高。目前,在空客 A350 飞机上已有 23% 的铝锂合金用量,而 A380 已正式选用铝

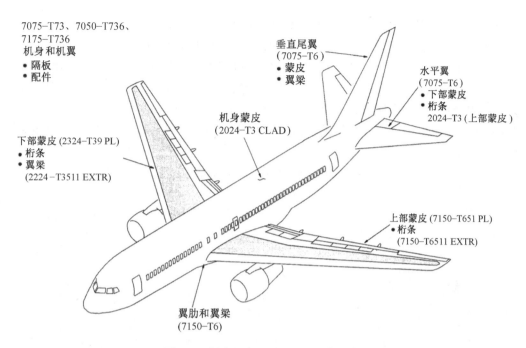

7075–T73、7050–T736、
7175–T736
机身和机翼
• 隔板
• 配件

垂直尾翼
(7075–T6)
• 蒙皮
• 翼梁

水平翼
(7075–T6)
• 下部蒙皮
• 桁条
2024–T3（上部蒙皮）

机身蒙皮
(2024–T3 CLAD)

下部蒙皮 (2324–T39 PL)
• 桁条
• 翼梁
(2224–T3511 EXTR)

上部蒙皮 (7150–T651 PL)
• 桁条
(7150–T6511 EXTR)

翼肋和翼梁
(7150–T6)

图 2.9   铝合金在民用飞机上的典型应用

(a)高比强铝合金机翼

(b)美国F–117隐身战斗机(所用材料大部分是铝合金)

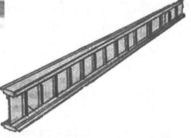

(c)飞机翼梁(腹板为硬铝合金)

图 2.10   飞机中的铝合金结构件

锂合金制造地板梁,用作机身蒙皮和下翼面的桁条。

英国、美国和苏联等国家曾开发了众多的含 Li 铝合金。英国、美国等国家开发的铝锂合金的型号主要有 2 系的 2020、2090、2091、2095、2195 和 2197 等以及 8 系的 8090,其成分见表2.5。苏联在 20 世纪 50～60 年代开发了 1420 铝锂合金,具有焊接性好的优点,但强度较低,后来在 1420 铝锂合金中加入 Sc(钪),开发了 1421 铝锂合金,其强度明显提高,含 Li 铝合金目前在俄罗斯的航空工业应用非常广泛,具体型号和成分可见表2.6。

表2.5   英国、美国等国家的锂铝合金的型号及主要成分的质量分数(余量为 Al)   %

合金	Li	Cu	Mg	Mn	Zr	其他
2020	1.30	4.50	—	0.55	—	0.25Cd
2090	2.20	2.70	—	—	0.10	—
2091	2.00	2.10	1.50	—	0.10	—
2095	1.30	4.20	0.40	0.25	0.10	0.40Ag
2195	1.00	4.00	0.40	0.25	0.10	0.40Ag
2197	1.50	2.80	0.25	0.30	0.12	—
8090	2.40	1.30	0.90	—	0.10	—

表2.6   苏联和俄罗斯的几种锂铝合金的型号及主要成分的质量分数(余量为 Al)   %

合金	Li	Cu	Mg	Sc	Zr
1420	2.00	—	5.20	—	0.12
1421	2.00	—	5.20	0.15	0.12
1423	2.00	—	3.70	0.15	0.08
1430	1.70	1.60	2.70	—	0.11
1440	2.40	1.60	0.90	—	0.11
1450	2.10	3.00	—	—	0.12

铝锂合金的发展可分为三个阶段。塑韧性较差的 2020 第一代铝锂合金现已很少使用。1420、2090、8090、8091 和 2091 等低密度、高弹性模量的第二代铝锂合金已进入工业化生产和商品化应用阶段:俄罗斯的雅克-36、苏-27、苏-36、米格-29、米格-33 等飞机都大量采用铝锂合金;美国 F-15 飞机上的侧蒙皮使用的是 8090 铝锂合金板材,F-18飞机的探测器盖使用的是 2090 铝锂合金板材;法国的 Rafele-A 军用战斗机以及空客 A330 和 A340 客机上都使用了铝锂合金。20 世纪 90 年代以后,开发出了一些具有一定特殊优势的铝锂合金,铝锂合金的发展进入第三个阶段。目前,已开发出的新型铝锂合金主要有高强可焊的 1460 和 Weldalite 系列合金,高韧的 2097、2197 铝锂合金,低各向异性的 AF/C-489、AF/C-458 铝锂合金等。这些新出现的铝锂合金可统称为第三代铝锂合金。其中 2197 铝锂合金比当前战斗机使用的 2124 铝合金的疲劳强度高、

密度小,美国已将其用于 F-16 和 F-22 战斗机的后隔框,疲劳性能得到显著改善,满足了 8 000 h 使用寿命的要求。

我国对 Al-Li 合金的研究工作目前处于研究阶段,相信不久的将来就会在生产实践中应用。国内某些高等院校及研究所等单位正在做这方面的工作,如对 Al-Li-Cu 系、Al-Li-Mg 系及 Al-Li-Cu-Mg-Zr 系等合金的时效动力学、断裂机制及预冷变形后再进行时效处理等方面进行了系统研究。以 SiC 纤维、SiC 颗粒等为增强体的 Al-Li 基复合材料也是近几年出现的新材料。

为了扩大 Al-Li 合金的应用范围,还应解决下列问题:

①改善现有 Al-Li 合金的力学性能,尤其是脆性大及各向异性问题。

②发展高强韧性的 Al-Li 合金。

③降低成本,特别是提高材料的利用率,发展精密成形方法,从而减少切削。进一步发展多组元合金化方法,在 Al-Li 基础上加入 In、Ge、B 和稀土等合金元素。

2.3 钛合金

钛及钛合金是 20 世纪 40 年代末发展起来的一类新型结构材料,其主要特点是:比强度高、耐腐蚀、中低温性能好,同时还具有超导、记忆、储氢等特殊性能。因此,其在航空、化工、电力、医疗等领域获得日益广泛的应用,而且作为尖端科学技术材料,将具有强大的生命力。

钛合金在航空工业中的应用越来越广泛,已经成为其结构材料中不可缺少的一部分。F-15 战斗机的机体结构材料,钛合金用量达到 7 000 kg,约占结构材料质量的 34%。在一些先进的飞机发动机中,钛合金用量已占结构质量的 20% ~30%。它们主要用于制作压气机和风扇的盘件及叶片、压气机机匣、起落架轴承壳体和支承梁。F-22 战斗机中钛合金用量已占机体总质量的 41%,应用部位有隔框、主翼梁、后梁、水平尾翼转轴等。美国 Boeing787 飞机,钛合金用量达到了 15%;欧洲 A380 飞机,单架飞机用钛 65 t,占飞机总质量的 10%,而且采用了全钛挂架。

2.3.1 纯钛的性质

钛(Ti)的蕴藏量仅次于铝、铁、镁,居金属元素中的第四位。纯钛是灰白色轻金属,熔点为 1 667 ℃,比铁的熔点还高。钛的密度为 4.5 g/cm³,比铁和铜都轻得多,为轻金属和重金属的分界线。钛的弹性模量低,只有铁的一半。导电性较差(仅为铜的3.1%),导热系数(为铁的 1/6)和线膨胀系数(与玻璃的相近)均较低。纯钛的焊接性能好,低温韧性优异,强度低,塑性好(σ_b = 230 ~ 260 MPa,δ = 50% ~ 60%,ψ = 70% ~ 80%),易于冷压力加工。而且钛无磁性,在强磁场下也不会磁化,用钛制人造骨和关节植入人体内不会受雷雨天气的影响。钛阻尼性低,适宜做共振材料。当温度低于0.49 K 时,钛呈现超导特性,经过适当合金化,超导温度可提高到 9 ~ 10 K。

纯钛随温度变化存在固态同素异构转变(固态相变),即在 882.5 ℃时,会发生晶格结构的转变:低于882.5 ℃时,钛为密排六方晶格,称为α-Ti;高于882.5 ℃时,钛为体心立方晶格,称为β-Ti。密排六方(hcp)α-Ti 和体心立方(bcc)β-Ti 的晶胞结构示意图如图2.11 所示,图中重点绘出了最密排的晶面和晶向。

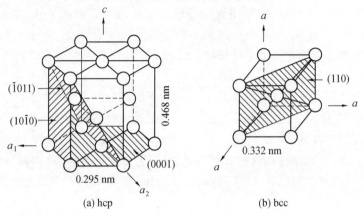

图 2.11　密排六方(hcp)α-Ti 和体心立方(bcc)β-Ti 的晶胞结构示意图

具有密排六方晶体结构的 α-Ti 的点阵常数为 $a = 0.295$ nm,$c = 0.468$ nm,轴比 $c/a = 1.587$,理想密排六方晶格的 $c/a = 1.633$。在 hcp 晶格中溶入间隙原子(如 C、N 或 O),或者溶入原子半径小于 Ti 的置换原子(如 Al),均会稍微提高 α-Ti 的 c/a 值。

与理想密排六方结构相比,α-Ti 的 c/a 值的减小,增大了棱柱面的间距。这使得棱柱面的堆垛密度较基面有所增大,从而有利于棱柱面上的滑移而不是基面上的滑移,这就是纯钛的塑性较其他 α 钛合金要好得多的原因。

2.3.2　钛合金的特性

钛合金相对于铝合金、钢铁等其他结构材料,具有以下突出的优点:

(1)比强度高

工业纯钛强度为 350~700 MPa,钛合金强度可达 1 200 MPa,和调质结构钢相近,而钛合金的密度比钢低得多,仅为钢的 60%,所以具有高的比强度。

(2)热强度高

钛的熔点高,再结晶温度也高,因而钛及其合金具有较高的热强度。目前新型的钛合金使用温度可达到 550~600 ℃。而且在低温下,钛合金的强度反而比在常温时增加,且具有良好的韧性,低温钛合金在-253 ℃时还能保持良好的韧性。

(3)抗蚀性高

钛表面能形成一层致密、稳定的,由氧化物和氮化物组成的保护膜,具有很好的抗腐蚀性能。钛及其合金在潮湿大气、海水、氧化性酸(硝酸、铬酸等)和大多数有机酸中,抗腐蚀性与不锈钢相当,甚至超过了不锈钢。

同时,钛合金的缺点也是十分突出的,有如下几点:

(1)切削加工性差

钛的导热性差(仅为铁的 1/5,铝的 1/3),摩擦系数大,切削时容易升温,也容易粘刀,导致切削速度低,降低刀具寿命,影响零件表面光洁度。

(2)热加工工艺性差

在加热到 600 ℃ 以上时,钛及钛合金极易吸收氢、氮、氧等气体而使其性能变脆,使铸造、锻压、焊接和热处理等工艺都存在一定的困难。钛合金的热加工工艺过程只能在真空或保护气氛中进行,这提高了钛合金件的制造成本。

(3)冷加工性差

钛及其合金的 $\sigma_{0.2}/\sigma_{b}$ 比值较高,表明应力接近断裂强度时才发生塑性变形,因此,塑性变形困难,也容易导致开裂。

(4)硬度低、抗磨性差

钛合金(退火态)的硬度(HRC)为 32 ~ 38,相对较低,而且其摩擦系数较高,所以钛合金一般不宜用来制造要求耐磨性高的零件。

2.3.3 钛合金的合金化及分类

钛的合金化,可根据对 β 转变温度的影响,分为中性元素、α 相稳定元素和 β 相稳定元素,如图 2.12 所示。α 相稳定元素将 α 相区扩展到更高的温度范围,而 β 相稳定元素则使 β 相区向较低温度移动。中性元素对 β 转变温度的影响很小。合金元素是稳定 α 相还是稳定 β 相的,可通过键合电子数来确定。电子与原子的比值低于 4 的合金元素为稳定 α 相;比值大于 4 的合金元素为稳定 β 相;比值等于 4 的合金元素为中性。

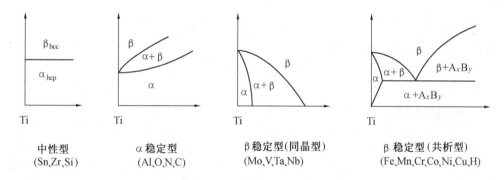

图 2.12 合金化元素对钛合金相图的影响

在 α 相稳定元素中,Al 是最重要的合金化元素。间隙元素 O、N 和 C 也属于 α 相稳定元素。α 相稳定元素除了将 α 相区扩展到更高温度以外,还形成了 α+β 两相区。β 相稳定元素可以细分为 β 同晶型元素和 β 共析型元素。β 同晶型元素(如 Mo、V、Ta、Nb)由于在钛中的溶解度高而非常重要,可起到中等程度的固溶强化作用。另外,即使存在非常少量的 β 共析型元素(如 Fe、Mn、Cr、Co、Ni、Cu、H)也可以形成金属间化合物,起到弥散强化作用。Sn 和 Zr 由于对 β 转变温度几乎没有影响,因此被看作中性元素。但就强度而言,Sn 和 Zr 可显著强化 α 相,因此不再是中性元素。此外,Si 原子趋向于在位错附近偏聚,可以有效阻止位错攀移,从而提高合金的抗蠕变性能。Zr 能使细小的硅化物析出相均匀分布。Nb 可以提高钛合金的抗氧化性能,而添加少量的 Pd 可以显著提高钛合金的耐腐蚀性能。

经典的钛合金分类方法是麦克格维伦于 1956 年提出的退火状态相组成分类的方法。该方法将钛合金分为三类:α 钛合金、β 钛合金和 α+β 钛合金。我国钛合金的牌号是以 TA、TB、TC 后面附加顺序号表示,序号大小与合金的命名时间相关,一般来说时间越近,序号越大,一般从 1 开始排列。其中 TA0、TA1、TA2、TA3 为纯钛的牌号,TA0 为高纯钛,仅在科学研究中应用,其余三种均含有一定含量的杂质,称为工业纯钛。常用钛合金的牌号、化学成分及力学性能可参考相关工具书。

一般,α 钛合金热强度好、可焊性强,但热加工困难;β 钛合金室温强度高、成形容易,可热处理强化;而 α+β 钛合金介于两者之间,可以通过热加工和热处理较大范围地调整其显微组织与性能。这三类合金的主要特征如图 2.13 所示。

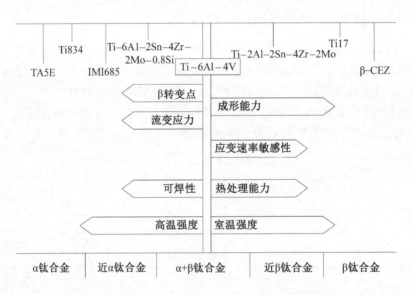

图 2.13　α 钛合金、β 钛合金、α+β 钛合金的主要特征

经过多年的发展,各种不同特性的钛合金越来越多。各种不同方式的热处理日益获得了实际应用。随着钛合金的研究与应用的迅速发展,麦克格维伦分类方法的局限性越来越明显,主要原因如下:

首先,它将成分、组织、性能差异很大的合金划入了同一类。例如 α+β 型,既包括了 β 稳定元素含量很低的、类似 α 合金的近 α 钛合金,也包括铝含量高的热强钛合金,以及可热处理强化的、β 稳定元素含量很高的近 β 钛合金。

其次,这一方法不能完全反映实际生产和应用中遇到的现有钛合金,特别是对热处理强化状态下使用的钛合金的相组成和性能特征。

再次,此分类方法还缺乏明确的分类界限,不同的学者经常将同一成分的合金划入不同的合金类型,以致造成了许多概念上的混乱。

一种合理的钛合金分类方法,应当适用于在研究、生产、使用中遇到的所有钛合金,

有明确的分类依据和界限,每类合金应有自己独特的组织与性能特点,以便为合金设计制造选材时提供科学的基础。按照亚稳定状态相组成进行钛合金分类的方法,是一种比较科学的分类方法,它将钛合金分为六种,即 α 钛合金、近 α 钛合金、α+β 钛合金、近 β 钛合金、亚稳定 β 钛合金和 β 钛合金。

钛合金中 β 相的数量及稳定程度与 β 稳定元素含量有直接关系。为了衡量钛合金中的 β 相的稳定程度或 β 稳定元素的作用,并便于钛合金分类,提出了 β 稳定系数的概念。β 稳定系数是指钛合金中各 β 稳定元素浓度与各自的临界浓度比值之和,即:

$$[Mo]_{eq} = 10K_\beta = \%Mo + \%Ta/4 + \%Nb/3.3 + \%W/2 + \%V/1.4 + \%Cr/0.6 + \%Ni/0.8 + \%Mn/0.6 + \%Fe/0.5 + \%Co/0.9$$

式中,$[Mo]_{eq}$ 为 Mo 当量,即 β 稳定元素含量;K_β 为 β 稳定系数;%Mo 等表示 Mo 等的质量分数。

K_β 接近 0 的钛合金为 α 钛合金,这类合金几乎不含 β 稳定元素。$K_\beta < 0.23$ 的钛合金一般属于近 α 钛合金。$K_\beta = 0.23 \sim 1.0$ 的钛合金一般属于 α+β 钛合金,也称两相钛合金,这类钛合金中的铝当量($[Al]_{eq} = \%Al + 1/3\%Sn + 1/6\%Zr + 4\%Si + 10\%(O+C+2N)$)一般控制在 8% 以下,β 稳定元素的添加量为 2% ~ 10%,主要是为了获得足够数量的 β 相,以进一步改善钛合金的压力加工性和热处理强化能力。

$K_\beta = 1 \sim 1.5$ 的钛合金为近 β 钛合金;$K_\beta = 1.5 \sim 2.5$ 的 β 钛合金为亚稳定 β 钛合金,这类合金平衡状态仍为 α+β 两相,β 相含量超过 50%,但在一般退火冷却条件下,β 相即可保留至室温,使组织中全部为退火状态的亚 β 相,当然,亚稳定 β 钛合金中 β 相的稳定性高于近 β 钛合金;$K_\beta > 2.5$ 的 β 钛合金为稳定 β 钛合金,这类合金在平衡状态下,全部由稳定的 β 相组成,热处理不能改变其相组织。以上三种合金虽各有特点,但为简略起见,统称为 β 钛合金。最常应用的 β 钛合金是近 β 和亚稳 β 钛合金。β 钛合金的铝当量一般较低,为 2% ~ 5%。图 2.14 是 β 稳定元素相图上各钛合金分布示意图。新研发的一些钛合金也可以根据其 Mo 当量自行加入图中,以便将其在生产实践中分类,掌握其组织与性能特点。

2.3.4　钛合金的组织与性能

钛合金的金相组织特征主要是在热变形过程中形成的,随后在 α+β 相区进行热处理时,一般不能改变已形成的组织特征,只能变化等轴初生 α 相(或称球状初生 α 相)和片状次生 α 相之间的相对含量。

在工业用 α+β 钛合金中,最常用的显微组织(图 2.15)可以归纳为以下四种类型。

(1)魏氏组织

魏氏组织特点是:原始 β 晶粒边界清晰完整,晶界 α 相非常明显,晶内 α 相呈粗大片状有规则排列。当合金的加热和变形都在 β 相区进行时形成这种显微组织(图 2.15(a))。

(2)网篮组织

网篮组织特点是:原始 β 晶粒边界不同程度地被破碎,晶界 α 相已经不明显,晶内

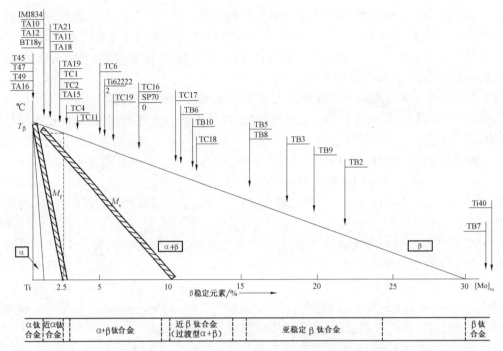

图 2.14　β稳定元素相图上各钛合金分布示意图

T_β—钛合金的 β 转变温度；M_f—钛合金中马氏体转变终止温度；

M_s—钛合金中马氏体转变开始温度

片状 α 相变短变粗，在原始 β 晶粒轮廓内出现高度扭曲或类似网篮的片状组织。当合金在 β 相区加热或开始变形，在 α+β 相区的变形量不够大时形成这种显微组织（图 2.15(b)）。

（3）双态组织

双态组织特点是：在转变 β 组织的基体上，分布着一定数量的初生 α 相，但其总含量不超过 50%。转变 β 实际上是次生 α 相和保留 β 相的混合体，在光学显微镜下观察时发暗，初生 α 相则呈发亮的颗粒。当合金在 α+β 相区的上部加热和变形时形成这种显微组织（图 2.15(c)）。

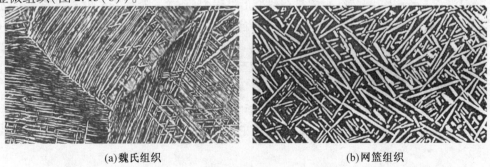

(a)魏氏组织　　　　　　　　　　　　　(b)网篮组织

图 2.15　α+β 钛合金的典型显微组织

| (c)双态组织 | (d)等轴组织 |

续图 2.15

（4）等轴组织

等轴组织特点是：在均匀分布的、含量超过 50% 的初生 α 基体上，存在一定数量的转变 β 组织。等轴 α 相颗粒的形状、尺寸与变形方式及变形程度有密切关系。当合金在低于相变点 30～50 ℃下加热和变形时形成这种显微组织（图 2.15(d)）。

关于显微组织类型对钛合金机械性能的影响，以 Ti-6Al-4V 为例进行比较，部分结果见表 2.7。从表 2.7 可以看出，典型的魏氏组织有非常低的拉伸塑性和疲劳强度，因此这种显微组织一般是不允许的；网篮组织的拉伸塑性比魏氏组织要好得多，这种组织对疲劳性能不是主要要求的零件是允许的，而且它的冲击韧性高；双态组织具有更好的拉伸塑性和疲劳强度；而等轴组织具有最好的拉伸塑性和疲劳强度。因此，要求疲劳性能的零件，特别是承受振动载荷的风扇和压气机叶片，最好具有等轴组织。双态组织和网篮组织的疲劳性能虽然差，但是它们具有更高的持久和蠕变强度。因此，对于在高温下长时间受拉应力的零件，如压气机盘件，这种类型的显微组织是更可取的。

表 2.7 显微组织对 Ti-6Al-4V 合金力学性能的影响

力学性能	魏氏组织	网篮组织	双态组织	等轴组织
σ_b/MPa	1 040	1 030	1 000	980
$\sigma_{0.2}/\text{MPa}$	977	931	934	900
$\delta_5/\%$	9.5	13.5	13	16.5
$\psi/\%$	19.5	35	40	45
$a_k/(\text{MPa}\cdot\text{m}^{\frac{1}{2}})$	3.65	5.4	4.4	4.8
$K_{IC}/(\text{MPa}\cdot\text{m}^{\frac{1}{2}})$	329	—	—	190
σ_{-1}/MPa	427	496	507	533
持续时间(400 ℃,600 MPa)/h	—	>400	187	92

从表 2.7 中还可以看出，魏氏组织的断裂韧性比等轴组织的高得多。原始 β 晶粒长大，以及存在晶粒边界 α 相，都会使合金的断裂韧性得到提高。晶界 α 相的存在使断裂性能由晶间断裂变化为晶内断裂，从而使断裂韧性提高。这是因为裂纹沿着魏氏 α 片和转变 β 的相界面扩展，片状 α 具有高的纵横比，可以为裂纹扩展提供更大的 α 和 β 相界面，并使裂纹扩展方向多次变化，从而吸收更大的能量。

关于显微组织类型对疲劳性能的影响，大量试验研究数据表明，细小的 α 相颗粒

比较大的 α 相颗粒,有更长的疲劳总寿命。此外,原始 β 颗粒较小的材料同样有较好的疲劳总寿命,尽管晶内组织可能是片状的。对于疲劳裂纹起始寿命,观察到与疲劳总寿命相似的趋势,细小的初生 α 相颗粒使裂纹形成的时间延长,而转变 β 组织能缩短疲劳裂纹形成的时间。关于显微组织类型对疲劳裂纹扩展寿命的影响,得出的结论是:等轴组织的材料有着较低的裂纹扩展抗力,而 β 相区退火得到的片状组织的材料,则有着更高的疲劳裂纹扩展抗力。

显微组织对钛合金力学性能的影响见表2.8。

表2.8　显微组织对钛合金力学性能的影响

显微组织	提高的性能	降低的性能
魏氏组织	断裂韧度、疲劳裂纹扩展抗力、冲击韧度、蠕变极限、持久强度	塑性、疲劳裂纹萌生抗力、高周和低周疲劳强度
网篮组织	持久强度、蠕变极限、强度	疲劳极限、塑性
等轴组织	塑性、疲劳裂纹萌生抗力、高周和低周疲劳强度	断裂韧性、疲劳裂纹扩展抗力、冲击韧度、蠕变极限、持久强度
双态组织	通过调节初生α相含量和β转变组织的组织参数,可以获得适中的综合力学性能	

2.3.5　钛合金的制造工艺

1. 变形钛合金

变形钛及钛合金是指由海绵钛或海绵钛加合金元素熔炼铸成钛锭,用塑性加工方法将铸锭制成各种加工材(板材、棒材、管材、丝材、型材和锻件等),不仅使金属钛有了便于使用的形状,而且改善了组织,从而提高了性能。也可用铸造和粉末冶金等方法制成各种形状零部件。一般加工材的性能要比粉末冶金制品或铸件的性能好,也可以采用热等静压处理技术改善性能。粉末冶金工艺能生产出熔炼工艺难以生产的合金,如颗粒增强合金。钛材加工生产工艺流程如图2.16所示。

钛及钛合金熔点高,化学性质活泼,在熔融状态下极易与空气和耐火材料发生作用,通常用水冷铜真空自耗电弧炉熔炼(VAR),也可以用电子束冷床炉(EBCHM)和等离子冷床炉(PACHM)熔炼。

目前,生产钛及其合金铸锭的方法依然是真空自耗电弧炉熔炼,它可以熔炼易偏析和高活性的金属材料。其实质是将自耗电极作为负极,铜坩埚作为正极,在真空或惰性气氛中,将已知化学成分的自耗电极在电弧高温加热下迅速熔化,形成熔池并受到搅拌,一些易挥发杂质将加速扩散到熔池表面被去除,合金的化学成分经搅拌可达到充分均匀。真空自耗电弧炉熔炼工艺过程是将按一定化学成分配好的海绵钛和合金元素(可以是单质,也可以是中间化合物),混合均匀后压制成不同形状的块,用真空等离子焊箱把这些块焊接成电极,在真空或稀有气体保护下经两次熔炼成铸锭,特殊用途(如航空制品的铸锭)需经三次熔炼。真空自耗电弧炉如图2.17所示。钛及钛合金的铸件通常在真空自耗凝壳炉中生产,凝壳炉如图2.18所示。图2.19为真空自耗电弧炉熔炼工艺过程的示意图。工业规模铸锭质量一般为 3~8 t,大型铸锭可达 15 t。

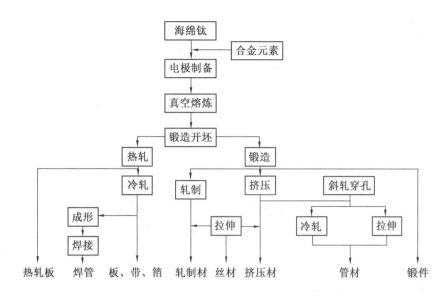

图 2.16 钛材加工生产工艺流程图

图 2.17 熔炼钛及钛合金的真空自耗电弧炉　图 2.18 生产钛及钛合金铸件的真空自耗凝壳炉

　　由于钛及其合金塑性变形加工的变形抗力大、常温可塑性差、屈强比值高、变形回弹性大及变形过程中易与模具黏结等,所以通常采用热变形,后期也可采用一些冷变形和温变形。在加热过程中,钛易于吸收氧、氮和氢从而降低塑性,铸锭或坯料表面会形成氧化皮和吸气层。因此,应用感应加热或气密性好的箱式电炉加热,如果采用燃气或燃油的火焰加热,则必须保持炉内微氧化性气氛。如有特殊要求,可采用保护涂层或在保护性气氛中加热。钛的导热性差,在加热过程中必须控制升温速度,加热大截面或高合金化铸锭时,为了防止热应力可能引起的铸坯开裂,一般应采用分级加热。

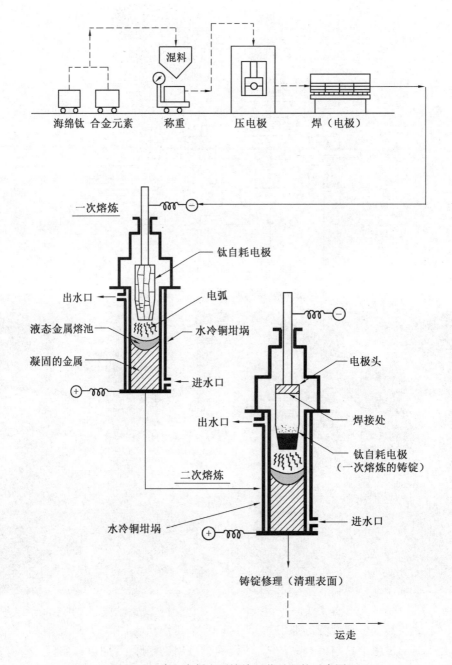

图 2.19 真空自耗电弧熔炼工艺过程的示意图

锻造是钛铸锭加工成中间坯料所必需和重要的加工方法之一,其分为自由锻和模锻。另外,锻造还作为独立工序用于生产棒材、锻件和模锻件等产品。铸锭锻造的第一火次称为开坯锻造,锻造温度一般选在 β 相区,温度范围为 950 ~ 1 200 ℃。以后的锻造应在 α+β 两相区的上部,温度为 950 ℃左右。一般第一火次变形量为 30% ~ 70% 。

钛在热变形时,变形热较大,局部强烈变形区产生的热量会造成局部过热,使组织恶化。但如果控制好变形速度使之均匀变形,则变形热对加工又有利。除常规锻造外,还发展了 β 锻、准 β 锻及等温锻等。锻造的钛毛坯车光成饼、环和棒材。快速锻造机和精锻机如图 2.20 所示,车光的 TC4 棒材和法兰锻件如图 2.21 所示。

钛合金板、带、箔通常采用轧制获得,除 β 钛合金外,热轧一般应在 β 或 α+β 相区进行。热轧温度比锻造温度低 50 ~ 100 ℃。厚 2 ~ 5 mm 板材可采用温轧工艺,更薄的板材可用冷轧。冷轧时,两次退火间的冷轧变形量为 15% ~ 60%。为了保证板材品质和轧制过程顺利进行,应采用中间退火和表面处理等工艺措施。

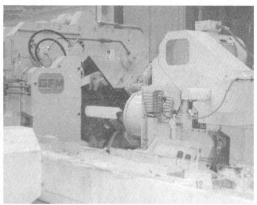

(a)快速锻造机　　　　　　　　　　　　(b)精锻机

图 2.20　快速锻造机和精锻机

(a)TC4棒材　　　　　　　　　　　　(b)法兰锻件

图 2.21　车光的 TC4 棒材和法兰锻件

钛和钛合金管材可分为热挤压管、热轧管、冷轧管和焊接–轧制管。厚壁管可用热挤压或热斜轧(两辊或三辊轧机)方法生产。小直径薄壁无缝管需再经冷轧或拉伸制得。有些钛合金冷轧塑性较低,容易造成开裂,为了提高钛合金管的可轧制性,应采用温轧。此外,可以以轧制的带卷为坯料在焊管机上卷管成形并在对接边部采用无填充料的钨极稀有气体保护焊（TIG）制成焊接钛管。

用横列式孔型轧机可生产棒材和简单断面型材。轧辊的孔型系根据产品形状设计最佳的孔型系。与钢相比，钛金属材料在孔型轧制时具有更大的宽展系数。棒材还可用精锻机和热挤压生产。

小直径棒材、丝材及管材可通过拉伸生产。拉伸是指用拉力使坯料穿过各种形状的锥形模孔，改变其断面形状，以获得尺寸精确的产品。为了防止黏模，拉伸前将坯料涂层，一般采用磷酸盐或氧化处理。拉伸时涂敷石墨、二硫化钼或石灰基润滑剂。为了提高丝材品质，降低拉伸力和延长模具寿命，可采用增压模和超声波拉伸。钛合金冷拉伸困难，可采用温拉伸。

钛合金热处理工艺参数确定的重要依据是 β 相的转变温度，热处理可分为退火、固溶处理（淬火）和时效处理。退火的目的在于：使组织和相成分均匀化，获得均一的性能，提高塑性，以及消除在压力加工、焊接、机加工等过程中形成的内应力。完全退火是在再结晶起始温度以上，但在 β 相的转变温度以下加热，通常退火温度选在 β 相的转变温度以下 120~200 ℃。而消除应力进行不完全退火，一般选择在再结晶开始温度以下 150~250 ℃。板材的退火温度比棒材和锻件低。钛合金的退火一般在非真空状态下进行，但有时为了除氢或防止氧、氮等有害气体的污染，需要进行真空退火。真空退火温度一般为 500~750 ℃。为了使耐热钛合金的组织与性能稳定化，可采用双重退火或等温退火。

固溶处理（淬火）和时效是钛合金的强化热处理，目的是获得强度高与塑性好的综合性能。固溶处理有两种方式，即 β 相固溶处理和 α+β 相固溶处理。β 相固溶处理是在 β 相转变温度以上 30~100 ℃，保温 10~30 min，空冷或水淬，主要适用于亚稳定 β 相合金；α+β 相固溶处理是在 β 相转变温度以下 30~60 ℃，保温 30~120 min，水淬。时效是为了使固溶处理所得到的亚稳定相分解，一般在 450~550 ℃进行，时效时间为 2~8 h，而后空冷。

2. 铸造钛合金

钛的冶炼过程复杂，钛及钛合金加工材生产也比钢、铜、铝和镁合金生产困难得多，用钛材生产加工零件材料的利用率比较低（低于 50%），因此成品零部件成本高。利用铸造生产方法可制造出接近零件形状的铸件，机械加工量小，金属利用率大，生产成本低。但钛及钛合金铸造有一定难度，如铸造性能和充填补缩能力比其他常用金属差。随着钛合金铸造工艺，特别是熔模精密铸造工艺的成熟与发展，以及热等静压的应用，钛及钛合金铸件的品质已接近或达到了变形钛合金制件的水平，在飞机机身和发动机上得到了应用，如波音 757 飞机上用钛铸件约 45 个，在波音 767 飞机上应用达 60 个。

目前，工业生产中，钛及钛合金熔炼铸造设备主要是真空自耗电极电弧凝壳炉，可以说绝大部分钛合金铸件都是用它来生产的。而且，所有的钛及钛合金熔炼铸造都要求采用真空或稀有气体保护。钛及钛合金浇注基本上采用静止浇注（重力浇注）和离心浇注两种方法。除此之外，还有压力铸造、真空加速铸造、真空吸铸和磁力铸造，但应用较少。钛合金铸造主要有硬型铸造、砂型铸造、熔模精密铸造等。硬型铸造，包括金属型和石墨型,适合单件生产或小批量生产,零件壁厚大于 4 mm 的大、中型铸件。砂型铸造与硬型铸造类似,适合单件生产或小批量生产,零件壁厚大于 4 mm 的形状比较复杂的大、中、小型铸件。钛合金铸造用的型砂,与铝、铜和钢铁铸造用的型砂不同,需耐高温,一般采用石墨砂和特种耐火砂,加碳质黏结和水玻璃,制造砂型可捣实或压实,烘干。熔模精密铸造,其发展很快,目前航空、航天工业中用的钛合金铸造结构件,98%以上是用熔模精密铸造生产的,铸型有熔模石墨型壳、钨面层陶瓷型壳、氧化物陶瓷型壳等,利用这种方法可生产壁厚小于 3 mm,品质要求高的各种钛合金铸件。

铸件冷却到 200 ℃ 以下即可清砂、脱壳、切割浇注系统。最好在 550 ~ 650 ℃ 先进行一次消除铸造应力退火(1 ~ 2 h),然后进行打磨、喷丸、酸洗。铸造钛合金零件中,由于各种原因,存在气孔、缩松、缩孔等不致密部位。将铸件置于稀有气体中进行热等静压处理,压力达 100 MPa,温度 900 ℃ 左右(如 Ti−6Al−4V),材料会发生蠕变,铸件内部封闭的气孔、缩松被压实闭合,使合金组织致密,铸件性能得到改善,可靠性大为提高。

3.3D 钛合金

通常按照热源种类、原材料状态和成形方式来区分金属增材制造技术。根据热源种类的不同,可分为激光增材制造、电子束增材制造和电弧增材制造;根据原材料状态不同,可分为粉末式增材制造和丝材式增材制造;根据成形方式不同,可分为铺粉式烧结成形和送料式熔化成形。

激光增材制造用钛合金材料主要为 Ti−Al 系合金,包括 TC4、TC11、TC21、Ti5553 和 Ti−8Al−1Er 等。美国 AeroMet 公司在波音、洛克希德·马丁、诺斯罗普·格鲁曼等美国三大军用飞机制造商的支持和合作下,开展了大量的钛合金飞机零部件的激光增材制造技术研究工作,如在 2000 年 9 月利用激光增材制造技术成形钛合金机翼次承力结构件,并对零件的静强度和疲劳强度进行检测,结果表明两项指标均满足设计要求。在 2001 年又利用激光增材制造技术为波音公司加工成形出 F/A−18E/F 战机的发动机舱推力拉梁、翼根吊环、翼梁等钛合金次承力结构件,如图 2.22 所示。并在 2002 年将激光增材制造的钛合金次承力结构件安装于 F/A−18 等战机,对零件的性能进行试验考核,试验结果表明其疲劳寿命远高于寿命谱,满足使用要求。

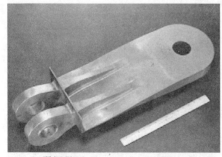
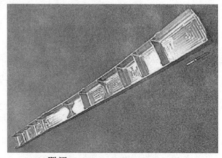

(a)翼根吊环(900 mm×300 mm×150 mm)　　　(b)翼梁(2 400 mm×225 mm×100 mm)

图 2.22　AeroMet 公司激光快速成形钛合金次承力结构件

北京航空航天大学与国内多家航空主机厂开展了长期紧密合作,在 2005 年利用激光增材制造成形出钛合金小型、次承力金属结构件,并将所成形零件在型号飞机上安装搭载,实现了装机应用。在此基础上,2007年研制出了具有系列核心技术、构件制造能力达4 000 mm×3 000 mm×2 000 mm的飞机钛合金构件激光增材制造成套装备系统,并制造出大型、整体、复杂的钛合金主承力飞机加强框及主风挡整体窗框等关键构件,如图2.23所示。

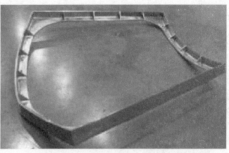

(a)某战斗机的主承力加强框　　　　(b)C919客机钛合金主风挡整体窗框

图2.23　北京航空航天大学激光增材制造的钛合金飞机大型关键构件

英国克兰菲尔德大学在钛合金的电弧增材制造技术应用研究方面走在国际前列,与欧洲航天局、洛克希德·马丁公司和庞巴迪公司开展了广泛合作,成功制造出飞机机翼翼梁和起落架支撑外翼肋,并能成形高复杂度的零件,如图2.24所示。目前,其钛合金沉积效率达1~2 kg/h,构件力学性能达到锻件水平,钛合金零件最大单方向成形尺

(a)机翼翼梁

(b)起落架支撑外翼肋　　　　　　(c)高复杂度验证件

图2.24　英国克兰菲尔德大学电弧增材制造的钛合金零件

寸达 1.5 m。

2.3.6 钛合金在航空中的应用

由于钛合金具有高比强度、较宽的工作温度范围和良好的抗腐蚀能力,因而在航空及宇航工业得以广泛应用。

20 世纪 50 年代,军用飞机进入了超音速时代,航空发动机相应地进入喷气发动机时代,要求使用在室温、中温下具有更高比强度的新材料,原有的铝、钢结构已不能满足新的需求,而钛合金恰恰在这一时期刚刚具备了工业生产能力,正适应了超音速军机发展的需要。

20 世纪 50 年代初期,一些军用飞机后机身的隔热板、机尾罩、减速板等受力不大的结构件也开始使用工业纯钛制造。如,1950 年,美国首次采用工业纯钛制造 F-84 战斗机后机身隔热板、导风罩和机尾罩等非承力构件;1952 年,在道格拉斯的 DC-7 飞机的短舱及隔热墙上就使用了钛金属;1954 年,α+β 钛合金 Ti-6Al-4V 用于制造 J57 涡轮喷气发动机压气机转子盘和叶片。

进入 20 世纪 60 年代,飞机上的襟翼滑轨、承力隔框、中翼盒形梁、起落架梁等主要承力结构件也陆续采用了钛合金材料制造。20 世纪 60 年代中期,美国研制成功"全钛飞机"SR71(图 2.25),是钛合金制造工艺技术发展的一次重大突破,试制成功了钛合金隔框和起落架梁等大型复杂锻件,用钛量达到飞机结构质量的 93%。

20 世纪 70 年代,钛合金在军用飞机和发动机中的用量迅速增加。在 F-14 和 F-15 飞机上的用量占结构质量的 25%,在 F100 和 TF39 发动机上的用量分别达到 25% 和 33%。民用飞机方面,Ti-6Al-4V 合金制造的波音 747 主起落架支承梁模锻件,每件长 6 096 mm,宽 914 mm,重 1 724 kg,至今仍是世界上最大的钛合金模锻件。

20 世纪 80 年代,出现了断裂韧性更高的超低间隙元素级的新型合金,以及超塑成形和扩散连接工艺。

近年来,航空工业对高强度、低密度材料的需求日益迫切,使得钛合金材料的应用从战斗机拓展到大型军用轰炸机和运输机。钛合金在 B1B 超音速轰炸机和航天飞机上得到了更广泛的应用。一架 B1B 飞机需要 90 余吨钛材。美国的航天飞机上采用了 Ti-6Al-4V 合金制造的重达 3 000 kg 的传力结构件。钛合金材料的应用水平已成为衡量飞机先进性的重要标志之一。在美国战斗机的更新换代中,钛合金和复合材料的使用比例不断上升,第四代战斗机 F-22 所使用材料中 41% 为钛合金,其中发动机的叶轮、盘、叶片、机匣、燃烧室筒体和尾喷管等均为钛合金材料制造。

由于碳复合材料和钛合金都具有密度小、比强度高等优异性能,特别是钛合金与碳复合材料有很好的相容性,因此,钛是一种较理想的航空结构材料。就目前的趋势来看,越是先进的新型飞机,越是宽体飞机,用钛量越大(图 2.26)。现有航空航天用钛合金中,应用最广泛的是多用途 α+β 型 Ti-6Al-4V 合金和 Ti-6Al-4Zr-2Mo(Ti6242)高温钛合金。Ti-6Al-4V 合金用于制造工作温度不超过 400 ℃的各种飞机结构和发动机零件,Ti6242 高温钛合金合金用于制造工作温度在 500 ℃以下的高压压气机零部件。

Ti–6Al–4V 合金具有优良的综合性能,用量达到各种钛合金总用量的一半以上。

图 2.25　美国 SR71 高空高速战略侦察机

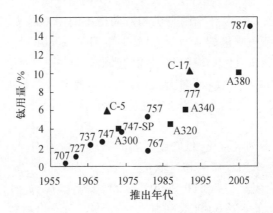

图 2.26　大型飞机钛用量随年代的变化

部分典型钛合金在航空工业中的应用情况见表2.9。B777飞机中使用的钛合金情况见表2.10。

表 2.9 钛合金在航空工业中的应用

合金牌号		使用部位
α 及 α 钛 合 金	工业纯钛	民用飞机过道、洗漱间底部支撑结构、楼梯和托架、防冰和环控系统中管道飞机、发动机舱的内蒙皮、波纹板、防火墙等
	TA7	前机匣壳体、封严圈壳体、支架座和壁板等零件
	TA13	引射机匣、排气收集器的加强带
	TA11	航空发动机高压压气机盘、叶片和机匣等
	TA12	航空发动机压气机盘、鼓筒和叶片等
	TA15	400 ℃ 以下长时间工作的飞机、发动机零件和焊接承力零部件
	TA18	燃油管路和蜂窝结构
	TA19	压气机机匣和飞机蒙皮
	Ti6242S	发动机转动部件、发动机安装架、散热系统及导风罩
	Ti1100	T55-712 改型发动机的高压压气机盘和低压涡轮叶片
	IMI834	波音 777 的大型发动机 Trent700
α + β 钛 合 金	TC1	板材冲压成形零件及蒙皮
	TC2	板材冲压件,如飞机机尾罩前段蒙皮、发动机的下罩等
	TC4	发动机的风扇和压气机盘及叶片
	TC4-DT	结构件(与 Ti-64ELI 类似)
	TC6	承力构件,航空发动机的压气机盘和叶片
	TC11	航空发动机的压气机盘、叶片、鼓筒等
	Ti-62222S	F-22 战斗机用材料、X-33 教练机、联合攻击战斗机等
	TC21	结构件(与 Ti-62222S 相当)
β 钛 合 金	TB2	钣金件、压力容器、波纹壳体和蜂窝结构
	TB3	高强紧固件
	TB5	钣金构件
	TB6	飞机机身、机翼和起落架的锻造零件
	Alloy C	F119 的尾喷管和加力燃烧室
	Ti-40	航空发动机结构材料和机匣
	B-21S	NASP 的机身和机翼壁板
	BT22	IL-86 和 IL-96-300 的机身、机翼、起落架和其他高承载部件
	Ti-1023	波音 777 的起落架主梁和空客 A380 的主起落架支柱
	Ti-15-3	波音 777 应用控制系统管道和灭火罐

表 2.10 B777 飞机中使用的钛合金

合金	条件	σ_b/MPa	材料类型
工业纯钛	退火	345～550	薄板、厚板、棒
Ti–3Al–2.5V	CWSR[①]	860	液体管道
	退火	690	蜂窝芯
Ti–6Al–4V	退火	895	所有形式产品
	退火	895	锻件
	STA[②]	1 100	紧固件
Ti–10V–2Fe–3Al	STA	1 190	锻件
Ti–15V–3Cr–3Al–3Sn	STA	1 035	薄板
	STA	1 140	铸件
Ti–3Al–8V–6Cr–4Mo–4Zr	冷拔+时效	1 240～1 450	弹簧
Beta–21S	STA	860 或更高	发动机短舱部位

注:①CWSR 是指冷加工加消除应力;②STA 是指固溶处理加退火。

我国大飞机、大型运输机、第四代战机、航天空间站、嫦娥计划都会大量使用钛材。尤其是大飞机项目,钛材的应用量将逐步增大。尽管我国钛工业在近几年里取得了长足发展,基本满足了国内各项建设的需要,但客观地说,我国钛工业还不能完全满足航空工业大发展对钛材的各种需求。因此,我国大飞机项目的启动对我国钛工业来说既是机遇,更是挑战。

对现有钛合金进行成分调整或研制具有自主知识产权的新型高强韧损伤容限型钛合金,研发新的使用温度突破 600 ℃的高温钛合金,降低钛合金成本等将成为航空用钛合金的研究及发展方向。大力开展计算机模拟和控制钛合金工艺、组织、性能的研究是我国钛合金领域提高质量和降低成本的根本措施。此外,尝试用价格较低的合金元素取代较昂贵的金属元素或改善加工工艺以降低钛合金成本,进一步扩大其使用范围。一方面我们要奋起赶超国际高性能钛合金的先进水平,另一方面应认真研讨降低钛产品成本的途径,确立相应的科研、开发和技改项目,从而促进我国钛资源的充分利用,推动我国钛产品在航空领域的推广应用。

2.4 镁 合 金

镁合金是最轻的结构材料之一,具有其他金属不可比拟的优越性。镁及镁合金的特殊性能(如密度低、比强度和比刚度高、减振性强、电磁屏蔽性能优异、切削加工性和热成形性好等)使其在移动通信、手提计算机等的壳体结构件上以及在汽车、电子、电器、航空航天、国防军工、交通等领域都具有重要的应用价值和广阔的应用前景。但是由于耐腐蚀性能差和一些其他问题,其在航空航天上的应用曾大大减少。近几年来,合金生产技术和性能有所改进,在表面改性方面也取得了较大成果,因此镁合金在航空航天和其他领域上的应用又有上升趋势。

2.4.1　镁合金的特点

镁合金是以镁为原料的高性能轻型结构材料,密度与塑料相近,刚度、强度不亚于铝,具有较强的抗振、防电磁、导热、导电等优异性能,并且可以完全回收、无污染,其具体优点如下:

①镁合金密度小,但强度高、刚性好。在现有工程用金属中,镁的密度最小,是钢的1/5,锌的1/4,铝的2/3。普通铸造镁合金和铸造铝合金的刚度相同,因而其比强度明显高于铝合金。镁合金的刚度随厚度的增加而成立方比增加,因此镁合金刚性好的性能对整体构件的设计十分有利。

②镁合金的韧性好、减振性强。镁合金在受外力作用时,易产生较大的变形,能使受力构件的应力分布更为均匀,在一定场合下有利于避免过高的应力集中。但当受冲击载荷时,吸收的能量是铝的1.5倍,因此,很适合用于受冲击的零件——车轮。镁合金有很高的阻尼容量,是避免由于振动、噪声而引起工人疲劳等场合的理想材料。

③镁合金的热容量低、凝固速度快、压铸性能好。镁合金是良好的压铸材料,它具有很好的流动性和快速凝固率,能生产表面精细、棱角清晰的零件,并能防止过量收缩以保证尺寸公差。由于镁合金热容量低,与生产同样的铝合金铸件相比,其生产效率提高40%～50%,且铸件尺寸稳定、精度高、表面光洁度好。

④镁合金具有优良的切削加工性。镁合金是所有常用金属中较容易加工的材料。加工时可采用较高的切削速度和廉价的切削刀具,工具消耗低。如,切削镁合金所需功率为1,则铝合金为1.8,铸铁为3.5,软钢为6.3。

⑤资源丰富,易回收。我国是镁资源大国,菱镁矿、白云石矿和盐湖镁资源等优质炼镁原料在我国的储量十分丰富,为我国的原镁工业及"下游"产业的蓬勃发展和不断进步提供了物质保证。镁合金几乎可以100%回收,并且回收方便、成本低,对环境无污染,被誉为"21世纪的绿色金属材料"。

镁合金虽然具有很多优点,但缺点也非常明显:

①易燃性。由于金属镁属一级易燃品,着火点及最小引燃能量低,加之切屑薄而小,因此在高温环境下极易燃烧。当高速切削时往往会使金属切屑的温度高达700～1 000 ℃,此时如果缺乏冷却液的有效供应,高温将足以引燃镁屑而导致起火。镁一旦发生火灾,其燃烧温度可达3 000 ℃,燃烧热值高达25 121 kJ/kg。当镁屑呈粉末状时,与空气混合遇火能发生爆炸。此外,由于镁高温时遇水可发生化学反应置换出氢气,故金属镁火灾中,水、泡沫、四氯化碳等灭火剂都受到限制,干粉、卤代烷灭火剂的灭火效果也不明显,扑救难度大。

②室温塑性差。镁属于密排六方晶体结构,其在室温下只有1个滑移面和3个滑移系,因此它的塑性变形主要依赖于滑移与孪生的协调动作。但镁晶体中的滑移仅发

生在滑移面与拉力方向相倾斜的某些晶体内,因而滑移的过程将会受到极大的限制,而且在这种取向下孪生很难发生,所以晶体很快就会出现脆性断裂。在温度超过 250 ℃时,镁晶体中的附加滑移面开始起作用,塑性变形能力变强。

③耐腐蚀性差。镁具有很高的化学活泼性,其平衡电位很低,与不同类金属接触时易发生电偶腐蚀,并充当阳极作用。在室温下,镁表面与空气中的氧发生反应,形成氧化镁薄膜,但由于氧化镁薄膜比较疏松,其致密系数仅为 0.79,即镁氧化后生成氧化镁的体积缩小,因此耐腐蚀性很差。

2.4.2　镁的合金化

纯镁的强度很低,抗拉强度只有 115 MPa,不适合作为结构材料使用。作为结构材料使用的镁合金都必须通过合金化或其他手段来提高其强度。镁经过合金化及热处理后,强度可以达到 300～350 MPa。

镁合金主要采用固溶强化,与镁形成固溶体的合金元素很多,主要有 Al、Zn、Li、Ce、Zr、Th、Ag 等。Mg-Al-Zn 系和 Mg-Zn-Zr 系是最常用的合金系。Mg-Zn-Zr 系中常加入少量 Mn 来改善其抗腐蚀性,Mn 还可以降低合金的原子扩散能力,提高耐热性。Zr 在镁中的固溶度很小,在镁合金中有强烈的细化晶粒的作用。含 Zr 的镁合金的室温和高温性能都比其他镁合金高得多。

Al、Zn 等在镁中都有溶解度变化(如 Al 在 Mg 中的溶解在 437 ℃时为 12.6%,随着温度下降而迅速减小,室温下约为 1.5%),可以利用热处理方法来实现沉淀强化,但这种强化作用比铝合金中要小得多。加入镁合金中的铝、锌,当含量不超过溶解度时起固溶强化作用。超过溶解度后分别与镁形成金属间化合物 $Mg_{17}Al_{12}$ 和 $MgZn$,在淬火、时效时能起到沉淀强化作用。

在镁合金中常用的稀土元素(RE)有 Y、Nd、Ce、La 及混合稀土(MM)。它们与镁构成类似的共晶系和相近的相组成,以 Mg-Nd 为例,在近镁端 552 ℃进行共晶转变:$L→α+Mg_9Nd$。各种稀土元素在镁中的溶解度相差很大:Y 在镁中的极限固溶度最大,为 11.4%;Nd 居中,为 3.6%;La 和 Ce 最小,分别为 0.79% 和 0.52%。稀土元素与镁形成的 α 固溶体及化合物相的热稳定性较高,因此稀土可提高镁合金的耐热性。此外,稀土元素还可以细化晶粒,降低合金的氧化速率,减少显微疏松和热裂倾向,改善铸造性能和焊接性能,一般无应力腐蚀倾向,其耐腐蚀性不亚于其他镁合金。Mg-RE 系合金还有良好的铸造工艺性和热变形能力。我国稀土元素资源丰富,大力开展 Mg-RE 系合金有着重要的意义。

在镁合金中,Fe、Ni、Cu、Co、Si 等元素属于杂质元素,其在镁中的固溶度很小,在含量大于 0.2% 时就对镁产生非常有害的影响,加速镁的腐蚀。因此,除非特殊情况(有时需要加入 Cu、Si 作为合金元素),一般镁合金中都要严格限制这些元素的含量。

根据合金元素对二元镁合金力学性能的影响,可以将合金化元素分为三类:
①能同时提高镁合金对二元镁合金的强度和塑性的合金元素有
Al、Zn、Ca、Ag、Ce、Ni、Cu、Th(强度顺序:高→低);

Th、Ga、Zn、Ag、Ca、Al、Ni、Cu(塑性顺序:高→低)。

②能提高塑性但强化效果较小的合金元素有 Cd、Ti、Li。

③强化效果明显但使塑性下降的合金元素有 Sn、Pb、Bi、Sb。

以上分类是在合金元素与镁形成二元系时总结出来的规律。在多元镁合金中,由于各种元素间的交互作用,情况会变得更为复杂。

2.4.3 镁合金的分类与牌号

镁合金可根据合金化学成分、成形工艺、性能特点和是否含 Zr 或 Al 四个原则进行分类。

(1)按化学成分分类

按化学成分,镁合金主要分为 Mg-Al、Mg-Mn、Mg-Zn、Mg-RE、Mg-Zr、Mg-Li、Mg-Th 等二元系,以及 Mg-Al-Zn、Mg-Al-Mn、Mg-Zn-Zr、Mg-RE-Zr 等三元系及其他多组元系镁合金。其中,由于 Th 具有放射性,目前已很少使用。

(2)按成形工艺分类

按成形工艺,镁合金可分为铸造镁合金和变形镁合金,两者在成分和组织性能上有很大差别。工业中应用的铸造镁合金约占镁合金总量的 90% 以上。国内标准中变形镁合金牌号以"MB"加数字表示,如 MB1、MB2 等;铸造镁合金以牌号"ZM"加数字表示,如 ZM1、ZM2 等。表 2.11 总结了国产镁合金的成分、性能及用途。目前,国际上倾向于采用美国试验材料协会(ASTM)使用的方法来标记镁合金,具体表示为:前两个字母表示主要合金元素(A-Al、B-Bi、C-Cu、D-Cd、E-稀土、F-Fe、G-Mg、H-Th、K-Zr、L-Li、M-Mn、N-Ni、P-Pb、Q-Ag、R-Zr、S-Si、T-Sn、W-Y、Y-Sb、Z-Zn);后面的数字表示合金元素的名义质量分数(%);A、B、C 等尾标字母表示合金成分在特定范围内的变化,并且对铸造合金和变形合金不加区分。如,AZ91E 即 Mg-9Al-1Zn,Al 和 Zn 的质量分数分别为 9% 和 1%,E 表示 AZ91E 是含 9% Al 和 1%Zn 合金系列的第五位;ZH32 即 Mg-3Zn-2Th)。许多镁合金既可以作为铸造合金,又可以作为变形合金。经锻造和挤压后,变形合金比相同成分的铸造合金有更高的强度,可加工成形状更为复杂的部件。此外还有新发展的快速凝固粉末冶金镁合金。

表 2.11 国产镁合金的成分、性能及用途

牌号	主要成分的质量分数/%						状态	σ_b /MPa	δ /%	应用举例
	Al	Zn	RE	Mn	Zr	Mg				
ZM1	—	—	—	—	0.5~1.0	余量	时效	235	5	飞机轮毂、支架等冲击件
ZM2	—	3.5~5.0	0.7~1.7	—	0.5~1.0	余量	时效	185	2.5	200 ℃下工作的发动机零件

续表2.11

牌号	主要成分的质量分数/%						状态	σ_b /MPa	δ /%	应用举例
	Al	Zn	RE	Mn	Zr	Mg				
ZM3	—	0.2 ~ 0.7	2.5 ~ 4.0	—	0.5 ~ 1.0	余量	退火	118	1.5	高温高压下工作的发动机机匣等
ZM5	7.5 ~ 9.0	0.2 ~ 0.8	—	0.15 ~ 0.5	—	余量	淬火	225	5	机舱隔框、增压机匣等高载荷零件
MB1	0.2	0.3	—	1.3 ~ 2.5	—	余量	退火	210	8	形状简单受力不大耐蚀零件
MB2	3.0 ~ 4.0	0.2 ~ 0.8	—	0.15 ~ 0.5	—	余量	挤压	250	20	飞机蒙皮、壁板及耐蚀零件
MB8	0.2	0.3	0.15 ~ 0.35	1.5 ~ 2.5	—	余量	挤压	260	7	形状复杂的锻件和模锻件
MB15	0.05	5.0 ~ 6.0	—	0.1	0.3 ~ 0.9	余量	挤压	335	9	室温下承受大载荷的零件,如机翼

(3)按性能特点分类

按性能特点可分为高强镁合金和耐热镁合金,高强镁合金主要以 Mg-Al-Zn 系和 Mg-Zn-Zr 系为主,耐热镁合金则大多以 Mg-RE-Zr 系为主。高强镁合金一般具有较高的常温强度和良好的铸造工艺性能,但耐热性较差,长期工作温度不超过150 ℃。在高强铸造镁合金中,Mg-Al-Zn(AZ)系具有均衡的力学性能、铸造性能和耐腐蚀性能,其屈服强度也较高,是目前应用最为广泛的铸造镁合金。而耐热镁合金一般是指能在150 ℃以上温度范围内长期工作,比一般高强镁合金的使用温度高50 ~ 200 ℃。一般耐热镁合金都是通过添加稀土元素提高高温性能的。

(4)按有无锆分类

按有无锆,镁合金可分为含锆镁合金和无锆镁合金。

镁合金常用的热处理工艺有铸造或锻造后的直接人工时效(T1)、退火(T2)、淬火不时效(T4)、淬火加人工时效(T6)、热水中淬火加人工时效(T61),具体工艺根据合金成分特点及性能需求确定。

2.4.4　镁合金的制造工艺

镁合金与其他金属一样,其成形主要通过两种方式,即铸造和塑性变形。镁合金铸造有砂型铸造、金属型铸造、熔模铸造、挤压铸造、低压铸造和高压铸造等,其中以压铸技术加工为主。塑性变形有挤压和轧制、钣金热冲压成形和液压成形、热锻成形和热冲锻成形,还有超塑成形等。在镁合金材料中,一般铸件和压铸件占90%以上,加工材不到 10%。在我国,铸造产品高达 95% 以上,加工材仅占 3% 左右,还有一部分制成粉材。

1. 铸造镁合金

随着镁合金研究的不断深入,人们发现镁合金低的纯净度已成为制约镁合金应用的瓶颈之一。众所周知,镁合金内高的夹杂物含量不仅限制了合金材料潜力的发挥,而且大大降低了镁合金材料的成形性能及耐腐蚀性。

镁的化学性质极其活泼,与氧的亲和力大大高于铝与氧的亲和力,在原镁生产过程中以及合金熔炼、合金化处理、金属传输及铸造等过程中极易与氧、氮、水汽发生化学反应。并且熔融体在接近 800 ℃时极易氧化燃烧,产生大量的非金属夹杂物和金属夹杂物,这些夹杂物(如 MgO、Mg_3N_2 等)会严重恶化合金的铸造性能并降低合金的强度、韧性和疲劳性能等。金属夹杂物(如 Fe、Cu、Ni 等)在镁合金中的固溶度很小,强烈降低了镁的耐腐蚀性。因此防止高温下镁的氧化燃烧一直是影响镁合金熔炼的关键性问题。

镁的熔炼保护主要有两种方式,即溶剂保护和气体保护。溶剂保护通过低熔点卤盐(氯化镁、氯化钠、氯化钾等)混合物覆盖在镁熔体表面,阻止镁与空气的接触,从而保护镁合金不氧化燃烧。但是,由于溶剂很难与镁熔体完全分离而导致在熔体中形成溶剂夹杂,大大降低了镁合金的耐腐蚀性能和力学性能,因此目前国内外高品质镁合金及其制品的生产都倾向于采用气体保护熔炼。气体保护方法是将保护性气体覆盖在熔体表面,利用气体与镁的反应产物使熔体表面膜结构变得致密,阻止内部熔体与氧接触而获得保护。目前在镁工业中广泛应用的保护气体主要有 SO_2 和 SF_6 气体。但 SF_6 是一种很强的产生温室效应的气体,其能力是 CO_2 的 23 900 倍,SF_6 的生命周期估计可达 3 200 年,因此 SF_6 的使用会受到限制。因此,寻找和研制更为有效、绿色的 SF_6 气体替代品已经成为先进镁合金熔炼保护技术的核心研究工作。

镁合金的铸造成形工艺主要有传统的砂型铸造、金属型铸造、熔模铸造、挤压铸造、低压铸造和高压铸造,其中应用最广泛的是高压铸造工艺,而未来的发展更多地偏向挤压铸造、半固态压铸、真空压铸、充氧压铸等。镁合金铸造也可分为液态铸造和半固态铸造,传统的液态铸造镁合金占整个镁合金产品用量的 70%,而铸造镁合金产品的应用开发又主要得益于压铸工艺技术的发展。

压铸是镁合金铸造最主要的成形工艺,它可将熔化的镁合金液,高速高压注入精密的金属型腔内,使其快速成形。实际上,世界镁铸件总产量的 93% 都是用压铸工艺生产的,而且其可以很容易地生产壁厚 1.0 ~ 2.0 mm 的压铸件,现在最小壁厚可达 0.6 mm。这主要是因为镁合金具有良好压铸工艺性能,主要表现在:镁合金的熔点低(纯镁为 650 ℃,与铝相当),凝固潜热小,凝固速度快,且镁合金液黏度低、流动性好、易于充满复杂型腔;此外,镁合金与铁基本上不发生反应,不侵蚀钢铁塔锅和模具,既避免了坩埚对镁合金液的污染,又延长了钢铁塔锅和模具的使用寿命。传统的镁合金压铸成形有热室压铸和冷室压铸(工作原理如图 2.27 所示),其各具优缺点。热室压铸的优点是:金属的熔化炉与模腔相连,因而不需要浇铸时间,所需铸造压力比冷室法小,同等合模压力的设备,可铸造比冷室法大的铸件;模腔以外的空气室比冷室法小,因而铸孔少,熔液温度下降小,可铸薄壁铸件。热室压铸的缺点是:设备和压铸装置部件价格高,压铸装置部件的更换和维修费时。冷室压力铸造的优点是:用大型设备,可铸造大件,设备价格低,铸造压力高,可铸厚壁件及耐压件,压铸装置部件的维修简单。冷室压铸的缺点是:具有独立的熔炼保持炉,因此熔液难以铸造薄壁件。通常可根据零件的大小与铸件的特性来选择压铸工艺,但是一般汽车部件等大型铸件采用冷室压铸,家电壳体等小型薄壁件采用热室压铸。

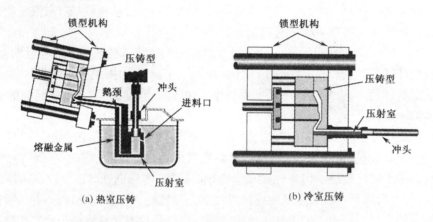

图 2.27　镁合金压铸机工作原理

镁合金压铸工艺经过几十年的发展已趋于成熟,但是由于镁合金铸造时固液相线温度区间窄,流动性对型温和浇铸温度相当敏感,在充型中镁合金液极易凝固,在生产铸件特别是细小的薄壁件时,易于产生气孔、缩孔等组织缺陷,因此必须精确控制型温和浇铸温度,避免产生废品。为了减少和消除铸造缺陷,提高铸件内在质量,近20年来出现了一些新的压铸方法,包括真空压铸、充氧压铸等。真空压铸通过在压铸过程中抽除型腔内的气体而消除或减少压铸件内的气孔和融解气体,提高铸件的力学性能和表面质量。目前美国已成功地用真空压铸法生产了汽车轮毂和转向盘等零件。充氧压铸是指在金属液充型前,将氧气或其他活性气体冲入型腔,充型时与金属液反应生成金属氧化物微粒分布在铸件中,消除铸件的气体和气孔等缺陷,并通过氧化微粒的强化效应提高铸件的性能。目前日本采用该技术成功地生产了整体磁头支架和汽车轮毂等零件。

虽然压铸可以生产出质量轻、强度高、形状复杂的镁合金铸件,但必须过热以确保合金液的流动,从而导致产生了许多难以克服的问题,如镁合金的氧化燃烧。而半固态成形则为解决这一难题提供了条件。镁合金半固态成形是近年发展起来的成形技术,具有充型平稳、无金属喷溅、金属液氧化损失少、铸件尺寸精度高、孔洞类缺陷少、铸型寿命长等特点,可获得高致密度的镁合金制品,是具竞争力的成形方法。这种方法不同于压力铸造和液压模锻,它通过剧烈的搅拌将金属凝固过程中形成的枝晶打碎或完全抑制枝晶的生长,然后直接进行流变铸造或制备半固态坯锭后再局部重熔和触变成形,其产品具有一次相为球形颗粒的组织,成形零件精度高、质量好,能与近终成形接轨。通常半固态成形技术包括触变成形和流变铸造。触变成形和流变铸造的区别主要在于前者是将材料加热到半固状态,再进行成形的工艺,而后者是由液态在冷却过程中形成半固态,再成形。

2. 变形镁合金

变形镁合金的塑性成形方法与变形铝合金的塑性成形方法基本相同,常用的成形方法有:挤压成形、锻造成形、轧制成形、等温及超塑性成形。通过这些方法可制成各种板材、带材、条材、管材、棒材、型材、锻件、模锻件。但与铝合金不同的是,由于镁具有密排六方晶体结构,在室温下变形只有基面{0001}产生滑移,滑移系仅有 3 个,产生塑性变形十分困难,必须升高成形温度以实现镁合金的塑性成形。但成形温度升高到 180~240 ℃时,随着孪晶的形成而有更多的附加滑移面产生,使镁合金的塑性得到较大提高;而温度进一步升高达到 300 ℃以上,即可出现再结晶过程,使镁合金具有更好的成形性能。因此,镁合金的塑性成形加工一般是在热态条件下完成的。

镁合金可采用与铝合金相同的加热方式,一般是在箱式电阻炉中加热。镁合金有良好的导热性,任何形状和尺寸的毛坯或铸锭均可不经预热而直接放入炉膛加热。由于镁合金进行塑性成形加工时,加热温度远低于合金的熔点温度,加热时不需要稀有气体或还原气氛保护。但必须保证炉温均匀,防止坯料局部过热,同时,加热炉应有可靠的温度控制精度,避免镁合金发生燃烧。

镁合金成形目前在工业应用上仍以锻造成形为主,可锻性取决于合金的凝固温度、变形率和合金毛坯的晶粒大小。适合于锻造成形的镁合金主要是 Mg-Al-Zn、Mg-Zn-Zr 和 Mg-Y-RE 系合金。由于合金中含有 Zr、Y 及 RE 等细化晶粒的合金元素,可以获得细晶组织结构,使合金呈现良好的塑性变形能力。一般镁合金所需要的锻造压力比碳钢、合金结构钢及铝合金均大,但小于不锈钢。由于镁合金材料的流动性差,向深的竖直模腔的流动比较困难,对相同的典型结构锻件进行锻造时,通常要比铝合金需要更多道次的锻造才能成形。在多道次锻造过程中,锻造温度应逐次降低,避免再结晶和晶粒的长大,同时保持最终成形的锻件应变硬化后的形变强化效果。多道次锻造过程中,常采用每一次降低温度 15~20 ℃的方法。锻造时,坯料加热及保温时间可按每毫米坯料直径或厚度 1.5~2 min 计算,为避免发生加热软化和晶粒长大,镁合金材料总的加热时间最好不超过 6 h。液压机或慢动作机械压力机是镁合金锻造时最常用的成形设备,很少在锻锤或快速压力机上进行镁合金的锻造加工。在液压机或压力机上进行锻造时,变形程度可达 60%~90%。而在锻锤或快速压力机上锻造的变形程度不超过40%。此外,虽然镁合金材料在铸造时都已经对晶粒进行了细化,但是铸锭材料的晶粒仍不适合直接用于锻造成形工艺。通常要先将铸锭进行均匀化退火,再加以较大变形程度的挤压,才能得到锻造成形所需的晶粒结构。

目前,镁合金管材、棒材、型材、带材可以在油压机上通过温挤压和热挤压方法加工成形。镁合金挤压通常采用正挤压,挤压工艺过程和挤压设备与铝合金基本相同。常用于挤压成形的镁合金有 AZCOM、AZ21Z1、AZ31B、AZ61A、AZ80A、ZK40A、ZK60A 等。

镁合金典型的挤压温度为 300 ~ 450 ℃,合理的挤压温度的选择还和特定的合金牌号与挤压件的截面形状有关。镁合金的变形温度范围较窄,与冷的模具接触时,很容易产生裂纹,所以必须将模具加热到略低于坯料的温度(25 ℃)。而且挤压镁合金时,为了减轻坯料与挤压筒及凹模之间的摩擦,防止黏模,降低摩擦力,有利于金属流动,必须采用润滑剂,同时润滑剂还可以起到隔热作用,从而提高模具寿命。润滑剂一般采用石墨、动物油等。镁合金在热态下具有较高塑性,甚至在不利的应力–应变状态下也较易变形,但变形速度不能太大。当变形速度较高时,因变形引起的热效应,会使挤压毛坯的温度升高,从而流动应力明显降低。当变形速度再增高时,虽然毛坯的升温很明显,但是由于变形过程中金属的加工硬化速度比再结晶过程的软化过程快,坯料流动应力不但不减小,反而明显增大。

镁合金冷轧很困难,一般道次变形量只有 10% ~ 15%,变形率再高会发生严重的裂边,甚至无法轧制。生产镁合金板材时通常要进行 3 次或更多次的反复加热与热轧,一般厚板可以在热轧机上直接生产,而薄板一般采用冷轧或温轧两种方式生产。一般镁合金厚板厚度范围为 11.0 ~ 70 mm,薄板厚度为 0.8 ~ 10 mm,近年来生产的特薄板厚度在 0.5 mm 以下。板材的生产流程为:铸锭铣面→铸锭均匀化→加热→热轧开坯→温整→板坯剪切下料→板坯加热→粗轧→酰洗→加热→中轧→中断或下料→加热→精轧→产品退火→精整→氧化上色→涂油泡装。板材轧制可用 2、3、4 辊轧机,通常用 2 辊轧机,大批量生产可用 4 辊轧机,轧制用的锭坯可用挤压坯或锻压坯,也可以是铸坯。一般来说,易塑性变形的 Mg–Mn 合金(w(Mn)<2.5%)和 Mg–Zn–Zr 合金可直接用铸锭轧制;难塑性变形的合金,如,w(Al) 为 5.5% ~ 7.0%,w(Mn) 为 0.15% ~ 0.5%,w(Zn) 为 0.5% ~ 1.5% 的 Mg–Al–Zn 合金,则宜用挤压坯轧制。

等温成形条件下,镁合金工艺塑性显著改善,十分有利于复杂构件的精密成形。镁合金等温成形主要是指等温模锻、等温挤压等。镁合金等温锻造工艺规范的确定以材料流变压力低、塑性高、氧化少为原则,并要兼顾到模具材料的承受能力。镁合金等温成形模具可采用热作模具钢(如 4Cr5MoV1Si)。为使模具在成形过程中保持恒温,通常采用感应加热或电阻加热方式对模具加热。

镁合金室温塑性加工能力较差,但是在特定的变形温度、速度及组织状态条件下,镁合金具有很高的塑性,甚至出现明显的超塑性。利用镁合金的超塑性,可使复杂零件的模锻顺利进行,而且流变应力非常低,以气压为动力即可完成超塑成形。对航空航天领域的复杂蜂窝状结构件,也可直接用超塑性成形结合扩散焊技术来完成。一般来说,合金要获得超塑性,其晶粒尺寸要求在 10 μm 以下。所以镁合金要获得超塑性就需要有细小晶粒。镁合金细化处理工艺一般有热机械处理(如等通道角挤压和轧制等)、快速凝固以及粉末冶金等。最近研究表明,大晶粒的工业态镁合金也可以表现出良好的超塑性。高强度变形镁合金 MB15 的热挤压棒材,在室温下的伸长率仅为14.8%,在300 ℃时伸长率为62%。但在最佳超塑性条件下,即变形温度为 290 ℃,应变速率为 $1.11×10^{-4}s^{-1}$(夹头运动速度为 0.2 mm/s),晶粒尺寸为 5 μm 时,合金的伸长率为574%,应变速率敏感性指数 m 值为 0.51。镁合金的超塑成形既简化了成形工艺,又能生产出力学性能好、尺寸精度高、表面光洁的产品。

2.4.5 镁合金在航空航天中的应用

由于镁合金的密度低,在航空航天领域中有非常好的减重效果,因此航空航天工业采取各种措施增加镁合金的用量,并在相应的零部件开发并应用,如航空发动机零件、飞机及导弹蒙皮和舱体、飞机壁板、汽油和润换油系统零件、油箱隔板、副油箱挂架、飞机长桁、翼肋、飞机舱体隔框、战斗机座舱舱架、操作系统摇臂和支座、卫星支架、飞机起落架外筒、轮毂、轮缘、直升机发动机后减速机匣、上机匣、涡轮喷气发动机的前支撑壳体、油泵壳体、仪表壳体、高气密铸件等各类承力构件以及各类附件。早在 20 世纪 20 年代镁合金就用于制造飞机螺旋桨。随着时间的推移,开发出了适用于航空航天的多种镁合金系列,并广泛用于制造飞机、导弹、飞行器中的许多零部件,如,用 ZM2 镁合金制造 WP7 各型发动机的前支撑壳体和壳体盖;用 ZM3 镁合金制造 J6 飞机的 WP6 发动机的前舱铸件和 WP11 的离心机匣;用 ZM4 镁合金制造飞机液压恒速装置壳体;用镁合金 ZM5 制造红旗 II 型地空导弹的四甲和四乙舱体铸件、战机座舱骨架和镁合金机轮;以稀土金属钕为主要添加元素的 ZM6 铸造镁合金已扩大用于直升机 WZ6 发动机后减速机匣、歼击机翼肋等重要零件;研制的稀土高强镁合金 MB25、MB26 已代替部分中强铝合金,在歼击机上获得应用。在 B-36 轰炸机上(图 2.28),共使用了 8 600 kg 的镁合金,其中一半是用作结构材料。20 世纪 50 年代后期,在美国航空航天工业中镁合金的用量达到了每年 10 000 t。镁合金在直升机中的应用也较广,如直升机主减机匣、驾驶舱框架、发动机框架、压气机机匣、进气道及机轮。表 2.12 为铸造镁合金在直升机主减机匣上的应用。镁铸件在直升机发动机结构质量比中占 2%(铝占 6%)。

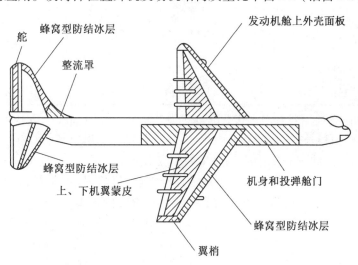

图 2.28 B-36 轰炸机(阴影处为有镁合金材料的部分)

航空工业上应用较多的变形镁合金是 MB15,属 Mg-Zn-Zr 系合金。它的性能特点是强度高,是常用变形镁合金中抗拉强度和屈服强度最高的;可以热处理强化,Zn 在

Mg 中的溶解度随温度的变化大,时效处理时能形成强化相 MgZn。航空工业上应用较多的铸造镁合金有 ZM1(Mg-Zn-Zr)和 ZM2(Mg-RE-Zn-Zr)、ZM3(Mg-Ce-Zn-Zr)和 ZM5(Mg-Al-Zn-Mn)。ZM1 和 ZM2 属于高强度铸造镁合金,具有较高的常温强度和良好的铸造性能,但耐热性差,长期工作温度不能超过 150 ℃。ZM3 属于耐热铸造镁合金,常温强度较低,耐热性好,可以在 200 ~ 250 ℃下长期工作。ZM5 中 Al 含量较高,能形成较多的 $Mg_{17}Al_{12}$ 强化相,可以采用热处理强化。目前,已经研究出的高温镁合金 WE43、WE54 被广泛应用于新型航空发动机齿轮箱和直升机的变速系统中,能在振动、沙尘、腐蚀、高温等比较恶劣的环境下服役,如西科斯基公司的 S-92 型直升机和贝尔 BA-609 型倾斜旋翼飞机和欧洲的 NH90 直升机。EQ21(MgSe2Agl)、EQ22、ZE41、AM50、AM80、AZ91 等镁合金被用来制造飞机上的部件,如座椅、踏板、轮子以及各种电子附件。图 2.29 是上海交通大学轻合金精密成形国家工程研究中心研制的一些镁合金制品。

表 2.12 铸造镁合金在直升机主减机匣上的应用

直升机型号	镁铸件质量/kg	合金牌号
SA330	63	RZ5
A129	100	RZ5
CH47D	200	RZ5
NH90	26	WE43
EC120	18	WE43
BK117	38	MSR-B
MBB105	37	RZ5
S92	200	WE43
UH60A	150	RZ5
Lynx	120	RZ5

注:RZ5 为 ZE41;WE43 为 Mg-RE 合金,成分为 Mg-4% Y-3.3% RE(Nd,Gd)-0.5% Zr。

镁合金中值得一提的是 Mg-Li 合金。锂是最轻的金属,与镁组成合金构成迄今最轻的金属材料,因此 Mg-Li 合金的主要特点是轻便。随着锂加入量的增加,镁锂合金的密度逐渐减小,而且镁锂合金的密度远远低于新型航空用材铝锂合金的密度,其密度为 1.35 ~ 1.65 g/cm^3,只有铝合金的 1/2,传统镁合金的 3/4,与塑胶密度大致相等。根据密度推算公式可推算出,当 $w(Li)>31\%$ 时,镁锂合金的密度将小于 1 g/cm^3,即可形成漂浮于水面的合金。镁锂合金可用于研制密度小于 1 g/cm^3,同时在低温下具有高的强度和断裂韧性的材料。

现今镁锂合金是兵器、航天、航空、汽车、电子、计算机等工业中最理想的结构材料之一。在欧美发达国家镁锂合金的实用量以每年约 50% 的增长速度递增。20 世纪 60 年代,美国 NASA 将镁锂合金开发应用于航空工业零件上,如用于火箭电控装置的包装

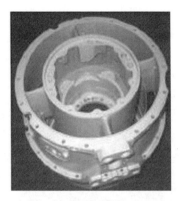

(a) 发动机机匣

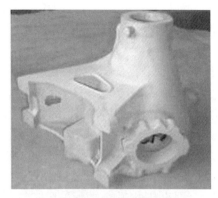

(b) 某型直升机尾减速机匣

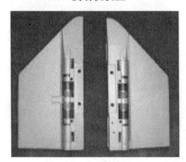

(c) 挤压导弹尾翼

(d) 挤压轻型导弹管材

图 2.29 镁合金制品实物照片

方面。美国和苏联将制备的超轻镁锂合金应用在宇宙飞船、MA113 坦克等方面上。在阿波罗宇宙飞船的启动火箭 Saturn-V 中,电气仪表的框架和外壳、防护罩、防宇宙尘壁板等都是用 LA141 镁锂合金制造的。俄罗斯的 MA18 镁锂合金可用于制造在室温和低温条件下使用的小负载焊接结构,如工作温度不超过 60 ℃、承受压应力和剪切应力的航空航天用仪器仪表零件。镁锂合金在轻兵器、坦克、装甲车轻量化制造中潜力巨大。

2.5 超高强度钢

2.5.1 超高强度钢的性质

超高强度钢与普通结构钢的强度的界限目前尚无统一规定,习惯上是将室温抗拉强度超过 1 400 MPa、屈服强度大于 1 200 MPa 的钢称为超高强度钢。随着结构钢的发展,超高强度钢的强度级别会逐渐提高,目前一般将最低屈服强度超过 1 380 MPa 的结构钢才称为超高强度钢。超高强度钢除了要求其高的抗拉强度外,还要求具有一定塑性和韧性、尽可能小的缺口敏感性、高的疲劳强度、一定的抗蚀性、良好的工艺性能、符合资源情况及价格低廉等。超高强度钢具有极高的比强度和良好的韧性,是航空航天的关键结构材料,用于航空航天结构的重要承力件,如飞机上的起落架、大梁、防弹钢板、火箭发动机外壳等。而且其使用范围正在不断地扩大到建筑、机械制造、车辆和其他军事装备上。因此,超高强度钢不仅是钢铁材料研究的重要方向,而且具有广阔的应用和发展前景。

超高强度钢是在合金调质钢的基础上,加入多种合金元素而发展起来的,其成分特点为:含C量中等,一般在0.3%~0.5%之间,并加入Cr、Mn、Si、Ni、Mo、V等合金元素,使淬透性、回火抗力增加,固溶体(马氏体和下贝氏体)明显强化,其中Ni可有效增加合金韧性,V起到细化晶粒作用而提高合金强韧性的作用。由于钢中硫、磷及气体都强烈降低回火马氏体的塑性和韧性,增加钢的缺口敏感性,因此,杂质含量应严格控制。

超高强度钢的热处理工艺主要有:淬火+低温回火,使马氏体强化达到超高强度;等温淬火+回火,使马氏体和下贝氏体共同强化达到强度要求。

热处理过程也要注意以下两点:

①热处理过程中尽量减少脱碳。在某些情况下,如薄板制件,不允许有脱碳现象,同时也要避免增碳和增氮。热处理多采用保护处理,如控制气氛、采用稀有气体等。小量件采用盐浴加热较宜。

②防止或减小变形。超高强度钢最终热处理后,强度值较高,不易校正。因此,热处理过程中应尽量减少变形。如在不影响淬透性的前提下,采用较为缓慢的冷却方法;采用等温或分级淬火方法;最终热处理前,进行低温消除应力处理。热处理后的氧化皮的清理,多采用吹砂方法清除,而不采用酸洗,以避免产生氢脆。

此外,这类钢缺口、应力集中敏感,容易导致裂纹萌生并迅速扩展造成脆断。制造装配时应避免敲打和表面划伤,以避免降低疲劳性能,还应避免在酸性介质中表面处理,防止氢脆。

2.5.2 超高强度钢的分类

超高强度钢按钢的物理冶金学特点可分为:低温回火马氏体组织或下贝氏体组织强化的低合金超高强度钢;高温回火析出合金碳化物、二次硬化组织的二次硬化超高强度钢;从低碳马氏体基体析出金属间化合物进行强化的马氏体时效钢;正在探索和研究的复合强化型(沉淀硬化、二次硬化和时效强化复合强化)超高强度钢。

超高强度钢按合金元素含量可以分为三大类,即低合金超高强度钢、中合金超高强度钢和高合金超高强度钢。

1. 低合金超高强度钢

与普通结构钢相比,低合金超高强度钢具有相当高的强度($\sigma_b \geq 1\ 500$ MPa)和一定的韧性,由于其合金元素含量低,热加工工艺简单,成本相对低廉,因而被广泛用于航空航天和常规武器等领域,是超高强度钢中研究最多、最成熟的钢种。重要的有30CrMnSiNi2A、40CrMnSiMoVA、AISI4340、D6AC、35NCD16和300M钢等,其质量分数和典型性能见表2.13。

表 2.13 一些低合金超高强度钢的质量分数和典型性能

牌号	成分的质量分数/%							σ_b /MPa	K_{IC} /($MPa \cdot m^{\frac{1}{2}}$)
	C	Si	Mn	Ni	Cr	Mo	V		
AISI430	0.4	0.3	0.7	1.8	0.8	0.25	—	1 800 ~ 2 100	57
300M	0.4	1.6	0.8	0.8	0.8	0.5	0.08	1 900 ~ 2 100	74
35NCD16	0.35	—	0.15	4.0	1.8	0.5	—	1 860	91
D6AC	0.4	0.3	0.9	0.7	1.2	1.1	0.1	1 900 ~ 2 100	68
30CrMnSiNi2A	0.3	1.0	1.2	1.6	1.0	—	—	1 760	64
40CrMnSiMoVA	0.4	1.4	1.0	—	1.4	0.5	0.1	1 860 ~ 2 000	71

低合金高强度钢一般 $w(C)$ 为 0.30% ~ 0.45%,钢中合金元素总量小于 5%,是在调质钢的基础上发展起来的。不同的是其最终热处理制度为淬火+低温回火或等温淬火,分别得到回火马氏体或下贝氏体组织。Cr、Ni 和 Mn 在钢中的主要作用是提高钢的淬透性,以保证较大的零件在适当的冷却条件下获得马氏体组织;Mo、W 和 V 的主要作用是提高钢的抗回火能力和细化晶粒等;Si 可提高回火温度,并可抑制马氏体回火脆性。此类钢常用于室温下工作、受力较大的构件。在其使用过程中往往要承受较大的冲击载荷(如飞机起落架、炮筒和防弹钢板等),且对疲劳性能的要求较高,但往往因韧性不高而会缩短其使用寿命,或容易发生脆性断裂而影响安全。因此,韧性不高制约了此类钢的推广应用。

2. 中合金超高强度钢

合金质量分数在 5% ~ 10% 之间的钢属于中合金超高强度钢,这类超高强度钢是从 $w(Cr) = 5\%$ 的热锻模钢改进后发展起来的。中合金超高强度钢与低合金超高强度钢有类似的缺点,即断裂韧度不高和抗应力腐蚀能力差,不能完全满足现代航空航天材料的要求。HY180 钢、H-11mod、H-13 和 38Cr2Mo2VA 钢是典型的二次硬化型中合金超高强度钢。目前这些材料已经很少作为结构材料使用,但 H-11mod 和 H-13 具有在大截面时也能空冷强化的特点。H-11mod 和 H-13 中合金成分的质量分数见表 2.14。

H-11mod 的典型应用包括飞机起落架部件、机体部件、蒸汽和燃气轮机内部部件、热作模具等。H-13 不如 H-11mod 应用广泛。

表 2.14 H-11mod 和 H-13 中合金成分的质量分数

牌号	质量分数/%					
	C	Si	Mn	Cr	Mo	V
H-11mod	0.40	0.90	0.30	5.00	1.30	0.50
H-13	0.38	1.00	0.35	5.10	1.40	1.00

3. 高合金超高强度钢

合金质量分数大于 10% 的钢属于高合金超高强度钢,获得发展和应用的主要有二次硬化马氏体钢、马氏体时效钢和沉淀硬化不锈钢。

（1）二次硬化马氏体钢

二次硬化马氏体钢主要有 Co-Ni 系列，如 9Ni-4Co、9Ni-5Co、10Ni-8Co（HY180）、10Ni-14Co（AF1410）和 Aermet100 等，其中 10Ni-8Co（HY180）、10Ni-14Co（AF1410）和 Aermet100 的综合性能较好，其成分质量分数和典型性能见表 2.15。Co-Ni 超高强度钢的强度来自于高位错密度的板条马氏体以及 550 ℃以下回火过程中析出细小弥散的共格 M_2C 碳化物沉淀所产生的二次硬化，回火温度的高低与选用的合金元素种类、数量及配比有关。近 30 年新发展的该类钢具有优良的综合性能，并逐渐取代其他类型钢用作飞机起落架和螺栓等承力件。

表 2.15 一些高合金二次硬化马氏体超高强度钢的成分质量分数及典型性能

牌号	质量分数/%					σ_b /MPa	$\sigma_{0.2}$ /MPa	δ_5 /%	ψ /%	K_{IC} /(MPa·$m^{\frac{1}{2}}$)
	C	Ni	Cr	Mo	Co					
HY180	0.11	10.0	2.0	1.0	8.0	1 413	1 345	16	75	—
AF1410	0.16	10.0	2.0	1.0	14	1 750	1 545	16	69	154
AweMert100	0.24	11.5	2.9	1.2	13.4	1 965	1 758	14	65	115

（2）马氏体时效钢

马氏体时效钢是以 Fe-Ni 为基础的高合金钢，$w(C) < 0.03\%$，$w(Ni) \approx 18\%$，$w(Co) \approx 8\%$，常用的有 18Ni 马氏体时效钢系列，如 18Ni(250)、18Ni(300)、18Ni(350) 等，其成分质量分数及典型性能见表 2.16。该钢从 820 ~ 840 ℃固溶处理冷却到室温时，转变成微碳 Fe-Ni 马氏体组织，其韧性较 Fe-C 马氏体高，通过 450 ~ 480 ℃时效，析出部分共格的金属间化合物（Ni_3Ti、Ni_3Mo），达到较高的强度。钢中添加产生时效硬化的 Mo、Ti、Al、Co、Nb 等合金元素，超低碳、高纯度和高镍量保证其良好的韧性。马氏体时效钢主要用作火箭壳体等，该钢的优点是具有良好的强度和韧性配合，缺点是弹性模量较低，刚性不足，化学成分的微小变化会引起性能的较大波动，这大大制约了它在航空上的应用。

表 2.16 标准的 18Ni 马氏体时效钢系列的成分质量分数及典型性能

牌号	质量分数/%					σ_b /MPa	$\sigma_{0.2}$ /MPa	δ_5 /%	ψ /%	K_{IC} /(MPa·$m^{\frac{1}{2}}$)
	Ni	Mo	Co	Ti	Al					
18Ni(200)	18	3.3	8.5	0.2	0.1	1 500	1 400	10	60	155 ~ 240
18Ni(250)	18	5.0	8.5	0.4	0.1	1 800	1 700	8	55	110
18Ni(300)	18	5.0	9.0	0.7	0.1	2 050	2 000	7	40	73
18Ni(350)	18	4.2	12.5	1.6	0.1	2 450	2 400	6	25	32 ~ 45
18Ni(cast)	17	4.6	10.0	0.3	0.1	1 750	1 650	8	35	95

（3）沉淀硬化不锈钢

沉淀硬化不锈钢主要有 PH13-8Mo、17-4PH、AM355 等系列钢，它的强度来自低

C、高 Cr 高合金马氏体于 500 ℃附近的时效,析出碳化物、金属间化合物沉淀相。钢中添加的合金元素主要有 C、Cr、Ni、Co、Mo、W、V、Cu、Al、Nb 等。该类钢主要用于有抗腐蚀性能要求的超高强度构件。随着飞机性能的不断提高,国内外一直致力于超高强度不锈钢的研究,并取得了较大的进展。美国 QuesTek 新技术公司开发研制出的新型超高强度不锈钢 Ferrium S53,强度达 1 985 MPa,具有良好的综合性能,已应用于舰载飞机起落架。

2.5.3 超高强度钢在航空中的应用

AISI4340 钢是最早出现的低合金超高强度钢,也是低合金超高强度钢的典型代表。美国从 1950 年开始研究 4340 钢,1955 年正式用于 F-104 飞机起落架。1952 年美国国际镍公司研制开发出的 300M 钢在 1966 年后作为美国的军机和主要民航飞机的起落架材料而获得广泛的应用,F-15、F-16、DC-10、MD-11 等军用战斗机都采用了 300M 钢,此外波音 747 等民用飞机的起落架及波音 767 飞机机翼的襟滑轨、缝翼管道等也采用 300M 钢制造。美国于 20 世纪 60 年代初开始研制 D6AC,它是由 AISI4340 钢改进而成的低合金超高强度钢,被广泛用于制造战术和战略导弹发动机壳体及飞机结构件。到了 20 世纪 70 年代中期,D6AC 逐渐取代了其他合金结构钢,成为一种制造固体火箭发动机壳体的专用钢种。美国地空导弹"爱国者",小型导弹"红眼睛",大中型导弹"民兵""潘兴""北极星""大力神"等采用 D6AC 钢制造。D6AC 还曾用于制造 F-111 飞机的起落架和机翼轴等,成为宇航工业使用的选料之一。

为满足快速发展的航空工业对材料的需要,人们分析了航空构件的结构重量效率和对材料断裂韧性的要求,提出了开发新型二次硬化高强度合金钢来代替低合金超高强度钢的目标。二次硬化钢 Aermet100 是综合性能最高的材料之一,也是目前国际上超高强度钢研究的热点,是第四代战斗机和航母舰载机起落架之首选材料。美国已成功地将其应用在最先进的 F-22 隐形战斗机起落架上(图 2.30)和 F-18 舰载机的起落架上。Aermet100 钢具有最佳的强韧性配合和广泛应用前景,将成为未来军事装备中关键器件的首选材料。

我国低合金超高强度钢的研究开始于 20 世纪 50 年代。20 世纪五六十年代主要以仿制苏联的钢种为主,如 30CrMnSiNi2A(仿 30ХГСН2A 钢)。20 世纪 70 年代开始以仿制美国的钢种为主,如 40CrNi2MoA 钢(仿 4340 钢)、40Si2Ni2CrMoVA 钢(仿 300M 钢)、45CrNiMo1VA 钢(仿 D6AC 钢)等。

随着航空工业的发展特别是新型飞机的发展,高强度、韧性好且耐腐蚀性好的结构材料越来越受到科研人员的关注。超高强度钢在弹性模量、冲击韧性和强度等方面依然具有其他传统材料和新材料所不具有的巨大优势,在现今和将来,它仍将是航空航天领域不可替代的关键材料之一。

图 2.30　以 Aermet100 为材料的 F-22 起落架

习题与思考题

1. 简述轻金属中的铝、镁、钛的特点。它们的分类有何异同点？

2. 简述铝、镁、钛的牌号命名，并找出其异同点。

3. 铝、镁、钛的合金化和强化机理各有何特点？

4. 简述铝、镁、钛的制造工艺方法，并阐述三者之间的异同点。

5. 简述 3D 打印的基本原理及特点。

6. 阐述钛合金热加工过程中可能形成的组织类型，并分析这些组织结构对钛合金的性能有何影响。

7. 以某型号的飞机为例，简述铝、镁、钛在该型号飞机上的使用量及其使用位置。

8. 何为超高强度钢？它在成分上与普通钢有何区别？

9. 简述超高强度钢的分类，并对每种类型举一个例子阐述它的成分特点及组织结构。

10. 列举一种超高强度钢在某型号飞机上的使用情况，并分析超高强度钢在其他领域的应用前景。

参 考 文 献

[1] 李成功,傅恒志,于翘. 航空航天材料[M]. 北京:国防工业出版社,2002.

[2] 北京航空材料研究所. 航空材料学[M]. 上海:上海科学技术出版社,1985.

[3] 曹春晓,郝应其. 材料世界的天之骄子——航空材料[M]. 北京:清华大学出版社,2002.

[4] 莱茵斯,皮特尔斯.钛与钛合金[M].陈振华,等译.北京:化学工业出版社,2005.

[5] 刘劲松,蒲玉兴.航空材料及热处理[M].北京:国防工业出版社,2008.

[6] 王晓敏.工程材料学[M].北京:机械工业出版社,1999.

[7] 程秀全,刘晓婷.航空工程材料[M].北京:国防工业出版社,2008.

[8] 潘复生,张丁非.铝合金及应用[M].北京:化学工业出版社,2006.

[9] 王桂生,田荣璋.钛的应用技术[M].长沙:中南大学出版社,2007.

[10] 司乃潮,傅明喜.有色金属材料及制备[M].北京:化学工业出版社,2010.

[11] 丁文江.镁合金科学与技术[M].北京:科学出版社,2007.

[12] 张津,章宗和.镁合金及应用[M].北京:化学工业出版社,2004.

[13] 王立军,胡满江.航空工程材料与成形工艺基础[M].北京:北京航空航天大学出版社,2010.

[14] 王周让.航空工程材料[M].北京:北京航空航天大学出版社,2010.

[15] 刘兵,彭超群,王日初,等.大飞机用铝合金的研究现状及展望[J].中国有色金属学报,2010,20(9):1705-1715.

[16] ROGACKI J R. Materials for air and space[J]. Advanced Materials and Processes, 2000,158(3):63-65.

[17] IMAMYRA T. Current status and trend of applicable material technology for aerospace structure[J]. Light Metals,1999,49(7):302-308.

[18] 肖代红,巢宏,陈康华,等.微量 Sc 对 AA7085 铝合金组织与性能的影响[J].中国有色金属学报,2008,18(12):2145-2150.

[19] SHUEY R T, BARLAT F, KARABIN M E, et al. Experimental and analytical investigations on plane strain toughness for 7085 aluminum alloy[J]. Metallurgical and Materials Transactions A,2009,40:365-376.

[20] 杨守杰,戴圣龙.航空铝合金的发展回顾与展望[J].材料导报,2005,19(2):76-80.

[21] 张钰.铝合金在航空航天中的应用[J].铝加工,2009(3):50-53.

[22] HEINZ A,HASZLER A,KEIDEL C,et al. Recent development in aluminium alloys for aerospace applications[J]. Materials Science and Engineering A,2000,280:102-107.

[23] 陈亚莉.铝合金在航空领域中的应用[J].有色金属加工,2003,32(2):11-15.

[24] NAKAI M,ETO T. New aspects of development of high strength aluminum alloys for aerospace applications[J]. Materials Science and Engineering A,2000,285:62-68.

[25] 王祝堂.全球最大的客机采用 2524 铝合金制造机身[J].轻合金加工技术,2000,28(8):48-49.

[26] 高洪林,吴国元.Al-Li 合金的研究进展[J].材料导报,2007,21(6):87-90.

[27] 霍红庆,郝维新,耿桂宏,等.航天轻型结构材料——铝锂合金的发展[J].真空与低温,2005,11(2):63-69.

[28] 闫春泽.粉末激光烧结增材制造技术[M].武汉:华中科技大学出版社,2013.

[29] 魏青松. 粉末激光熔化增材制造技术[M]. 武汉:华中科技大学出版社, 2013.

[30] 朱忠良, 赵凯, 郭立杰, 等. 大型金属构件增材制造技术在航空航天制造中的应用及其发展趋势[J]. 电焊机, 2020, 50(1): 1-15.

[31] 刘江伟, 国凯, 王广春, 等. 金属基材料激光增材制造材料体系与发展现状[J]. 激光杂志, 2020, 41(3): 6-16.

[32] 王宣平, 段合露, 孙玉文, 等. 增材制造金属零件抛光加工技术研究进展[J]. 表面技术, 2020, 49(4): 1-10.

[33] 李权, 王福德, 王国庆, 等. 航空航天轻质金属材料电弧熔丝增材制造技术[J]. 航空制造技术, 2018, 61(3): 74-82.

[34] 黄天娥, 范桂彬, 闫海, 等. 航空用钛合金材料及钛合金标准发展综述[J]. 航空标准化与质量, 2010(3): 30-33.

[35] 王向东, 逯福生, 马云风, 等. 钛在航空工业中的应用及趋势[J]. 新材料产业, 2007(10): 24-27.

[36] 黄张洪, 曲恒磊, 邓超. 航空用钛及钛合金的发展及应用[J]. 材料导报, 2011, 25(1): 102-107.

[37] 莫依谢耶夫. 钛合金在俄罗斯飞机及航空航天上的应用[M]. 董宝明, 等译. 北京: 航空工业出版社, 2008.

[38] 赵永庆, 奚正平, 曲恒磊. 我国航空用钛合金材料研究现状[J]. 航空材料学报, 2003, 23: 215-219.

[39] BOYER R R. An overview on the use of titanium in the aerospace industry[J]. Materials Science and Engineering A, 1996, 213: 103-114.

[40] EZUGWU E O, BONNEY J, YAMANE Y. An overview of the machinability of aeroengine alloy[J]. Journal of Materials Processing Technology, 2003, 134: 233-253.

[41] BREWER W D, BIRD R K, WALLACE T A. Titanium alloys and processing for high speed aircraft[J]. Materials Science and Engineering A, 1998, 243: 299-304.

[42] 周德钛, 王贵福, 王国军. 镁合金的特点及其新技术发展[J]. 机械工程师, 2006(1): 25-27.

[43] STEPHN C. Conserving SF_6 in Mg melting operation[J]. Foundry Management and Technology, 1998(6): 39-49.

[44] MORDIKE B L, EBERT T. Magnesium properties applications potential[J]. Materials Science and Enginering A, 2001, 302: 37-45.

[45] 庞松, 吴国华, 孙明, 等. 镁合金熔炼保护气体研究现状与展望[J]. 铸造, 2011, 60(3): 259-264.

[46] 王嘉欣, 刘静安, 盛春磊. 镁及镁合金加工技术的现代化进展[J]. 有色金属加工, 2007, 36(3): 1-5.

[47] KIM S K, LEE J K, YOON Y O, et al. Development of AZ31 Mg alloy wrought process route without protective gas[J]. Journal of Materials Processing Technology, 2007, 187-

188 :757-760.

［48］刘静安. 镁合金加工技术的发展趋势与开发应用前景［J］. 四川有色金属,2005
(4) :1-10.

［49］丁文江,付彭怀,彭立明,等. 先进镁合金材料及其在航空航天领域中的应用［J］.
航天器环境工程,2011,28(2):103-109.

［50］王祝堂. 变形镁合金在航空航天器中的应用［J］. 世界有色金属,2010(3):66-69.

［51］钟皓,刘培英,周铁涛. 镁及镁合金在航空航天中的应用及前景［J］. 航空工程与
维修,2002,(4):41-42.

［52］LEE W S,SU T T. Mechanical properties and microstructural feature of AISI 4340
high-strength alloy steel under quenched and tempered conditions［J］. Journal of
Materials Processing Technology,1999,87:198-206.

［53］汤智慧,陆峰,张晓泛,等. 航空高强度结构钢及不锈钢防护研究与发展［J］. 航空
材料学报,2003,23:261-266.

［54］石琳. 下一代飞机用超高强度钢［J］. 航空工程与维修,2000(3):39-40.

［55］林晓磊,郭玉华. 超高强度钢的应用与分析［J］. 中国锰业,2004,22(2):41-43.

［56］范长刚,董瀚,雍岐龙,等. 低合金超高强度钢的研究进展［J］. 机械工程材料,
2006,30(8):1-4.

［57］赵振业,李志,刘天琦,等. 探索新强韧化机制开拓超高强度钢新领域［J］. 中国工
程科学,2003,5(9):39-43.

［58］李杰,李志,颜鸣皋. 高合金超高强度钢的发展［J］. 材料工程,2007(4):61-65.

［59］柳木桐,刘建华,钟平. 超高强度钢耐腐蚀性能研究进展［J］. 科技导报,2010,28
(9):112-115.

第3章　高温结构材料

高温结构材料起源于20世纪40年代军用飞机的需要,目前已成为军用和民用高温燃气轮机不可代替的关键性材料。高推重比、低耗油率发动机的关键就是高温结构材料。20世纪90年代,新型军用发动机的推重比达10,涡轮前燃气温度达到2 000 K(1 727 ℃),这就需要研究发展更新一代的高温材料,例如新一代单晶叶片材料、快速凝固粉末高温合金涡轮盘材料以及多孔层板燃烧室材料等。液态火箭发动机的涡轮泵在高温燃气推动下作高速旋转,每分钟可达几万转,这也要求涡轮盘、叶片在高温下有足够的强度、抗高温介质腐蚀、抗侵蚀、高的热导率、低的膨胀率、良好的工艺性能等。因此,本章将系统介绍航空航天高温结构部件的高温性能指标、工作特点及对材料的要求,各种高温金属结构材料及其发展方向,其中重点介绍高温钛合金、镍基高温合金、金属间化合物、难熔金属及其合金。

3.1　材料的高温性能指标

温度升高,原子的扩散会加快,因此高温对材料的力学性能有很大影响。一般随着温度的升高,金属材料的强度和弹性模量会降低而塑性会增加。但当高温长时间负载时,金属材料的塑性却显著降低,往往出现脆性断裂现象。由此可见,对于高温材料的力学性能,不能使用常温下短时拉伸的应力-应变曲线来评定,还考虑加入温度和时间两个因素。高温下的结构零件主要有两方面的破坏因素:一是高温下产生氧化与腐蚀引起的破坏;二是高温下的热强度不足引起的破坏。所以衡量高温结构材料的主要性能指标有两项:热稳定性和热强度。

3.1.1　热稳定性

在高温下,金属材料抵抗氧化腐蚀的能力,称为热稳定性。它是以一定温度下,单位时间内单位面积上金属损失或增加的质量来表示,其单位符号为$g/(m^2 \cdot h)$。在其他条件相同的情况下,失重或增重越少,热稳定性就越高。

提高热稳定的途径主要有以下几方面:

①对材料进行表面化学热处理,如渗铝、渗铬、渗硅等。

②合金化,即在材料中加入适量的铝、铬、硅等元素。由于这些元素的存在,可在零件表面形成稳定、致密、牢固的氧化膜——Al_2O_3、Cr_2O_3、SiO_2等,它们保护零件不再继续氧化,以提高其热稳定性。

③在材料表面涂覆耐氧化涂层,如镀镍、镀铬等镀层,采用热喷涂、等离子体喷涂氧化铝、氧化锆等陶瓷涂层或复合镀层$Ni-ZrO_2$、$Ni-Al_2O_3$、$Cr-TiO_2$、$Cr-ZrB$,来阻碍氧原

子向金属基体扩散而氧化零件。

由于铝、硅的加入会引起材料的发脆,合金化加入量较少,只能作为辅加元素。在高温材料中,铬是用于提高热稳定性的主要元素,含铬量越高,抗氧化能力也越强,如含铬量由 5% 递升到 12% 、20% 、30% 时,其抗氧化温度可递升到 800 ℃、1 000 ℃、1 100 ℃。

3.1.2 热强度

在高温下,金属抵抗变形和破坏的能力称为热强度或高温强度。衡量金属材料高温强度的指标是蠕变极限、持久强度极限和松弛稳定性。

1. 蠕变极限

金属材料在高温下,即使应力远远小于 $\sigma_{0.2}$,也会随时间的延长而缓慢地发生塑性变形,这种现象称为蠕变。金属的蠕变过程可用蠕变曲线来描述,典型的蠕变曲线如图 3.1 所示。

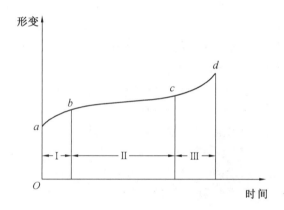

图 3.1 典型的蠕变曲线

蠕变曲线上任意一点的斜率表示该点的蠕变速率($\dot{\varepsilon} = d\varepsilon/dt$),按照蠕变速率的变化情况,可将蠕变过程分为三个阶段。第一阶段 ab 为减速蠕变阶段,随着时间延长蠕变速率逐渐减小,到 b 点蠕变速率达到最小值;第二阶段 bc 是恒速蠕变阶段,这一阶段蠕变速率几乎保持不变;第三阶段 cd 是加速蠕变阶段,随着时间的延长,蠕变速率逐渐增大,至 d 点产生蠕变断裂。

金属蠕变抗力判据(指标)是蠕变极限,即在一定温度下使试样在蠕变第二阶段产生规定蠕变速率的应力,或在一定温度下和规定时间间隔内使试样产生规定伸长率的应力。以蠕变速率测定的蠕变极限和以伸长率测定的蠕变极限分别用符号 $\sigma_{\dot{\varepsilon}}^{T}$ 和 $\sigma_{\varepsilon/t}^{T}$ 表示。例如,$\sigma_{1\times10^{-5}}^{600} = 60$ MPa,表示材料在温度为 600 ℃ 的条件下,稳态蠕变速率为 1×10^{-5} h^{-1} 的蠕变极限为 60 MPa;$\sigma_{0.2/500}^{800} = 200$ MPa,表示材料在温度为 800 ℃,500 h 内发生不超过 0.2% 的蠕变所需要的最大应力为 200 MPa。必须明确,蠕变温度高于该材料的再结晶温度。蠕变强度的大小,表明金属在高温下抵抗缓慢塑性变形的能力。蠕变变形发展到一定程度,最后也能导致材料的断裂。金属材料和陶瓷材料在高温下会发生蠕变,高聚物在室温下就可能发生蠕变现象。对于长期在一定温度下承载的构件,就要考虑它的蠕变性能。

2. 持久强度极限

蠕变断裂抗力判据是持久强度极限,它是指金属在一定温度下,经过规定时间不发生断裂的最大应力,以符号 σ_t^T 表示。例如,$\sigma_{100}^{800} = 200$ MPa,即表示材料在 800 ℃下,经 100 h 使金属不发生断裂的最大应力为 200 MPa。持久强度的大小表明了金属材料在高温下抵抗断裂的能力。

除了持久强度外,材料在高温下,还存在高温短时强度和高温疲劳强度。高温短时强度即在一定温度下所测得的强度(包括 $\sigma_{0.2}$、σ_b、δ 和 ψ),而高温疲劳强度,即在一定温度下所测得的疲劳强度,如 $\sigma_{-1}^{650} = 380$ MPa,表示材料在 650 ℃时其疲劳强度为 380 MPa。

3. 松弛稳定性

在高温下,具有恒定总变形的零件中,随着时间的延长而应力减小的现象,称为应力松弛。例如,当用螺栓把两个零件紧固在一起时,需转动螺帽使螺杆产生一定的弹性变形,这样相应地在螺杆中就产生了拉应力,而螺杆作用于螺帽的力就使两个零件连为一体。在高温下会发现,经一段时间后,虽然螺杆总变形没发生变化,但这种拉应力却逐渐自行减小。这是由于随着时间延长,弹性变形会不断地转变为塑性变形,弹性应变不断减小。根据虎克定律可知,应力会相应降低。

材料的应力松弛过程,可通过松弛曲线来描述,松弛曲线是在给定温度 T(℃)和给定初始应力 σ_0(MPa)条件下,应力随着时间而变化的曲线,如图 3.2 所示。整个曲线可分为两个阶段:第一阶段持续时间较短(t_1),应力随时间急剧降低;第二个阶段持续时间很长(t_2),应力下降逐渐缓慢,并趋于恒定。

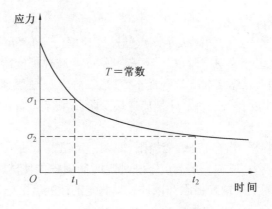

图 3.2　典型的松弛曲线

材料抵抗松弛的性能,称为松弛稳定性。松弛稳定性评价指标有多种,其中常用的是以在一定温度 T 和一定初始应力 σ_0 作用下,经过 t 时间后的残余应力 σ 来表示。对不同材料,在相同 T 和 σ_0 条件下,残余应力值越高的材料松弛稳定性越好。

3.2 高温结构部件的工作特点

无论是军用还是民用飞机,其性能相当大的程度上取决于发动机的水平,而高温结构材料又是发动机的核心材料。在航空涡轮发动机上,高温材料主要用于燃烧室、导向叶片、涡轮叶片和涡轮盘等四大类零部件。航空涡轮发动机结构如图 3.3 所示。

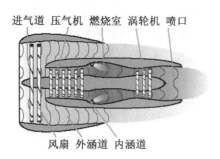

进气道 压气机 燃烧室 涡轮机 喷口

风扇 外涵道 内涵道

图 3.3 航空涡轮发动机结构示意图

为了说明高温结构部件的工作特点,下面就燃烧室、导向叶片、涡轮叶片和涡轮盘所在的工作环境进行简要介绍。

(1)燃烧室

燃油雾化、油气混合、点火、燃烧等过程都是在燃烧室(也称火焰筒)内进行,因此,燃烧室是发动机各部位部件中温度最高的区域。部分压缩空气与燃料混合,在燃烧室燃烧,所产生的燃气温度在 1 500~2 000 ℃ 之间,此时燃烧室壁部材料承受的温度可达到 800~900 ℃,局部可达 1 100 ℃。此外,其余的压缩空气在燃烧室周围流动,穿过室壁的槽孔使室壁保持冷却,冷却空气与燃烧的气体混合,使燃气温度降到 1 370 ℃ 以下。可见,燃烧室壁除受高温外,还承受由于内外壁温度不同引起的热应力作用。特别是在起飞、加速和停车时,温度变化更为急剧。由于周期循环加热、冷却,热应力可达很大值,冷却孔更易破坏,燃烧室常出现变形、翘曲、边缘热疲劳裂纹等。用作燃烧室材料的合金除承受急热、急冷的热应力和燃气的冲击外,不承受其他载荷。因此,燃烧室材料的工作特点是温度高、热应力大而机械应力小,常用易成形、可焊接的高温合金,如新型镍基合金板材制造,代表性的有 GH1140、GH3030、GH3039 等。

(2)导向叶片

导向叶片又称导向器,是涡轮发动机上受热冲击最大的零件之一,是调整从燃烧室出来的燃气流动方向的部件。先进涡轮发动机导向叶片工作温度可高达 1 100 ℃,但叶片承受的应力比较低,一般在 70 MPa 以下。目前,用作导向叶片的合金大多数采用熔模铸造生产,尤其是采用空心铸造叶片,除此之外,还采用定向凝固工业生产出定向合金和单晶合金,使合金的持久强度、热疲劳性能大大提高,使用温度提高,并且有较好的薄壁性能。导向叶片通常的时效方式为热应力引起的扭曲、温度剧烈变化引起的热疲劳裂纹以及局部的烧伤。因此,对材料要求是:高温强度好,热疲劳抗力佳,抗氧化、耐腐蚀性优异,并具有一定的抗冲击强度和组织稳定性,代表性的精密铸造合金有 K214、K232、K406 等,定向凝固合金有 DZ3、DZ5 和单晶合金 DD3、DD402 等。

(3)涡轮叶片

涡轮叶片也称动叶片,是涡轮发动机中工作条件最恶劣的部件,又是最重要的转动部件。先进航空发动机的燃气进口温度达 1 380 ℃,推力达 226 kN。涡轮叶片承受气动力和离心力的作用,叶身部分承受拉应力大约 140 MPa;叶根部分承受平均应力为 280～560 MPa,相应的叶身承受温度为 650～980 ℃,叶根部分约为 760 ℃。因此,动叶片材料要具有足够的高温拉伸强度、持久强度和蠕变强度,要有良好的疲劳强度及抗氧化、耐燃气腐蚀性能和适当的塑性。此外,还要求长期组织稳定性、良好的抗冲击强度、可铸性及较低的密度。用作制造航空发动机涡轮叶片的材料有时效强度型镍基变形高温合金,精铸、定向和单晶镍基合金,典型牌号有 GH4033、GH4037、K403、K417、DZ3、DZ22、DD402、DD3、DD6 等。随着燃气涡轮进气口温度的提高,普通精铸涡轮叶片已不能满足航空发动机的需要,先进航空发动机已采用单晶涡轮叶片。

(4)涡轮盘

涡轮盘是航空发动机上很重要的转动部件,在四大类部件中所占质量最大(大型涡轮盘单件质量达几百公斤)。工作时,涡轮盘的温差相当大,如其工作温度在 760 ℃左右,轮缘部分可达此温度,而径向盘心温度逐渐降低,一般在 300 ℃左右,所以涡轮盘径向热应力很大。涡轮盘正常运转时,盘子带着叶片高速旋转,产生很大的离心力。榫齿部分所受的应力更为复杂,既有拉应力,又有扭曲应力等。每当发动机启动和停车过程中,都构成一次大应力的低周疲劳。用作涡轮盘的合金绝大多数是屈服强度很高的、晶粒细小的铁基或镍基高温合金。典型合金有 GH2132、GH2135 等,其使用温度可达 650～700 ℃。

先进发动机材料的选择、研究、开发及使用应当建立在充分认识发动机服役的基本环境与要求的基础上,它们的基本特点是:高温、高载、高氧化腐蚀、高性能质量比、高可靠性与长寿命。针对服役的特点,以下基本性能应是选择材料的出发点:①可承受的最高温度;②高温比强度与比寿命;③高温抗氧化能力;④韧性;⑤导热性;⑥加工性。

图 3.4 是各类材料系统在六个基本性能方面所显示的特征。该图以六个坐标轴代表相应的基本性能,将各类材料进行对比,显示各自的优势和缺点。可以看出,作为高温结构材料的超合金是具有耐高温、高强韧、抗氧化、易于加工成形和良好导热性的材料,具有较全面的综合性能。但随着发动机涡轮进口温度的不断提高,超合金由于熔点的限制可能的最高使用温度已不能满足需要。与超合金相比,金属间化合物与陶瓷可以在更高的温度下工作。图 3.4(a)还显示,金属间化合物虽然最高耐温性低于陶瓷,但其韧性、可加工型与导热性远优于陶瓷材料,总体来看,有可能比陶瓷更早地用于发动机承动载荷的关键部件。图 3.4(b)是各类金属间化合物及其复合材料之间的对比,显示了各自的长处及不足。显然,从使用温度的要求看,NiAl 基优于 TiAl 基,而 $MoSi_2$ 基又远优于前两者。图 3.4 虽仅粗略地描述了各材料系统的性能特征,但其方向性的

参考价值还是值得重视的。

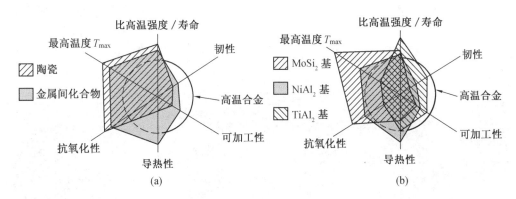

图 3.4　涡轮发动机用材所需性能六坐标平衡图及替换材料与高温合金性能对比

随着航空发动机的发展,各种材料在发动机中的用量不断变化,总的趋势是从钢、铝时代逐渐转化成冷端以钛为主、热端以镍为主的镍、钛、钢"三国鼎立"的时代,如图 3.5 所示。未来的趋势是部分地被树脂基、金属基、陶瓷基复合材料和金属间化合物所取代。接下来对高温钛合金、高温合金、金属间化合物和难熔金属及其合金进行详细讲解,而树脂基、金属基、陶瓷基复合材料将在第 4 章讲解。

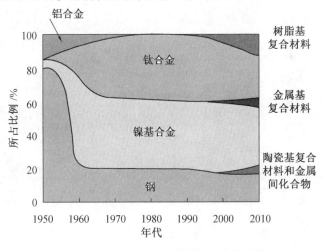

图 3.5　发动机上各种材料用量的变化趋势

3.3　高温钛合金

现代军用战斗机的战术机动性、短距起飞、超音速巡航等优异作战性能在很大程度上依赖于先进的高推重比航空发动机的应用,而高推重比航空发动机的发展与高温钛合金的大量应用密切相关。国外先进航空发动机中,高温钛合金用量已占发动机总质量的 25% ~40%,如第 3 代发动机 F100 的钛合金用量为 25%,第 4 代发动机 F119 的钛合金用量为40%。我国第2代航空发动机钛合金用量为13%~15%,使用温度一般不超过400 ℃。第3代航空发动机中钛用量达到25%。高温钛合金主要用于制造航空发动机压气机叶片、盘和机匣等零部件(图3.6),这些零件要求材料在高温工作条件下(300~600 ℃)具有较高的比强度、高温蠕变抗力、疲劳强度、持久强度和组织稳定性。

(a)全钛压气机为主要特色的遄达发动机和RB211发动机　(b)TC11钛合金高压压气机转子

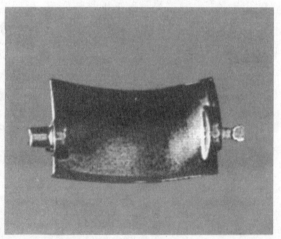

(c)TA12钛合金高压压气机盘和鼓筒　(d)F119发动机压气机第4、5级阻燃钛合金导流叶片金属型铸件

图3.6　高温钛合金在发动机上的应用实物图

3.3.1　高温钛合金的发展历程

α 钛合金仅含有稳定 α 相和强化合金的元素,强度水平较低,且易受腐蚀,所以少有应用。近 α 钛合金,一般含有5%~6%的 Al,并以 Zr、Sn 稳定组织和强化,并加入少量 β 相稳定元素,具有好的抗蠕变及抗氧化性能。如果再加少量 Si,它可形成细小的硅化物沉淀相,阻碍位错攀移而进一步提高蠕变性能。α+β 钛合金是具有最高综合性能的一类钛合金,如 Ti-6Al-4V 可用于制造工作温度不高于400 ℃的各种飞机结构和发动机零部件,而 Ti-6Al-2Sn-4Zr-2Mo(Ti6242)可制造工作温度不高于500 ℃的高压压力机零部件。近 β 钛合金可硬化至 Ti 合金中最高强度水平而同时保留相当高的

韧性,即高强高韧,但塑性和高温性能偏差。钛合金分类的示意三维相图如图3.7所示,高温钛合金就是由α+β钛合金向近α钛合金发展的。表3.1是美国、英国、俄罗斯和我国主要高温钛合金的使用温度及化学成分。

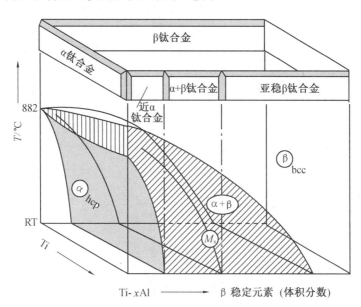

图3.7　钛合金分类的示意三维相图
RT—室温;M_s—马氏体相变的起始温度

表3.1　高温钛合金的使用温度及化学成分

研制国家	合金牌号	最高使用温度/℃	化学成分的质量分数/%						
			Al	Sn	Zr	Mo	Nb	Si	其他
美国	Ti64	300	6	—	—	—	—	—	4V
	Ti811	425	8	—	—	1	—	—	1V
	Ti6246	450	6	2	4	6	—	—	—
	Ti6242	450	6	2	4	2	—	—	—
	Ti6242S	520	6	2	4	2	—	0.1	—
	Ti1100	600	6	2.7	4	0.4	—	0.45	—
英国	IMI550	425	6	2	—	4	—	0.5	
	IMI679	450	2	11	5	1	—	0.2	
	IMI685	520	6	—	5	0.5	—	0.25	
	IMI829	580	5.5	3.5	3	0.3	1	0.3	—
	IMI834	600	5.5	4	4	0.3	1	0.5	0.06C

续表 3.1

研制国家	合金牌号	最高使用温度/℃	化学成分的质量分数/%						
			Al	Sn	Zr	Mo	Nb	Si	其他
俄罗斯	BT3-1	400~450	6.5	—	—	2.5	—	0.3	1.5Cr,0.5Fe
	BT8	500	6.5	—	—	3.5	—	0.2	—
	BT9	500~550	6.5	2	—	3.5	—	0.3	
	BT18	550~600	8.0	—	8	0.6	1	0.22	0.15Fe
	BT18Y	550~600	6.5	2.5	4	0.7	1	0.25	0.7W
	BT25	500~550	6.8	2	1.7	2	—	0.2	—
	BT25Y	500~550	6.5	2	4	4	—	0.2	1.0W
	BT36	600	6.2	2	3.6	0.7	—	0.15	5.0W
中国	TC4	300~400	6	—	—	—	—	—	4V
	TC6	450	6	—	—	2.5	—	0.3	1.5Cr,0.5Fe
	Ti811	425	8	—	—	1	—	—	1V
	TC9	500	6.5	2.5	—	3.5	—	0.3	—
	TC11	500	6.5	—	1.5	3.5	—	0.3	—
	Ti55	550	5	4	2	1	—	0.25	1Nd
	Ti633G	550	5.5	3.5	3	0.3	—	0.3	0.2Gd
	Ti53311S	550	5.5	3.5	3	1	1	0.3	—
	Ti60	600	5.8	4.8	2	1	—	0.35	0.85Nd
	Ti600	600	6	2.8	4	0.5	—	0.4	0.1Y

1. 美国高温钛合金的发展

美国于 1954 年研制成功的钛合金 Ti-6Al-4V(Ti64 或 Ti-64),奠定了高温钛合金发展的基础,该合金可在 350~400 ℃下工作,由于兼有 α、β 两相特征,因此作为高温结构材料得到了广泛的应用。但随着使用条件的提高,Ti64 合金也逐渐暴露出了一些不足,主要有:耐热性不够好、淬透性不理想、冷加工性较差、制备工艺复杂等。之后,人们研究发现合金中加入 Mo 可有效提高材料的高温性能,于是在 20 世纪 60 年代,开发了 Mo 含量较高的 Ti6246 和 Ti6242,将钛合金的使用温度提高到了 450~500 ℃。Ti6246 合金的 β 稳定化程度进一步提高,固溶时效和双重退火后的低周疲劳强度明显高于相应的 Ti64 合金,同时具有较高高温蠕变强度和瞬时强度。Ti6242 合金作为耐高温材料广泛应用于大型运输机的涡轮喷气发动机上。20 世纪 70 年代,美国活性金属公司通过添加 Si 元素,开发了使用温度超过 500 ℃的 Ti6242S 合金,Si 的加入提高了合金的蠕变性能,其组织是转变 β 基体加等轴 α 相,通常 α 相的比例在 80% 以上。采用

细化 β 晶粒控制针状组织的方法,实现了合金疲劳强度和蠕变强度兼顾,使之在565 ℃下具有高强度、高刚度、抗蠕变和好的热稳定性,广泛应用于涡轮发动机部件。20 世纪80 年代初,发动机制造商对高温钛合金的抗蠕变性能提出了更高的要求。1988 年,美国研究开发了钼含量较低的 Ti-6Al-2.75Sn-4.0Zr-0.4Mo-0.45Si-0.07O-0.02Fe 合金,即 Ti1100 合金。该合金在Ti6242S合金成分的基础上,通过调整 Al、Sn、Mo 和 Si 元素的含量,使其使用温度达到 600 ℃。合金对杂质元素 O 和 Fe 含量的控制十分严格,要求 $w(\text{O})<0.07\%$,$w(\text{Fe})<0.02\%$,其特点是具有较低的韧性和较大的疲劳裂纹扩展速率。据了解,Ti1100合金已用于制造莱康明公司 T552712 改型发动机的高压压气机轮盘和低压涡轮叶片等零件。

2. 英国高温钛合金的发展

英国是最早研究高温钛合金的国家之一,但在开发钛合金的指导思想上与美国不同,以 α 相固溶强化作为提高蠕变强度的主要手段,侧重于研究以提高蠕变强度为目标的近α 钛合金。由于认识到 Si 元素对合金蠕变性能的重大影响,所以英国的高温钛合金几乎都是含 Si 的。IMI550 合金是英国于 20 世纪 50 年代中期研制成功的,与同期的美国合金Ti64 相比,抗拉强度提高了 10%,使用温度提高到 400 ℃,Si 元素的加入有效地提高了蠕变强度。至此,英国确立了开发高温钛合金的基础技术。20 世纪 60 年代,为进一步提高蠕变强度,研制开发了 IMI679 和 IMI685 合金。两者均具有较低的 Mo 含量,IMI679 含有11% 的 Sn 元素,这在高温钛合金中是不多见的,其使用温度为450 ℃,抗拉强度与 Ti6242合金相当,蠕变强度优于美国的 Ti64 和 Ti811 合金。IMI685 合金是高 Al、低 Mo、中 Zr 的近 α 钛合金,合金通过控制针状组织来提高高温蠕变强度,使用温度在 500 ℃ 以上,是一个专门为航空发动机设计的,同时具有良好蠕变性能、加工性能和焊接性能的合金。这些合金在英国 Rolls-Royce 公司制造的多种发动机上得到广泛应用。20 世纪 70 ~ 80 年代,英国研究开发了以改善疲劳强度为主的 IMI829 和 IMI834 合金,属于 Ti-Al-Sn-Zr-Mo-Nb-Si 合金系,IMI834 还含有 0.06% 的 C。这样的成分使合金的抗氧化能力和蠕变性能大大提高,而且有效地细化了宏观和微观组织,工作温度可望达到近 600 ℃。IMI829 合金经 β 处理的组织是针状 α+少量转变 β,使合金具有最好的抗蠕变性能和断裂韧性;IMI834合金是 α+β 处理的近 α 钛合金,其组织是针状转变 β+少量的初生 α。试验证明:当组织为 5%α 相+95% 针状转变 β 时,合金具有高温蠕变性能和疲劳性能的最佳结合。两合金已分别在 RB211-535E4 和 Trent 6002800、EJ200 和 PW350 等发动机上得到了应用。另外,进一步提高这些合金的工作温度往往受到蠕变温度、组织稳定性和表面抗氧化能力的限制。美国冶金学家用0.5% ~ 1% (质量分数)Ta 代替 IMI834 合金中的 Nb,称为IMI834-Ta。IMI834-Ta 合金的高温性能与 IMI834 几乎相同,600 ℃时屈服强度达580 MPa,蠕变性能高于 IMI834。

3. 俄罗斯高温钛合金的发展

BT3-1 合金是俄罗斯(苏联)早期最成熟和应用最广泛的合金,于1957 年研制成功。合金中除了美、英合金常用的 Al、Mo、Si 元素外,还有 Cr 和 Fe。这两种元素都是共析型 β 稳定元素,能有效强化 α 和 β 相,并能提高中温强度和热强性。该合金可在

400~450 ℃下工作,是俄罗斯高温钛合金的基础。为进一步提高耐热性,俄罗斯于1958年研制成功了 BT8 和 BT9 两个 α+β 型马氏体合金。BT8 是 Ti-Al-Mo-Si 系合金,在450~500 ℃的热强性能优于 BT3-1,在 500 ℃时具有较好的热稳定性。因此,BT8 合金可在不用保护层的情况下长时间工作。在 α+β 两相钛合金中,BT9 是 500 ℃下热强性最好的合金,但其热稳定性不如 BT8。最初的 BT9 合金是含 Sn 的,后来以 Zr 代 Sn,提高了合金的持久强度和蠕变强度。其主要用于制造压气机零件,还可用于异形铸造。BT18 和 BT18Y 是典型的近 α 钛合金。发展这类钛合金有两个途径:一是采用高含 Al 量、高合金化的合金作为热强合金的基础;二是靠 $w(\mathrm{Al})$ 在 2.25%~6% 之间的合金的综合合金化。这些合金中,与 Al 同时加入的有 Sn 和 Zr,Sn 提高抗蠕变性能,并且有与 α-Ti 形成有序固溶体的倾向;Zr 与 Ti 形成 α 无限固溶体,它们与 Al 共同对热强性发挥有利作用。BT18 属于金属间化合物强化的近 α 钛合金,几乎不含 β 相,蠕变强度不是很高,塑性略低于其他同类合金,用于 550~600 ℃长时间工作或 800 ℃短时工作的零件。由 BT18 改型的 BT18Y 合金,属于 Ti-Al-Sn-Zr-Mo-Nb-Si 系的近 α 钛合金,在成分上降低了铝的含量,并以 2%~3% Sn 代替 4% Zr,从而提高了热稳定性、抗蠕变性能和冲击韧性,塑性也有所改善,但在工作温度下的瞬时拉伸性能略有降低;其工作条件与 BT18 合金相同,已在 Cy-27CK 战斗机上得到了应用。BT36 合金是俄罗斯目前耐热温度最高的高温钛合金,可在 600 ℃工作。与 BT18Y 合金在成分上的差别在于用 5% W 代替了 1% Nb,钨的熔点(3 410 ℃)和蠕变极限(95 MPa)都比铌要高得多(2 000 ℃,43 MPa),W 的加入有利于提高合金的室温强度、持久强度和抗蠕变性能,尤其在550~600 ℃时更加明显。因此,该合金比 BT18Y 更具竞争力,已在某发动机上得到了应用。在多元合金系基础上添加 W 元素(0.7%~5.0%)是俄罗斯高温钛合金发展的新趋势。此外,俄罗斯研究的高温钛合金还有 BT25、BT25Y、BT28、BT33 等。

4. 我国高温钛合金的发展

我国钛合金的发展既继承了世界上主要的钛研究生产国家的做法,又突出了自己的特色。我国钛合金的研究始于北京有色金属研究总院,现在西北有色金属研究院、中国科学院金属研究所、北京航空材料研究院、洛阳船舶材料研究所等科研单位和宝鸡有色金属加工厂、上海五钢等企业也都成为研究开发高温钛合金的主力。

我国研究开发的高温钛合金主要有 TC6 钛合金,其成分是 Ti-6Al-2.5Mo-1.5Cr-0.5Fe-0.3Si,是仿制俄罗斯的 BT3-1,属马氏体型 α+β 钛合金。合金中含有 α 稳定元素 Al、同晶型 β 稳定元素 Mo 和共晶型 β 稳定元素 Cr、Fe 和 Si,β 稳定系数为0.6。该合金具有较高的室温强度,比 Ti-6Al-4V 高 85 MPa,具有良好的热强性能,兼具优良的热加工性能。能在 400 ℃以下长时间工作 6 000 h 以上,在 450 ℃下工作2 000 h,适宜制造航空发动机压气机盘和叶片以及飞机的框、接头等承力件。

TC11 钛合金是一种综合性能良好的 α+β 钛合金,成分是 Ti-6.5Al-3.5Mo-1.5Zr-0.3Si,铝当量为 3.5,钼当量为 7.3。在 500 ℃下有优异的热强性能,且具有较高室温强度。该合金还具有良好的热加工工艺性,可以进行焊接和各种方式的机加工。

目前,随着 TC11 钛合金应用的不断扩大,该合金的 β 热处理及等温锻已获得迅速的发展。该合金主要用于制造航空发动机的压气盘、叶片、鼓筒等零件,也可用于制造飞机结构件。通过 α-β 区的热变形和热处理,该合金的最高长期工作温度为500 ℃。生产的半成品有棒材、锻件、模锻件和铸件等。

Ti55 钛合金的成分是 Ti-5.5Al-4Sn-2Zr-1Mo-0.25Si-1Nd,是我国自行设计研制的一种近 α 型耐热钛合金。该合金通过添加适量稀土元素 Nd,细化了合金组织,提高了合金抗氧化能力。稀土元素在合金中的内氧化,使合金基体中的氧含量降低并促使基体中的锡原子向稀土氧化物转移,抑制了 Ti3X 相的析出。同时,稀土氧化形成的稀土氧化物颗粒作为合金形核的弥散质点及其稀土氧化物颗粒周围所形成的位错亚结构对合金起到强化作用,使该合金在使用温度下具有满意的热强性和热稳定性的最佳匹配。该合金长时间工作温度可达 550 ℃,因此,在有些场合也被称为 Ti55 钛合金,主要用于航空发动机高压段的压气机盘、鼓筒和叶片等零件。该合金具有良好的工艺塑性,适合于各种压力加工成形,并可采用各种方式的机械加工。生产的半成品主要有棒材和锻件、板材等,也可用于生产铸件。

ZTC3 钛合金的成分是 Ti-5Al-2Sn-5Mo-0.3Si-0.02Ce,是我国自行研制的一种含有共析元素 Si 和稀土元素 Ce 的 Ti-Al-Mo 系 α-β 型两相铸造钛合金,它除了依靠传统的固溶强化外,还增加了析出难熔的稳定化合物质点强化,从而使该合金具有良好的综合性能、较高的室温强度、良好的热强性能,在 500 ℃ 以下有优良的热强性能,可在 500 ℃ 温度下长期工作。该合金已铸造了大量的航空发动机压气机机匣,经过试验考核和长期的使用证明:用该合金铸造的机匣质量稳定,性能良好、可靠。它除了制造机匣外,也可用于制造其他的结构件,如支架、壳体。根据结构件的工作特性要求,该合金铸造的铸件通常是在退火或热等静压状态下使用。

Ti53311S 钛合金的成分为 Ti-5Al-3Sn-3Zr-1Mo-1Nb-0.25Si,是多元合金化的近 α 钛合金,其铝当量为 6.9,钼当量为 1.4,含有 α 稳定元素 Al,对 α 相有固溶强化作用;含有 β 稳定元素 Mo、Nb,强化 β 相并改善工艺塑性;含有中性稳定元素 Sn、Zr 以及 Si,提高合金的耐热性。该合金的主要特点是:比工业纯钛和 TC4 合金具有更高的使用强度和更好的工艺塑性,还具有很好的与异种金属焊接的性能,能在高温下长期工作。该合金主要用于制造耐热零部件,已在航天工业中得到了重要应用。

我国研制的在 600 ℃ 工作的钛合金主要有 Ti60 和 Ti600 钛合金。Ti60 合金成分为 Ti-5.8Al-4.8Sn-2Zr-1Mo-0.35Si-0.85Nd,是由中科院金属研究所在 Ti55 合金基础上改型设计、宝鸡有色金属加工厂参与研制的一种 600 ℃ 高温钛合金,有较好的综合性能。该合金的特点之一是:合金化时加入了 0.85% Nd,通过内氧化方式形成富含 Nd、Sn 和 O 的稀土相,降低基体中的氧含量,从而起到净化基体、改善合金稳定性的作用。Ti600 钛合金成分为 Ti-6Al-2.8Sn-4Zr-0.5Mo-0.4Si-0.1Y,由西北有色金属研究院研制完成。研制 600 ℃ 高温钛合金的主要难点在于高温蠕变性能及热稳定性能对各种因素都非常敏感,如金属成分的波动,间隙元素的含量、杂质含量及加工工艺等。

Ti60 和 Ti600 两合金是我国科研工作者研制成功的、具有自主知识产权的新型高温钛合金,其工作温度可达到 600 ℃,且综合性能达到了国际上 600 ℃钛合金的水平,有些性能还优于这些合金。表 3.2 是这两种钛合金与 IMI834、Ti1100、BT36 钛合金性能的比较。

表 3.2　600 ℃钛合金的主要性能比较

合金	室温拉伸				600 ℃拉伸				600 ℃蠕变			σ_{100}^{600} /MPa
	σ_b /MPa	σ_s /MPa	δ /%	ψ /%	σ_b /MPa	σ_s /MPa	δ /%	ψ /%	σ /MPa	t /h	ε_c /%	
Ti600	1 068	1 050	11	13	745	615	16	31	150	100	0.03	—
Ti60	1 100	1 030	11	18	700	580	14	27	150	100	0.1	350
IMI834	1 070	960	14	20	680	550	15	50	150	100	0.1	340
Ti1100	960	860	11	18	630	530	14	30	150	100	0.1	300
BT36	1 080	—	10	15	640	—			147	100	0.2	335

3.3.2　新型高温钛合金的发展思路

多年来,高温钛合金的发展取得了巨大成就:抗拉强度从 300 ~ 400 MPa 提高到 1 100 MPa,工作温度从 300 ℃提高到 600 ℃,从而在航空航天工业上的应用迅速增加,广泛应用于多种飞机及其发动机上。可以说,钛合金在现代飞机上的应用,已经成为航空工业发展的重要标志之一。到目前为止,钛合金的最高使用温度还一直是 600 ℃,平均每 10 年才能将使用温度提高 60 ~ 70 ℃。可见,高温钛合金的发展是非常艰难的。

材料的热强度很大程度上关联于熔点,Ti 的熔点是 1 682 ℃,比 Ni 的熔点(1 455 ℃)高出 227 ℃,Ni 基耐热合金的使用温度高达 900 ~ 1 000 ℃,而高温钛合金只有600 ℃。仅从熔点而言,钛合金的耐热温度还有提高的潜力。

发展高温钛合金的主要问题是解决热强度和热稳定性之间的矛盾,而在 600 ~ 650 ℃以上温度,双优几乎难于兼顾,尤其是热稳定性不够理想导致组织与性能不稳定。其原因在于:首先,追求高强度而采取的高合金化,促使生产非平衡亚稳组织,合金长时间工作后脆性相析出,导致结构不稳定;其次,高温下氧的渗入,在合金表面形成一个富氧层,导致了合金表面的不稳定。这两种不稳定因素是高温钛合金发展的严重障碍。因此,提高基体蠕变抗力、稳定性和表面抗氧化能力是高温钛合金向更高使用温度发展的基本原则。

从高温钛合金的发展历程可见,合金化的多元复合及优化是新型高温钛合金的发展趋势。近 α 钛合金具有较高的高温强度,又有 α+β 钛合金的塑性,对于高温用途最为合适。而在近 α 钛合金中,Ti-Al-Sn-Zr-Mo-Si 系占有主导地位,美国的 Ti1100 合金、英国的 IMI829 和 IMI834 合金,以及俄罗斯的 BT18Y 和 BT36 合金均出自于此系列。加入少量 Si(0.1% ~ 0.5%)可大大提高合金的高温抗蠕变性能,并能提高任何温度下的强度。另外,加少量的高熔点、易加工的 Nb(如 IMI829、IMI834、BT18Y)和 W 元素(BT36),是高温钛合金发展的一个新趋势。

Hiltz 等人认为,由于稀土(RE)在 α 钛中有一定的固溶度,REO$_2$ 又是稳定的高熔点化合物,所以 RE 加入纯钛后,主要起内部氧化作用。REO$_2$ 在钛的晶界上呈弥散分布,这些弥散质点与基体的热膨胀系数不同,冷却时在弥散质点附件形成位错环,可进一步强化基体。所以 RE 的加入能大大提高基体的高温瞬时强度和持久强度。中科院金属研究所在研究 Ti55 合金时发现,稀土元素 Nd 在强化合金基体的同时,还可有效地细化合金表面氧化物晶粒,使氧化膜在冷热循环产生应力情况下不易破裂。另外,稀土元素 Nd 可促进 ZrO$_2$、SiO$_2$、SnO$_2$ 在氧化膜中的选择性析出,使氧化膜基体的结合力得以改善。同时也发现,稀土元素与合金中的氧结合形成氧化物粒子,在细化晶粒、提高疲劳性能和改善热稳定性方面都发挥了有益的作用,如对 IMI829 合金加入不同含量 Gd 的实验表明,在加入 0.2% Gd 时,合金具有强度、塑性和蠕变性能的最佳配合。在 Ti-1000合金中加入 0.1% Y,也发现明显改善了热稳定性和抗蠕变性能。Y 的氧化物使原始 β 晶粒尺寸明显细化,抑制 α 相的析出长大并阻碍基体中的位错运动,从而减小了蠕变变形。

为了使高温钛合金的使用温度突破 600 ~ 650 ℃的极限,人们一直在探索新的添加元素以进一步提高高温钛合金的耐热性。新的合金元素必须具备这样的条件:在 α-钛中应具有较大的溶解度,并有较好的强化作用,但形成 Ti$_3$X 相的倾向要比 Al、Sn 小得多,尽可能避免带来组织不稳定。目前,探索到的新合金元素有 Ga、In、Pb、Sb 等,其中 Ga 研究最多,Ga 与 Al 属同族元素,对合金强度和蠕变强度的贡献约为 Al 的 80%,而对热不稳定性的影响仅为 50%,即 Ga 对合金的"强化系数"大于"热不稳定系数",这是 Ga 得到应用的基础。在 Ti-Al-Sn-Zr-Mo-Si 系基础上加 Ga 得到的 C1 合金(Ti-4.5Al-2Sn-3Zr-3Ga-1Mo-0.45Si)的确有较高的室温强度、高温瞬时强度及蠕变强度。

提高钛合金的蠕变强度,除加入 α 稳定元素外,还可以加入某些具有强化作用的 β 稳定元素,如 Bi 即属于这类元素。实践证明,在 Ti-11 合金中加入 0.35% 的 Bi(Ti-6Al-2Sn-1.5Zr-1Mo-0.1Si-0.35Bi)能有效提高合金的蠕变强度,且不损失合金的热稳定性。Bi 的强化作用来源于合金中形成的 Ti$_2$Bi 一类的化合物。

更高温度下钛合金的使用必须注意合金抗氧化涂层的研究和发展,因钛及其钛合金活性大,在高温下极易氧化,所以,高温钛合金抗氧化性能与高温防护涂层的研究成为合金应用技术关键之一。俄罗斯专家认为,如果不形成高温抗氧化涂层,钛合金的长期工作温度要突破 600 ~ 650 ℃是不太可能的。因此,除了冶金因素外,高温涂层的研究也刻不容缓,按照涂层的作用机理,已有的研究成果有:渗 Al 涂层,在高温下形成致密 Al$_2$O$_3$ 氧化膜,阻止氧进一步向基体内的扩散;Pt、Au 涂层,金属本身抗氧化能力强,且具有良好的塑性,在应力作用下能与基体有良好的结合强度,不易开裂;氧化铝、氧化锆等陶瓷涂层,不仅提高基体抗氧化性,而且形成热障,降低合金表面温度。

综上所述,高温钛合金的发展特点和规律可简单总结为以下几点,这些可为我国研制和发展使用温度更高的钛合金提供借鉴:

①高温钛合金的成分设计,由少元到多元,从简单到复杂,合金化越来越趋向合理,尽管不同的国家在研究方法、侧重点上不尽相同,但发展的结果是殊途同归的。

②从合金体系来说,仍然是 Ti-Al-Sn-Zr-Mo-Si 系近 α 钛合金及其延伸出来的合金在高温钛合金中占主导地位。

③质量分数为 0.1% ~ 0.5% 的 Si 应用于合金中,可显著提高合金强度和高温抗蠕变性能,所以,Si 元素几乎是高温钛合金中必不可少的重要元素。

④Nb、Y、Ce、Nd 等稀土元素在钛合金中可产生脱氧作用,降低合金中的氧含量,并形成高熔点化合物,提高抗氧化性能,所以稀土元素将在高温钛合金中得到越来越广泛的应用。

⑤高温钛合金的抗氧化性能与高温防护涂层的研究成为高温钛合金进一步发展的关键因素。

3.3.3　阻燃钛合金

高性能飞机发动机的盘件、叶片和机匣等零部件都希望采用高温钛合金。但常规钛合金在一定的空气压力和高温条件下会发生燃烧(钛火)。飞机性能的提高对发动机提出了更高的要求,应用于发动机的钛合金,其工作环境温度、压力和气流速度越来越高,在这种情况下,钛合金的自燃特性在很大程度上限制了钛及钛合金的应用。

钛合金在空气中的点燃温度为 1 600 ℃ 以上,而钛合金在发动机中的工作温度低于 600 ℃。可见,钛燃烧是一种典型的二次事故,即在钛燃烧之前就已经发生了机械失效或气动故障,使钛结构达到了点燃温度。

在燃气涡轮发动机中,产生于叶片与机匣间的高能摩擦是主要的点火源。主要的几种摩擦是:叶片同碎片(破碎动叶片,散失的螺钉、螺帽、销钉和外来异物)间的摩擦;轴承失效后,转子产生轴向或径向移位,引起转子同静子摩擦;转子部件失效引起的严重不平衡,可产生很大的摩擦;机匣弯曲也会引起摩擦。

少量事故是由气动加热造成的。由于喘振或压气机失速引起的来自发动机后端燃烧室的反向高速气流可达到很高的温度,并对动叶片或静叶片产生非常迅速的局部升温。由于导热和对流散热很低,特别是对于薄的后缘来说,高的热输入可引起局部点火。

钛有一系列氧化物,从一氧化物(TiO)到二氧化物(TiO₂),其密度逐渐下降。在工作温度下,钛具有 α 结构,表面形成致密的具有保护作用的二氧化物,在加热到较高温度时,钛转变为 β 结构,提高了氧在钛中的溶解度,在 1 200 ℃ 左右,氧的原子比例可达 36%。此时,氧化物中氧的平衡浓度降低,促使二氧化物发生还原反应,生成低氧化物,从而提高了氧化层密度。这将导致氧化物的剥落,失去保护作用,大量氧加速进入反应前沿,与金属发生反应,当释放出的热量超过散失的热量时,温度快速升高,达到点燃温度并发生燃烧,这就是钛燃烧的基本机理。影响钛燃烧的因素有很多,内部因素有:钛具有除铝、镁以外最高的氧化生成热和燃烧热;同钢和镍基合金相比,钛具有较低的导热系数和比热;钛在熔化之前可点燃,因此,不具有将熔化潜热作为储藏热能的优点;钛与其他金属相比具有容易黏着的特性,干摩擦系数较大。钛在工作环境中的条件,如温度、压力、气流、速度和加热速度等,是影响钛燃烧的外部因素。一般来说,这些参数越高,发生点燃的可能性越大,燃烧扩展和损坏的程度越大。

普通钛合金在这种工作条件下,存在很大的燃烧敏感性,由于某些机械故障,钛合金某些零件在高速摩擦时会起火燃烧,导致火灾。从开始到结束,钛燃烧的传播时间约为 4~20 s,在目前条件下,灭火是不现实的。从 20 世纪 70 年代起,钛燃烧事件明显增多,各国开始重视研究钛和钛合金的燃烧问题。早期研究的重点是探索钛和钛合金的燃烧行为和影响因素。按照燃烧现象的复杂程度,可将燃烧分为点燃、稳定燃烧和扩展燃烧。由于钛燃烧问题日益突出,人们研究的重点转向如何防止钛燃烧事件的发生,并相继提出了几种防燃措施:加大转子和静子的间隙、将钛制转子和静子的使用范围限制在压气机的低温区或设计钛-钢摩擦偶件,涂覆防燃涂层及研制阻燃钛合金。无疑,研制阻燃钛合金是解决钛燃烧问题的根本方法。美国和俄罗斯已成功地研制出不同的阻燃钛合金,并已投入实际应用或通过了发动机试车。

美国研制出的 ALLOY C(Ti-35V-15Cr)也称为 Ti-1270 或 Tiabyne3515,为 Ti-V-Cr 系,可制成板材、带材、棒材及锻件等,已用于 F119 发动机。俄罗斯研发的 BTT-1、BTT-3 阻燃钛合金也是 Ti-Al-Cu 系。BTT-1 可制成棒材和锻件,具有良好的热加工性能,也可制成形状复杂的发动机零件,工作温度可到 450 ℃。BTT-3 工艺性比 BTT-1 还好,特别适合于制造各种板材和箔材零件。我国 20 世纪 90 年代初也研制了 Ti40 (Ti-25V-15Cr-0.2Si),全 β 型阻燃钛合金,它具有较好的力学性能(表 3.3)和阻燃性能,但热开坯加工很困难,不像常规钛合金那样容易实现自由锻。后来又有 Ti14(Ti-1Al-13Cu-0.25Si)阻燃合金。

表 3.3 Ti40 的主要力学性能

合金	室温拉伸				540 ℃拉伸				540 ℃/100 h 热稳定性				540 ℃蠕变性能		
	σ_b /MPa	σ_s /MPa	δ /%	ψ /%	σ_b /MPa	σ_s /MPa	δ /%	ψ /%	σ_b /MPa	σ_s /MPa	δ /%	ψ /%	σ /MPa	t /h	ε_p /%
Alloy C	1 000	930	20	35	840	650	20	42					250	100	0.2
Ti40	956	946	16	35	822	705	16	33	1 077	1 007	8	12	250	100	0.2
指标	900	830	10	16	750	600	10	16					250	100	0.2

经抗氧化性分析,Cr 是极其引人注意的元素,在 Alloy C 和 Ti40 合金中,Cr 对材料的阻燃起到了重要作用。$w(Cr)>11\%$,钛合金的阻燃性能明显改善,$w(Cr)>15\%$ 更佳。几种钛合金的燃烧速度比较如图 3.8 所示。但应指出的是,$w(Cr)<10\%$ 的 Ti-Cr 二元并不具备阻燃特性,原因在于 Ti-Cr 合金燃烧产物表面,由于 α 相与 $TiCr_2$ 相热膨胀系数的差异导致生产的氧化物之间的膨胀,使氧化呈疏松开裂。较高 Cr 含量的加入 ($w(Cr)>10\%$),可使生产的氧化物比较致密,减轻开裂倾向。

阻燃合金虽然也属于高温钛合金,但它与前面的高温钛合金又有较大的区别:

①高温钛合金如 Ti55、Ti633G、Ti600、Ti60 均为近 α 钛合金,密度在 4.5 g/cm³ 左

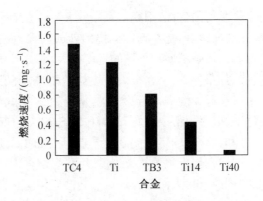

图 3.8   几种钛合金的燃烧速度比较

右,属 Ti-Al-Sn-Mo-Zr-Si-(Nb)-(RE)系,而阻燃合金为全 β 钛合金,其中 Alloy C 合金的 Mo 当量为 47.5,是目前工业用 β 钛合金 Mo 当量最高的合金,Ti-V-Cr 系合金密度在 5.3 g/cm³ 左右。

②高温钛合金热加工性能较好,并且可焊,具备 α 钛合金的优缺点;而 Ti40 合金热加工尤其是开坯热加工性能不好,但冷加工性能较好,具备 β 钛合金的优缺点。

③Ti-Al-Sn-Mo-Zr-Si-(Nb)-(RE)系具有较好的综合力学性能但不抗燃烧,而阻燃合金除具有较好的综合力学性能还具有很好的阻燃性能。

④从原材料价格上分析,Ti-Al-Sn-Mo-Zr-Si-(Nb)-(RE)系合金中合金元素质量分数不超过 15%,贵金属元素质量分数不超过 4%,价格较低;而 Ti-V-Cr 系合金中合金元素质量分数达 40%,贵重元素 V 的质量分数达 25%,价格较高,约为高温钛合金原材料价格的 8~10 倍。

阻燃钛合金是近些年发展起来的一种新型结构功能材料,对它的合金化机理、成形加工特性及服役环境和要求,均还需要有进一步的认识,才能比较全面地发展这类合金系列。

3.3.4   铸造热强钛合金

钛合金铸件主要用于形状复杂的发动机零件和飞机构件,预测先进航空发动机中结构质量的 16% 将会是钛合金铸件。目前应用最多的是 Ti-6Al-4V、Ti-6Al-2Sn-4Zr-6Mo(Ti6246)和 Ti-6Al-2Sn-4Zr-2Mo(Ti6242),前两种工作温度不超过 400 ℃,后一种合金的最高温度可达 500 ℃。

目前,在钛合金熔模铸造过程中一般采用三种型壳系统,即纯石墨型壳系统、钨面层型壳系统和氧化物陶瓷型壳系统。第一种型壳系统热导率高,易产生流痕和浇不足等缺陷;第二种型壳系统的原材料昂贵、来源困难、生产周期长;第三种即氧化物陶瓷型壳系统的原材料来源丰富、制壳工艺简单,特别是型壳热导率低,能够浇注形状十分复杂、壁厚小到 1.5 mm 的薄壁钛合金铸件。钛合金铸件的热等静压处理已经被视为必不可少的工艺,其目的是愈合内部缺陷、改善塑性和减少疲劳性能的分散性。细化 α 相颗粒是提高钛合金铸件拉伸和疲劳性能的最有效途径。目前广泛采用的铸造 Ti-

6Al-4V 合金的室温拉伸强度约为 900 MPa,不能用来等截面地替代发动机和飞机中常用的不锈钢和结构钢。最近的研究结果表明,铸造 β 钛合金具有更高的强度和优异的铸造性能,其中 Ti153 合金(Ti-15V-3Sn-3Cr-3Al)被认为是最有前途的。铸造 Ti153 合金在 480 ℃时效 8 h 后的室温拉伸强度达到 1 330 MPa。据称,在 ATF(先进战术战斗机)中,铸造 Ti153 合金可能用于代替变形钛合金或 17-4PH 不锈钢制造近 300 个飞机零件,如发动机安装架、机翼转轴、隔框和翼助等。

3.4 高温合金

现代燃气涡轮发动机有 50% 以上的质量采用高温合金,高温合金是能在 600 ~ 1 200 ℃高温下承受一定应力并具有抗氧化或抗腐蚀能力的合金,由于其优异的高温力学特性,又称超合金(Superalloy)。高温合金主要用于制造航空用燃气涡轮发动机及火箭发动机部件,其中也包括舰艇和地面用燃气涡轮发动机的部件。

高温合金材料按制造工艺,可分为变形高温合金、铸造高温合金、粉末冶金高温合金和发散冷却高温合金。按合金基体元素,可分为铁基、镍基和钴基高温合金,使用最广的是镍基高温合金,其高温持久强度最高,钴基高温合金次之,铁基高温合金最低。按强化方式,可分为固溶强化高温合金、时效强化高温合金和氧化物弥散强化高温合金。按主要用途又可分为板材合金、棒材合金和盘材合金。

20 世纪 30 年代后期英、德、美等国开始研究高温合金。20 世纪 40 年代,英国在镍中加入碳、钛、铝等制成了第一种 Nimonic80 镍基高温合金,在此基础上加入其他合金元素发展成为"Nimonic"(尼蒙镍克)系统。20 世纪 40 年代至 50 年代,美国发展了"Inconel""Waspaloy""Udimet"等系统;苏联发展了"ЭИ"和"ЭП"系统。20 世纪 70 年代至 80 年代,铸造合金铸件超过变形高温合金,在美国出现了 Mar-M 和 IN 系统;在苏联出现了 ЖС 系统。

我国从 1956 年起开始试制高温合金,目前已有"GH"系统变形高温合金、"K"系统等轴晶铸造高温合金、"DZ"系统定向凝固柱晶高温合金、"DD"系统单晶高温合金。20 世纪 90 年代初,粉末冶金高温合金制的压气机盘和涡轮盘投入使用,成为继变形和铸造高温合金之后又一类高温合金,用"FGH"表示。还有"MGH"系统弥散强化高温合金、"JG"系统金属间化合物高温材料。

从高温合金的化学成分上看,以含铁量为主的铁基高温合金使用量已极少,以含钴量为主的钴基高温合金基本绝迹。无论是变形高温合金、铸造高温合金或粉末高温合金,现都以镍基为主。

3.4.1 镍基高温合金的合金化

镍基高温合金是以镍为基体,$w(Ni)>50\%$,可在 700 ~ 1 000 ℃温度范围内使用的高温合金。虽然镍基高温合金的潜力已得到相当充分的发挥,而且所要求承受的工作温度已接近其初熔温度,但由于该合金难以比拟的综合性能的均衡优势,人们仍在进行大量的研究工作以挖掘可能的潜在能力,比如更系统地研究其合金设计的规律,利用d-电子概念,借助分子轨道计算和原子间键序进行合金成分及宏观微观组织结构的设计以获得高的综合性能,提高初熔温度、抗氧化性能、降低成本以及采用先进成形工艺,严格控制加工过程,最大限度地避免或减小缺陷等。

镍基高温合金主要通过固溶强化、第二相沉淀强化和晶界强化等手段来提高其热强度和热稳定性。例如:在镍基体中加入 Cr、Co、Mo 和 W 等高熔点元素形成固溶体;加入 Ti、Al、Nb、Ta、Hf、V、C 等元素形成金属间化合物和碳化物(第二相沉淀相);加入 B、Zr、Mg、Ce 等元素强化晶界。由此可见,高温合金常常是含十几种元素、成分非常复杂的合金。但决定镍基高温合金优异性能的是其显微组织特性,关键的强化作用来源于共格有序面心立方金属间化合物 $\gamma'[Ni_3(Al, Ti, Nb, Ta)]$。$\gamma'$ 相为高温合金中的主要强化相,是 Cu3Au 型面心立方有序结构,铝原子位于角上,镍原子位于中心。它的有效强化作用主要在于:

①它们在基体中的固溶度随着温度的改变有显著变化,经恰当的热处理后,可以大量析出。

②以均匀的高度弥散状态析出,且与基体共格。

③过去认为作为金属间化合物的 γ' 相也是脆性相。近年来的研究发现表明,它与碳化物及其他金属间化合物相比并不是硬而脆的相,而具有一定塑性。尤其可贵的是,该相在高温下硬度降低不多,表明 γ' 相在高温下仍能保持其强化效果。

④具有较高的高温稳定性,在高温长时间作用下,粗化和凝聚现象较小。

γ' 相的成分对其强化能力有很大影响。许多元素既可溶于 γ' 相也可溶于基体 γ 相。添加铝、钛、铌、钽等形成 γ' 相进行沉淀强化,γ' 相数量较多,有的合金高达 60%;加入钴能提高 γ' 相的溶解温度,提高合金的使用温度;钼、钨、铬具有强化固溶体的作用,铬、钼、钽还能形成一系列对晶界产生强化作用的碳化物;铝和铬有助于抗氧化能力,但铬降低 γ' 相的溶解度和高温强度,因此铬含量应低些;铪可改善合金中温塑性和强度;为了强化晶界,添加适量硼、锆等元素;当 γ' 相中钽、铌、钨、铼等难熔元素数量增加时,γ' 相的强度及稳定性也不断提高。

γ' 相的尺寸大小对合金性能也有很大的影响。当合金中 γ' 相含量较少时,γ' 相的尺寸对合金强度的影响十分敏感,通常认为小于 50 nm 较为合适。当 γ' 相数量超过 40%,其对合金性能的影响就不那么敏感,但仍有相当作用。应该指出,γ' 相的体积分数是一个强化合金的基本因素,一般而言,随 γ' 相的体积分数的增高,合金强度有所提高。铸造合金 γ' 相的体积分数通常达 60%。但过多的 γ' 相的析出意味着($\gamma+\gamma'$)共晶数量不断增加,过多的($\gamma+\gamma'$)共晶会给合金高温强度带来不利影响。

镍基高温合金随着温度升高至 600~800 ℃,常会出现强度的峰值,这是由于 γ' 的有序特性,迫使位错以成对方式移动导致额外反相界的硬化。镍基合金的 γ 基体通常多以高熔点金属 W、Ta、Mo 固溶强化,并存在各类的碳化物的强化作用,同时以 B、Zr 等元素进行晶界强化。铸造镍基合金由于提高了 Al 及 Ti 的含量,增大了 γ' 的体积分数,同时降低 Cr 含量,增加 Co 和难熔元素 W、Ta、Hf、Re 等的含量,提高了 γ' 的熔解温度,从而开发可用于更高温度的材料。较粗的铸造组织可进一步改善材料的抗蠕变能力,但会导致脆性增加。镍基铸造高温合金加入少量 Hf 还可提高合金的中温塑性。一般铸造合金还采用热等静压来减少铸造组织中的疏松并增强抗蠕变和疲劳强度。Cr的减少有损于热腐蚀抗力,因而需要开发防护涂层以满足高温工作的需要。

3.4.2 变形高温合金

在 20 世纪 60 年代,变形高温合金似乎已走到尽头,因为它们已无法用添加更多高熔点合金元素的方法来改进合金的强度性能。因而应集中力量提高原材料的纯度和改进熔炼工艺,以消除有害气体杂质。

目前,现代燃气涡轮发动机中大多数燃烧室、尾喷口和部分涡轮盘、高压压气机盘等重要零件仍用变形高温合金制造。这是因为燃烧室和尾喷口为薄壁结构,使用变形合金板材比较适合。我国研制成功的 GH33A 合金涡轮盘以及 GH140 合金加力筒体和燃烧室如图 3.9 和图 3.10 所示。美国广泛使用 Hastelloy X、Waspaloy 镍基变形高温合金,我国则使用 GH140 铁基变形高温合金和 GH44 镍基高温合金。

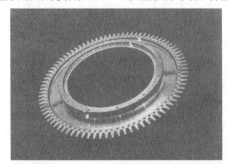

图 3.9 我国制造的 GH33A 合金涡轮盘

图 3.10 我国制造的 GH140 合金加力筒体和燃烧室

表 3.4 是商业上广泛应用及新开发的变形镍基高温合金的化学成分,较早的合金考虑成形的工艺学,Al、Ti 含量限制较严,γ′相一般不超过 20%。20 世纪 70 年代后,为适应发动机高温推重比的要求,大大提高了涡轮盘的工作温度和应力,导致开发出某些高强合金,如 MERL76 和 Rene95,它们含有较多的 γ′ 相数量。这些先进合金的高合金化及高 γ′ 体积分数虽然大大提高了力学性能,却造成材料锻造变形的困难和产生严重的偏析,往往导致锻造困难,容易产生裂纹。所以在燃气涡轮发动机的两个最重要的位置——涡轮导向叶片和工作叶片上已被铸造高温合金替代,在涡轮盘上开始被粉末高温合金替代。

表 3.4 变形镍基高温合金的化学成分 %

合金	Ni	Cr	Co	Mo	W	Nb	Ti	Al	Fe	C	Zr	B	其他
Astroloy	余	15	17	5	—	—	3.5	4	—	0.03	0.04	0.02	—
Hastelloy X	余	22	1.5	9	0.6	—	—	2	15.8	0.15	—	—	—

续表3.4

合金	Ni	Cr	Co	Mo	W	Nb	Ti	Al	Fe	C	Zr	B	其他
Inconel718	余	19	—	3	—	5.1	0.9	0.5	18.5	0.08	—	—	0.15Cu
Nimonic80A	余	19.5	1	—	—	—	2.25	1.4	1.5	0.05	—	—	0.1Cu
René41	余	19	11	10	—	—	3.1	1.5	< 0.3	0.09	—	0.01	—
René95	余	14	8	3.5	3.5	3.5	2.5	3.5	< 0.3	0.16	0.05	0.01	—
Udimet500	余	19	19	4	—	—	3	3	4	0.08	—	0.01	—
Udimet700	余	15	18.5	5	—	—	3.4	4.3	< 1	0.07	—	0.03	—
Waspaloy	余	19.5	13.5	4.3	—	—	3	1.4	2	0.07	0.09	0.01	—

3.4.3　铸造高温合金

在20世纪60年代,变形高温合金中铝、钛及其他高熔点元素铬、钼、钨含量的不断提高,使得塑性变形阻力增大,难以进行锻造、轧制等热加工,或者在加工过程中沿较脆弱的界面出现热裂纹和崩裂。而铸造高温合金可以熔入更多的固溶强化元素和第二相强化元素(铸造镍基高温合金成分见表3.5),使工作温度达到1 000 ℃左右,超过变形高温合金50~100 ℃。此外,铸造高温合金通过精密铸造工艺较容易制成空心或多孔型叶片,通过对流和气膜冷却,进一步提高了材料的工作温度。铸造高温合金从20世纪60年代至90年代经历了由等轴晶走向定向柱状晶直至单晶的三个过程。图3.11是三种涡轮叶片的微观显微组织。

表3.5　常用铸造镍基合金的化学成分　　　　　　　　　　　　　%

合金	Ni	Cr	Co	Mo	W	Nb	Ti	Al	Fe	C	Zr	Ta	Hf	B	其他
B1900	余	8	10	6	—	—	1	6	—	0.05	4.3	1.3	0.01	—	
IN-100	余	10	15	3	—	—	4.7	5.5	<0.6	0.15	0.06	—	—	0.01	1V
IN-713LC	余	12	—	4.5	—	—	2	0.6	6	—	0.05	0.1	—	0.01	—
IN-738LC	余	16	8.5	1.75	2.6	0.9	3.4	3.4	—	0.11	0.05	1.75	—	0.01	—

1. 普通铸造

在一般条件下铸造零件时,熔融状态的合金在铸型中逐渐冷却凝固,一开始就由无数的晶核产生无数的晶粒,随着温度的降低,晶粒不断长大,最后充满整个零件。由于合金冷却时散热的方向未加控制,晶粒的长大也是任意的,所得到晶粒的形状近似球形,故称等轴晶。晶粒之间的界面称晶界。晶界上往往存在许多杂质和缺陷,因而晶界往往是最薄弱的易破坏区域。冶金学家采用了许多措施来净化晶界和提高晶界的结合强度,但始终不能改变晶界仍作为最薄弱环节而存在于合金内部的事实。

采用细晶铸造工艺能在一定程度上改进铸造高温合金的持久强度和低循环疲劳性能,这是晶界条件得到改善的结果。细化晶粒的机械振动法是在熔融金属的凝固过程

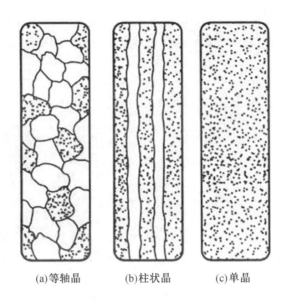

(a)等轴晶   (b)柱状晶   (c)单晶

图 3.11　等轴晶、柱状晶和单晶的显微组织

中利用机械振动使枝晶破坏,再次生核而形成细晶。化学法是在熔融金属中加入高熔点生核剂(如碳化物和硼化物等)形成外来的结晶核心,这样由于多核心生长的结果也可形成细晶。细晶铸件有时也含有显微疏松,需采用热等静压处理使其致密。

2. 定向铸造

普通铸造获得的是大量的等轴晶。这些晶粒的长度和宽度大致相等,也就是纵向晶界和横向晶界的数量也大致相同。对高温合金涡轮叶片的事故分析发现,横向晶界比纵向晶界更容易断裂,这是因为涡轮叶片高速旋转时所受的巨大的离心力与叶片的纵轴平行,容易拉断横向的晶界。定向柱状晶铸造工艺的目的就是形成并列的柱状晶,消除横向晶界,使涡轮叶片工作时最大的离心力与柱状晶之间的纵向晶界平行,减少了晶界断裂的可能性。

定向铸造的特点是控制铸型的散热方向和冷却梯度,使熔融金属由叶片的一端向另一端逐渐凝固。由于一开始有若干个晶核同时生成,所以沿叶片的纵向形成排列整齐的几条柱状晶。定向凝固基本上消除了垂直于主应力轴的横向晶界,且柱状晶在凝固过程中以[001]方向择优顺序生产,这就大大提高了合金的纵向力学性能。与普通铸造的等轴晶叶片相比,定向柱晶组织更耐高温腐蚀,不仅可使工作温度提高约 50 ℃,还可使疲劳寿命提高 10 倍以上。在定向铸造高温合金的研究初期,沿用了普通的铸造高温合金,如美国的 DS IN100、DS B1900。1964 年定向凝固叶片在美国 JT8D 军用发动机上试验成功,1969 年正式使用,70 年代以后广泛用于军用飞机和民航飞机的发动机上,这些飞机包括 YF-12、F-15、F-16、波音 747 等,如 TF-30-100 发动机以及 $Ma=3$ 的 YF-12 飞机的 J-58 发动机。

美国和苏联都研究过空心的定向凝固涡轮叶片。它们是分两个半片同时铸造的,内部带有复杂的冷却通道,铸造好后再用扩散连接法焊接到一起(图 3.12)。这样一来,它们的工作温度又可提高 100 ℃,寿命延长 2 倍左右。现在一些国家发展了专门的定向凝固高温合金,如美国的 PWA1422,俄罗斯的 ЖС-32 和我国的 DZ22。图3.13 为 DZ22 合金定向凝固空心涡轮叶片。

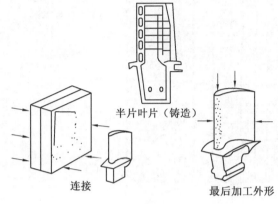

图 3.12 由两个半片组成的定向凝固涡轮叶片   图 3.13 DZ22 合金定向凝固空心涡
　　　　　　　　　　　　　　　　　　　　　　　　　　　　轮叶片

3. 单晶铸造

单晶铸造获得的涡轮叶片整个叶片只有一个晶粒。上面提到晶界是最薄弱的环节,柱晶叶片即使消除了横向晶界,仍不能完全避免晶界的危害。这是因为,在工作中,涡轮叶片承受的应力极其复杂,并非完全平行于叶片纵轴,只有单晶叶片才能完全消除晶界的有害作用。单晶叶片铸造工艺是在定向柱晶铸造的基础上发展起来的。它总的原则是控制熔融金属在铸型内的散热条件,只允许一个优选的柱晶长大。通常制造单晶叶片采用种晶法,其过程如下:预先在铸型的底部植入一粒籽晶,当熔融金属在铸型内开始凝固时,控制散热方向和温度梯度,使融化的籽晶成长为一个晶粒,直到最后独占整个铸型空腔。这时应注意的是,铸型和熔融合金要保持清洁,不要落入杂晶,否则这些杂晶可能形成新的晶核,造成多晶铸件。

最初的单晶合金与普通铸造高温合金在成分上没有什么区别。后来的研究发现,不需要加入晶界强化元素 B、C、Zr、Hf 等,Mo、Ta、W、Cr、Co 等难熔元素含量增加,可提高高温性能,与相近成分的定向合金相比,工作温度提高 30 ℃以上,高温持久寿命和疲劳寿命提高二倍以上,抗高温氧化和腐蚀性能明显改善,表 3.6 给出了普通铸造、定向铸造和单晶的性能比较。因此,美国和苏联的第二代和第三代单晶合金都发展成为低铬、高铼、低碳或无碳的专门合金,如 PWA1480、PWA1484、CMSX-4G、ЖС-36 和我国的 DD6 等。值得注意的是,为了进一步提高工作温度,现代的单晶铸造合金叶片大多制成带有复杂通道和冷却孔的高效冷却叶片(图 3.14),这些蜿蜒的细通道是直接用陶瓷型芯铸出的,而细小冷却孔是用激光加工出来的。

美国罗·罗公司的 Trent800 发动机的涡轮叶片使用第三代单晶合金 CMSX-10 制造,工作温度达 1 204 ℃。我国第一代单晶合金为 DD3,于 20 世纪 90 年代用于航空发动机涡轮叶片,该合金相当于美国第一代单晶合金 PWA1480。我国第二代单晶合金

DD6 也用于航空发动机涡轮叶片。

表 3.6 普通铸造、定向铸造和单晶 M—M200 的蠕变和持久性能

铸造类型	760 ℃,689.5 MPa			871 ℃,689.5 MPa			982 ℃,209 MPa		
	t/h	δ/%	最小蠕变速率 ν/(mm·(mm·h)$^{-1}$)	t/h	δ/%	最小蠕变速率 ν/(mm·(mm·h)$^{-1}$)	t/h	δ/%	最小蠕变速率 ν/(mm·(mm·h)$^{-1}$)
普通铸造	4.9	0.45	70.0×10^{-5}	245.9	2.2	3.4×10^{-5}	35.6	2.6	23.8×10^{-5}
定向铸造	366	12.5	14.5×10^{-5}	280.0	35.8	7.7×10^{-5}	67	23.6	25.6×10^{-5}
单晶	1 914	14.5	2.2×10^{-5}	848.0	18.1	1.4×10^{-5}	107	23.3	16.1×10^{-5}

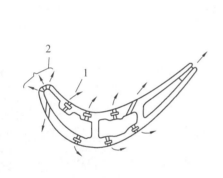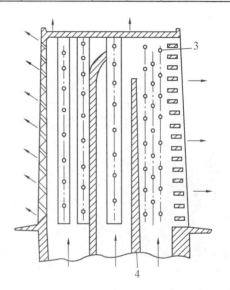

图 3.14 高效冷却叶片示意图

1—铸出的发汗冷却孔;2—激光打出的冷却孔;3—导流柱;4—肋

目前,先进的燃气涡轮发动机几乎都采用单晶铸造合金叶片。单晶高温合金是迄今在先进发动机中用作涡轮叶片的最重要材料,承受着最苛刻的工作条件,从 F100-PW-220 发动机用 PWA1480 第一代单晶合金到 EJ200 和 F119 采用的 RR3000 和 CMSX-10 的第三代单晶合金,涡轮进口温度提高了近 80 ℃,接近材料的初熔温度。美国惠普公司建立了单晶叶片生产线,年产量达 9 万片。据统计,现在至少有六种军用机和民航机使用了单晶铸造叶片,工作时数达 960 万 h,这些飞机包括 F-16、波音 767、空中客车 310、AH-1T 直升机、苏联的米格-29、苏-27 等。

3.4.4 粉末高温合金

铸造高温合金可以融入较大量的高熔点元素钼、钨、铌、铼等,但这些元素的致密度较高,容易形成偏析,影响合金性能的稳定,而粉末高温合金可以避免这一缺点。与常规铸锭冶金技术相比,粉末冶金(PM)技术除可获得近终形零部件外,还容许提高合金元素的含量,导致较高的合金强度,可使合金具有均匀的显微组织和化学成分,避免宏观偏析及随之而来的锭坯开裂的危险。粉末冶金高温合金生产的基本工艺流程为如下。

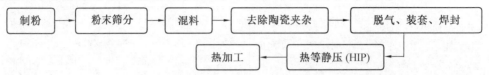

粉末高温合金所用的原始合金大多是原有牌号变形合金经成分调节(例如降低碳含量)而获得,然后经过各种制粉方法(例如真空雾化法、超声雾化法、旋转电极雾化法等)制成微粉末或超微粉末并放入包套中,再经各种热加工(例如热等静压、等温铸造、挤压等)制成燃气涡轮部件。这种工艺适合压气机盘和涡轮盘的生产。用快速凝固法制出的超微粉末,直径只有 $10 \sim 100 \ \mu m$ 甚至更小,每一个粉末颗粒就是一个铸件,因此粉末高温合金制件的成分均匀、无宏观偏析,合金化程度可超过变形高温合金和铸造高温合金。如果合金的成分基本不变,则粉末高温合金的屈服强度和疲劳强度也高于同牌号的变形或铸造合金。

美国 Pratt&Whitney 公司于 1972 年研制成功粉末冶金 IN100 合金,用作 F100 发动机的压气机盘和涡轮盘等 11 个部件,装在 F15 和 F16 飞机上。1976 年完成了 JT8D-7R 发动机用粉末冶金 Astroloy 合金涡轮盘的研制,以取代原来的变形 Waspaloy 合金。80 年代初,又成功研制粉末冶金 Rene'95 合金盘件,用于军用直升机的 T-700 发动机等。俄罗斯也拥有一系列粉末盘高温镍合金,已用于米格-29、米格-31 等飞机上。

英国、美国等国家从 20 世纪 70 年代开始从事双性能粉末盘的研制,现已在 F119 发动机上采用。其轮缘部分为粗晶,有利于提高抗蠕变性能,轮心为细晶,有利于提高强度及疲劳性能,满足了涡轮盘不同部位对材料性能的不同要求,从而使涡轮盘的使用温度提高,质量减轻。

我国自"六五"开始,先后研制了 FGH100(In-100)和 FGH95(Rene'95)两个粉末冶金高温合金。在制粉、粉末处理、热等静压、锻造和热处理等工艺方面也进行了大量的研究工作。1984 年,模锻出 $\phi420 \ mm$ 的全尺寸涡轮盘。图 3.15 是我国研制成功的粉末高温涡轮盘。

3.4.5　3D 打印高温合金

增材制造用镍基合金主要包括固溶强化高温合金(Inconel 625)和沉淀强化高温合金(Inconel 718 和 Inconel 738)。航空工业在 20 世纪 80 年代就开始使用增材制造技术,之前增材制造在航空制造业中只扮演了快速原型的小角色。最近的发展趋势是,在航空领域,3D 打印正在进入产业

图 3.15　我国研制成功的粉末高温合金涡轮盘

化生产。通过3D打印(粉末床熔融技术)一体化高度复杂零件以及通过3D打印(定向能量沉积技术)替代锻造,成为航空企业又一轮的技术竞赛。最典型的应用要属GE公司用增材制造的方法来生产喷油嘴(图3.16(a)),喷油嘴的设计可以避免"开锅",或者是油嘴部位积碳。GE声明该结构的喷油嘴几何形状只能通过增材制造的方法来生产。采用SLM技术制造出的LEAP喷气式发动机制造喷油嘴,质量较传统工艺的降低了25%,寿命提高了4倍,接近锻造的综合性能,能有效避免裂纹缺陷的形成,而且其生产周期缩短2/3,生产成本降低50%。2010年空客将GE生产的LEAP-1A发动机作为A320neo飞机的选配,LEAP发动机中带有3D打印的镍基喷油嘴。2015年5月19日,A320neo飞机首飞成功。装有LEAP发动机的A320neo获得欧洲航空安全局(EASA)的认证和美国联邦航空管理局(FAA)的认证。GE公司计划在2020年打印出10万个LEAP喷嘴。此外,阿丽亚娜6型火箭采用增材制造实现In718合金喷油嘴集成制造(图3.16(b)),将248个部件减少为1个,成本降低50%,交期缩短80%。

 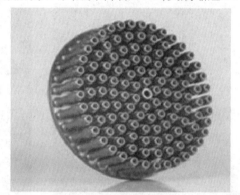

(a)GE公司3D的LEAP喷油嘴　　　　　　(b)火箭发动机喷油嘴

图3.16　增材制造技术在航空航天喷油嘴中的应用

在传统铸造工艺中,大尺寸和薄壁结构铸件的制造一直存在难以突破的技术壁垒。由于冷却速度不同,在铸造薄壁结构金属零件时,会出现难以完成铸造或者铸造后应力过大、零件变形的情况。这类零件可以转而使用选区激光熔融3D打印技术进行制造,通过激光光斑对金属粉末逐点熔化,在局部结构得到良好控制的情况下保证零件整体性能。铂力特通过选区激光熔融设备制造的多层薄壁圆柱体,材料为镍基高温合金粉末,零件尺寸为$\phi576$ mm×200 mm,质量为15 kg,壁厚最薄处仅2.5 mm,如图3.17所示。该零件体现了选区激光熔融技术在制备大幅面薄壁零件方面的能力。与铸造工艺相比,采用金属3D打印技术直接制造零件,不需要提前制备砂铸造型,这使得制造周期大大缩短。铂力特制造这款多层薄壁圆柱体时所花费的打印时间约为72 h。

3D打印技术不仅被应用于零部件的直接成形,也被应用于关键零部件的修复与镀层。美国Optomec公司应用激光熔覆成形(Laser Engineered Net Shaping,LENS)技术对发动机叶片和T700一级涡轮整体叶盘进行修复,如图3.18所示,修复部分少量机加工后即可达到最终状态,且修复部分性能满足或高于原始材料性能。

图 3.17 铂力特 3D 打印镍基多层薄壁圆柱体

(a)发动机叶片修复   (b)T700一级涡轮整体叶盘修复

图 3.18 Optomec 公司 3D 打印关键零件修复中的应用

3.5 金属间化合物

　　美国 IHPTET(高性能涡轮发动机技术)计划指出,推重比为 20 的发动机涡轮进口温度将达到 2 000 ~ 2 200 ℃,为此,提出采用 TiAl 复合材料制造鼓筒式无盘结构压气机转子,减重 70%。TiAl、NiAl 及难熔金属硅化物等金属间化合物,由于晶体中金属键与共价键共存,使其可能同时兼有金属的韧性和陶瓷的高温性能,但是金属间化合物比陶瓷具有更多的优势,其中两个重要特点是:金属间化合物具有较好的热传导性,因而作为高温结构材料使用,其冷却效率较高而热应力较小;其次,某些金属间化合物(如TiAl、NiAl)可以采用常规的冶金方法进行生产,这是与其他新型材料进行成本竞争的一个重要条件。所有这些,特别是近十几年来在韧性方面的巨大进展,预示着金属间化合物作为高温结构材料使用具有广阔的前景。

3.5.1 Ti-Al 系金属间化合物

作为航空工业用常规材料之一的钛合金,因具有密度较小等优势,自 20 世纪 50 年代引入该工业部门以来,在改进发动机性能等方面发挥了重要的作用。但即使是最好的钛合金,在超过 600 ℃ 的高温下也会因强度下降和氧化抗力不足而难以使用,于是人们对 Ti-Al 二元系中的三个具有轻质耐热特点的金属间化合物 Ti_3Al、TiAl 和 Al_3Ti 产生了兴趣,并早在五六十年代就开始了对 Ti_3Al 的研究,Ti_3Al 相(α_2)具有 D019 的超点阵结构,密排六方,空间群为 P63/mmc,α_2 相具有较宽的成分范围:$w(Al)$ 为 22% ~ 39%。然而,由于这些钛铝化合物的室温延性和断裂韧性均很差,把它们作为高温结构材料来进行研究开发的工作曾经不得不中断,从 20 世纪 70 年代中期以后又渐趋活跃;TiAl(γ 型)则自 20 世纪 80 年代后期以来逐渐成为研究开发的热点,γ-TiAl 相是典型的 Berthollide 型化合物,具有很宽的成分范围,从 48% Al 到 69.5% Al,具有 $L1_0$ 有序超点阵结构,为正方点阵,Al 和 Ti 交替地排列在(002)面上,c/a 约为 1.02;至于 DO_{22} 结构 Al_3Ti(δ 型),δ-$TiAl_3$ 相具有较低的熔点(1 340 ℃),并具有非常窄的成分范围。因其具有更高的 Al 含量,密度更低,抗氧化性能更好,然而这些合金在室温拉伸时很脆,到目前为止尚无改善的办法。

1. Ti_3Al 系

一般认为,Ti_3Al 基的金属间化合物的蠕变强度可以与 Inconel713 合金相当,最高温度可达 815 ℃,目前已有两个以 Ti_3Al 为基的高温钛合金在美国开始批量生产,它们的成分是 Ti-21Nb-14Al 和 Ti-21Nb-14Al-3.5V-2Mo。

美国航空航天企业非常重视 Ti_3Al 的发展,一些厂家已可提供由 Ti_3Al 基合金铸锭加工而成的各种商业性产品(包括薄板)。美国钛金属公司的 Timet 分公司在 1987 年春生产了一个 3.2 t 重的铸锭。由 Ti_3Al 基化合物制成的新型航空发动机的高压涡轮支承环、加力燃烧室的一些零件以及高压压力机机匣已在美国成功地经受了试车考验。用 Ti_3Al 制成的发动机尾喷燃烧器具有高刚性和高温性能,与镍基合金相比可减重 40%。

目前发展的 Ti_3Al 合金,是双相(α_2+β)合金。具有工程意义的合金成分有 Ti-24Al-11Nb、Ti-23.5Al-24Nb、Ti-25Al-17Nd-1Mo 和 Ti-25Al-10Nd-3V-1Mo 等,其室温力学性能和高温持久寿命见表 3.7。Ti-24Al-11Nb 合金具有很高的断裂韧性,但在很多场合下应用时,表现出很低的强度,为了提高其强度,向其中加入 Mo、V,发展了超 α_2 合金(Ti-25Al-10Nd-3V-1Mo),不过这时又引起了韧性的下降。现在已研究出一种新型 α_2+β 合金,成分为 Ti-24Al-11Nb-3V-0.5Mo。该合金通过热机械处理(TMP)可获得强度、塑性均良好的综合机械性能。

表 3.7　Ti_3Al 合金典型的室温力学性能和高温持久寿命

合金	屈服强度 /MPa	抗拉强度 /MPa	延伸率 /%	K_{IC} /(MPa·$m^{1/2}$)	650 ℃,380 MPa 持久寿命/h
Ti-25Al	538	538	0.3	—	—
Ti-24Al-11Nb	787	824	0.7	—	44.7
Ti-24Al-14Nb	831	977	2.1	—	59.4
Ti-24Al-11Nb-3V-0.5Mo	738	893	2.6	—	—
Ti-25Al-10Nb-3V-1Mo	825	1 042	2.2	13.5	360
Ti-24.5Al-17Nb	952	1 010	5.8	28.3	62
Ti-25Al-17Nb-1Mo	989	1 133	3.4	20.9	476
Ti-15Al-22.5Nb	860	863	6.7	42.3	0.9

　　TMP 可改变合金的显微组织,如 β 晶粒的形貌及分布,初生 α_2 的晶粒尺寸和体积百分比,次生 α_2 片的形貌及厚度。由于 α_2 相的有序结构仍为脆性相,在室温下的断裂仍属于解理性质。通常等轴的 α_2+β 组织被认为是合理的,因为该组织可以使室温塑性和高温性能间达到良好平衡。

　　对于 α_2 基合金,增加 Nb 含量可导致材料大部分性能的提高,但蠕变性能除外。可用不同元素来代替 Ti 原子和增加滑移系统的 Nb 以获得所需的性能,如 Mo、Ta、Cr、V 可提高强度,Mo 可提高蠕变抗力,Ta、Mo、Cr 可提高抗氧化性能。良好的高温强度、蠕变抗力和环境抗力相结合的优化成分是高 Al、适度的 β 稳定元素(Mo、V、Ta、Nb、Cr、Mn、Fe、Si、Cu 等)加入量和低 V,同时要十分注意氧含量,因为它影响钛合金的韧脆转变温度和塑性。例如,氧含量从 0.186% 降至 0.081% 导致 Ti-24Al-11Nb 合金的室温塑性从 1.1% 增至 4.8%。

　　在 α_2 基合金研究中,采用(α+β)相区锻造→(α+β)相区固溶处理→α_2 相区时效的工艺,最终得到的组织为等轴的 α_2 颗粒均匀分布于 β 基体上,该类合金具备良好的室温拉伸性能,例如,经该工艺处理的 Ti-24Al-14Nb-3V-0.5 钼合金,其延伸率 δ = 9.8%,$\sigma_{0.2}$ =797 MPa,σ_b =1 034 MPa。

　　Ti-14Al-21Nb 合金具有独特的冷轧性能,Texax 仪器公司已为高超音速航空航天飞机轧制出 0.09 mm 厚的 Ti-14Al-21Nb 箔材,制造以它为基的复合材料用于飞机蒙皮及喷气发动机风扇、压气机叶片。该箔材的强度为 840 MPa,延伸率为 2.8%。Chem-Tronic 公司也能制造出这种 Ti_3Al 化合物箔材,其规格和公差已达到相当高的水平。用 Ti_3Al 基合金为基体的复合材料制成的涡轮导向叶片和工作叶片已进行了台架试车。

　　2. TiAl 系

　　在众多的金属间化合物中,TiAl,特别是 γ-TiAl 基合金不仅具有良好的耐高温、抗氧化和小的密度,而且弹性模量、抗蠕变性能均比钛合金好得多,甚至优于 Ti_3Al 基合金,而与 Ni 基高温合金相当,但其密度不到 Ni 基合金的一半,在发动机上使用能显著降低质量并改善性能,具体性能比较见表 3.8。TiAl 的使用温度可望达到 1 000 ℃,甚至更高,室温弹性模量可到 176 GPa,且随着温度升高而缓慢下降。这些特征使它们在航空航天用的材料中展现出令人瞩目的发展前景,极有可能取代现役的 Ni 基高温合金而成为未来航空航天领域重要的高温结构材料。

表 3.8 高温钛合金、Ti-Al 金属间化合物和镍基高温合金的性能对比

性能	高温钛合金	Ti_3Al	TiAl	镍基高温合金
密度/$(g \cdot cm^{-3})$	4.5	4.1~4.7	3.7~3.9	7.9~8.5
模量/GPa	95~115	110~145	160~180	206
屈服强度/MPa	380~1 150	700~990	350~600	800~1 200
抗力强度/MPa	480~1 200	800~1 140	440~700	1 250~1 450
室温塑性/%	10~25	2~10	1~4	3~25
高温塑性/%	12~50	10~20/660	10~60/870	20~80/870
K_{IC}/$(MPa \cdot m^{1/2})$	高	13~30	10~20	25
蠕变极限/℃	600	760	750~950	800~1 090
氧化温度/℃	600	650	800~950	870~1 090

γ-TiAl 相的结构具有 $L1_0$ 型,不同于面心和体心立方结构的是其中的位错可同时以普通位错和超位错形式存在(由于 $c>a$)。在室温下普通位错不能发生交滑移,往往以面滑移方式进行,因而极易出现低应力下的解理,导致室温塑性差。在高温下,普通位错的交滑移容易实现,表现出较好的塑性和高温强度。

γ-TiAl 基合金可分为单相 γ 和双相($α_2+γ$)。由于双相合金的机械性能明显优于单相 $α_2$ 或 γ,所以目前对双相 γ-TiAl 进行了广泛的研究。实际上,最初单相合金由于优异的抗环境侵蚀的能力而受到关注,以后则因为在克服其低塑性方面无明显进展而被搁置。近年来人们注意到以 Ti-(45~49)Al 为基的双相合金,并加入适量的合金元素。钛铝合金中合金元素的作用可归纳为三类:

①V、Mn、Cr,这类合金元素提高合金的塑性,但对抗氧化能力有害。

②W、Nb、Ta、Mo、Sb,这类合金元素对合金的塑性没有明显影响,但可以提高合金的抗氧化能力。

③Si、B、N、P、Se、Te、Ni、Mo、Fe,这类合金元素作用比较复杂。N 有利于提高蠕变强度;Si、B、Ni、Fe 降低合金的黏度;Si 还可提高合金的氧化能力、塑性;少量 P、Te、Se 可以提高合金的抗氧化能力;少量 B、Si 还可细化显微组织。

通过热处理,可以在 TiAl 基合金中得到四种典型的显微组织,分别是等轴 γ 单相(Equiaxed Near Gamma,ENG)组织、双态组织(Duplex Structure,DP)、近似层片(Nearly Lamellar,NL)组织和全层片(Fully Lamellar,FL)组织,如图 3.19 所示。

这四种典型的显微组织中,双态组织塑性最好,但由于 γ 相的解理能低,抗裂纹扩展能力差,造成合金表现出较低的室温断裂韧性和蠕变抗力较差;近全片层组织合金强度最大,并有一定的塑性,但塑性与双态组织相比要低得多;由 γ-TiAl 板条和 $α_2$-Ti_3Al 板条组成的全层片组织由于存在大量 γ/$α_2$ 相界面,能有效地阻碍裂纹的扩展,使合金有较高的断裂韧性,但其粗大的晶粒及层片组织力学性能各向异性将导致合金室温延性差;而等轴 γ 单相组织晶粒大,无层片组织,因而塑性、断裂韧性等各方面综合性能

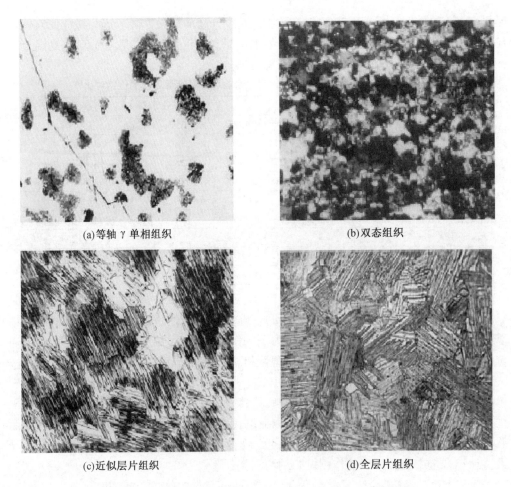

(a)等轴 γ 单相组织　　　　　　　　　(b)双态组织

(c)近似层片组织　　　　　　　　　(d)全层片组织

图 3.19　γ-TiAl 基合金经不同热处理所得的四种典型的显微组织

都较差。

根据化学成分对显微组织和力学性能的影响,可将 Ti-Al 合金系按时期发展特点分为三代。

第一代是 Ti-48Al-1V-(0.1)C 变形合金,其性能较差,未能得到工程应用。

20 世纪 80 年代初,开发出第二代合金,如 Ti-48Al-2Nb-2Cr 及其系列。以铸造及热等静压成形,用在燃气轮机上,可达 750 ℃,也可用变形或粉末冶金方式制备。显微组织基本上是全片层的粗大组织,具有较差的抗拉强度。加入少量 B 或 W 可有效地改变或控制变形合金的全片层显微组织。

第三代合金发展的目标是改善性能及在层片组织基础上通过合金设计获得优化显微组织及提高高温性能综合平衡。铸态 Ti-Al-Nb-Zr-Ta-Hf-Cr-B 合金的室温塑性可达 2%,屈服、拉伸、室温疲劳分别达到 600 ~ 700 MPa、700 ~ 800 MPa 和 550 MPa,其高温性能也相应改善。它的发展主要集中在优化层片状组织上。

TiAl 基合金的制备可采用铸造、铸锭冶金、粉末冶金及其他新的方法,具体工艺如

图 3.20 所示。

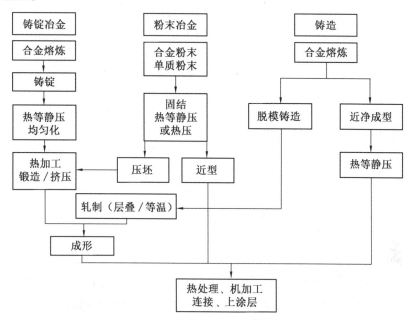

图 3.20 TiAl 基合金常用加工方法及工艺过程

Ti-Al 系金属间化合物以其优异的高温强度-质量比,已成为发动机和压气机常规材料的更高层次的代换材料。它们在较低温度下的低塑性和低韧性正在得到改善。目前,Ti_3Al 已经商业化,TiAl 正在进行深入的研究和开发,如 20 世纪 90 年代研制的高压涡轮减振器、高压涡轮叶片定位器等典型零件在航空发动机上成功试车。图 3.21 是 Ti-Al 金属间化合物零件在先进航空发动机上的计划应用部位。由此可见,Ti-Al 合金作为高温结构材料能在航空发动机上做出一番贡献。

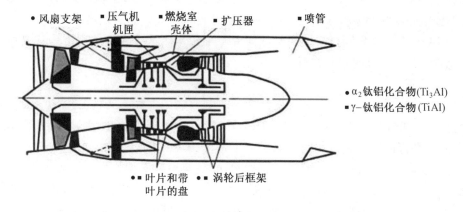

图 3.21 Ti-Al 金属间化合物零件在先进航空发动机上的计划应用部位

3.5.2　Ni-Al 系金属间化合物

Ni-Al 系金属间化合物由于其特殊的成键特性和原子长程有效排列状态,以及与高温合金相比较低的密度,在航空航天发动机的应用上作为置换材料备受瞩目。Ni-Al系中现在集中研究开发的有 Ni_3Al 和 NiAl 类合金。

1. Ni_3Al 系

对于高温合金,人们首先了解到 Ni_3Al (γ' 相)是作为高温结构材料使用。实际上In-100高温合金中 γ' 相的体积百分比已占整个高温合金的 70% ,它是构成In-100合金承受高温负载的主要强化相。其很高的脆性,限制了它的实际使用。20 世纪 70 年代有两方面的突破推进了 Ni_3Al 的发展。一个是 1979 年,日本 Izomi 首先发现添加微量B 可显著提高 Ni_3Al 的高温塑性,另一个是发现单晶 Ni_3Al 的本征高塑性。

在金属间化合物中, Ni_3Al 是最受人注目的材料之一。虽然 Ni_3Al 单晶具有很高的塑性,但 Ni_3Al 多晶材料却很脆,在室温下表现出强烈的沿晶断裂倾向。B 能有效地改善 Al 含量低于标准化学计量 25% Ni_3Al 的室温塑性和有效地抑制沿晶断裂。除 B 外,Mn 和 Fe 也能改善 Ni_3Al 的室温塑性,加 9% Mn 或 15% Fe 效果最佳,Cr 的加入则大大改善了合金的中温塑性。美国研制的接近工程应用的五种 Ni_3Al 基材料的化学成分为:Ni-23Al-0.5Zr-0.1B(IC-50)、Ni-16.7Al-8Cr-0.5Zr-0.1B(IC-218)、Ni-17Al-8Cr-0.2Zr-0.3Ti-0.1B(IC-328)、Ni-16.1Al-8Cr-0.25Zr-1.7Mo-0.1B(IC-396)、Ni-18Al-8Cr-0.2Zr-12Fe-0.1B-0.05C(IC-405)。

铸造 Ni_3Al 基合金是 Ni_3Al 基高温结构材料发展的一个重要方向。我国研究成功的定向凝固 Ni_3Al 基合金,具有密度小、强度高、塑性好、有优异高温抗蠕变性能等特点。该合金适合于在 950 ~ 1 100 ℃ 使用,可用作涡轮机叶片。其工作温度比 K3 铸造高温合金提高50 ~ 100 ℃ ,在 1 000 ℃持久强度超过美国 EX-7 合金,在1 100 ℃、100 h的持久断裂强度达到 90 MPa。室温拉伸强度为 1 200 MPa,屈服强度为 800 MPa,延伸率达到 14% ,现已在发动机 2 级涡轮导向叶片上使用。该合金可用于下一代高性能、高推比发动机 1 级导向叶片材料。

2. NiAl 系

Ni-Al 系中另一个重要金属间化合物 NiAl 具有高熔点和高抗氧化能力,与 Ni 基高温合金相比,NiAl 拥有更高的熔点(1 638 ℃)、较低的密度、极高的结构稳定性、良好的热传导性、良好的抗氧化性等。与高温合金相比,NiAl 由于合金元素加入量一般小于5% ,对密度影响不大,而与陶瓷材料相比,NiAl 还具有能够使用传统冶炼加工工艺的特点。此外,NiAl 的塑性向脆性的转变温度在所有金属间化合物中最低,约为 400 ℃。NiAl 的蠕变抗力与高温合金相差不多,但节约质量,可使发动机质量减轻。多晶 NiAl在低温变形时,只提供三个独立的滑移系,难以满足进行塑性形变的条件,因此 NiAl 的室温塑性很低。其次是高于 500 ℃强度很低,然而 NiAl 有很宽的成分范围,可以通过合金化以改善和提高其力学性能,如 NiAl 在 $w(\mathrm{Ni}) = 40\%$ ~ 60% 的范围内为均匀单相,加入其他合金元素可起到固溶强化、沉淀强化、弥散强化和晶界强化的作用。多晶 NiAl 室温塑性很低,而单晶在添加少量 Mo、Ga 或 Fe 后可在[110]方向获得 6% 的拉伸塑性。

改善 NiAl 高温强度的另一条有效途径是研制用 TiC 或 TiB_2 颗粒弥散强化的 NiAl 基复合材料。NiAl-20% TiB_2 和 NiAl-20% TiC 的室温断裂韧性和高温拉伸屈服强度都比单相 NiAl 有大幅度提高,特别是 1 000 ℃ 的拉伸屈服强度提高两倍,是有希望的高温结构材料。

3.5.3 $MoSi_2$ 系金属间化合物

从近期发展来看,Ni_3Al、NiAl 和 $MoSi_2$ 是发展 1 200～1 300 ℃ 涡轮叶片和导向叶片的潜力材料。特别引人注意的高温金属间化合物是 $MoSi_2$,它有最好的环境抗力,特别是 1 400 ℃ 的强度和抗氧化能力。

$MoSi_2$ 的原子结合方式是共价键与金属键的混合,因此,其表现出陶瓷与金属的双重特性,主要表现为:具有很高的熔点(2 030 ℃)、优异的抗高温氧化性能和耐腐蚀能力、良好的导电导热性能、高的化学稳定性和较高的强度及适中的密度(6.30 g/cm^3)。

$MoSi_2$ 与镍基合金相比,其熔点平均比镍基单晶合金约高 40%,密度约低 30%,而热膨胀系数比镍基合金小约 23%,这就决定了从材料固有性能上,$MoSi_2$ 可能具有小于或相当于镍基高温合金的热机械疲劳性能。而从导热性能来讲,$MoSi_2$ 也优于高温合金。

虽然硅系金属间化合物是脆性材料,但在高温仍呈现一定塑性。强度对显微组织和成形加工极敏感。已证实单晶硅化物确有变形的余地并具有滑移系。像单晶高温合金一样,单晶 $MoSi_2$ 也存在各向异性。1 300 ℃,[001]取向的单晶 $MoSi_2$ 的强度约为 500 MPa,大体上相当于单晶高温合金 1 000 ℃ 的强度。

$MoSi_2$ 粉料通常采用直接合成法(Mo 粉和 Si 粉直接在氢气气氛中于 1 000～1 500 ℃ 反应合成)、机械合金化(MA)和自蔓延高温燃烧合成(SHS)。而 $MoSi_2$ 陶瓷制品可用常规烧结或热压烧结制造。如用模压成形,可以用糊精、淀粉、甘油等作结合剂,在 80 MPa 压力下成形;如用挤压法成形,可以在 $MoSi_2$ 粉末中加入 2%～4% 糊精作为结合剂形成可塑料,再挤压成形。坯体干燥后,在氢气、氮气或氩气等非氧化气氛中于 1 500～1 900 ℃ 烧成。

$MoSi_2$ 作为高温结构材料,目前还有三个问题亟待解决:

① $MoSi_2$ 的低温脆性。在 $MoSi_2$ 脆性转变温度(1 000 ℃)以下,断裂是没有明显的塑性变形发生的。其室温断裂韧性只有 2.5 MPa·$m^{1/2}$。

② $MoSi_2$ 在高温时的蠕变抗力不足。

③ $MoSi_2$ 在 500～600 ℃ 时有加速氧化,即"PEST"现象。因此,$MoSi_2$ 的低温增韧和高温补强是其作为结构材料实用化的关键技术。

3.5.4 Laves 相金属间化合物

金属间化合物中 Laves 相是最大的一类,文献中报道的二元 Laves 相合金就有 360 多种,加上三元 Laves 相合金,其种类多达 900 多种,这为发展先进的新型高温结构材料提供了巨大的研究空间。由于其特殊的晶体结构,Laves 相金属间化合物材料具有高熔点、高强度和高温抗氧化性能好等优点,因此成为潜在的高温结构材料,应用于航空航天和其他工业领域。

Laves 相属于拓扑密堆相,在二元系中 Laves 相化学配比为 AB_2,其形成条件如下:

①原子尺寸因素:A 原子半径略大于 B 原子,其理论比值应为 $r_A/r_B = 1.225$,而实际比值约在 1.05 ~ 1.68 之间。

②电子浓度:一定的结构类型对应一定的电子浓度。

Laves 相常见的三种晶体结构为:$MgZn_2$(C14,立方晶系)结构、$MgCu_2$(C15,六方晶系)结构、$MgNi_2$(C36,双六方晶系)结构。有人研究了 223 种二元 Laves 相,其中 220 种 Laves 相的二个组元中至少有一个组元是过渡族金属,其中 152 种具有 $MgCu_2$ 型六方结构,67 种具有 $MgZn_2$ 型立方结构,少数具有 $MgNi_2$ 型双六方结构。

金属元素 Cr 与难熔金属形成的 Laves 相 XCr_2 铬化物(X 为 Ti、Nb、Ta、Zr 和 Hf 等)不仅具有熔点高、密度适中的优点,而且由于大量 Cr 的存在,使这类化合物具有非常好的高温抗氧化性、抗热腐蚀性及蠕变性能,成为航空发动机用的结构材料之一。Laves 相铬化物的使用温度可望超过 1 200 ℃,但室温脆性严重地阻碍了其工业化应用。为此,人们做了大量的研究工作希望能改善其室温塑韧性,如细化晶粒、合金化、第二相增韧等方面。

Laves 相的制备方法在国内外主要有熔铸法、定向凝固、机械合金化(MA)、机械合金化+热固相反应、机械合金化+烧结法、机械合金化+热压法、机械合金化+热等静压法及铸锭冶金等。Laves 相除了可以作为高温结构材料外,还可作为贮氢材料、磁性材料、超导材料、摩擦材料和高温防护涂料。

3.6 难熔金属及其合金

难熔金属是指熔点在 2 000 ℃以上的金属,它们包括钨、钼、钽、铌、铼、锆和钒等。难熔金属及其合金的共同特点是:熔点高、高温强度高、抗液态金属腐蚀性能好,还具有良好的耐热性及电导性能,绝大部分可塑性加工,其使用温度范围为 1 100 ~ 3 320 ℃,远高于高温合金,是重要的航空航天用高温结构材料。表 3.9 是各种难熔金属的基本特性。从表 3.9 可知,难熔金属的高温强度好,但其熔点高,易氧化,熔炼及加工困难。图 3.22 为几种典型的难熔金属材料的温度与高温强度的关系曲线。从图 3.22 可以看出,随使用温度的升高,钨合金的高温强度下降最慢,钽合金的略微快一些,下降更快的依次为铼合金、钼合金、铌合金。

表 3.9 难熔金属的主要特性

金属	T_m /℃	ρ /(g·cm⁻³)	σ_b/MPa				特点
			1 093 ℃	1 316 ℃	1 538 ℃	1 760 ℃	
Ta	2 996	16.6	551	359	207	103	密度大,易氧化,不升华,有韧性
Re	3 180	21.02	—	—	—	—	密度高,强度好,无脆性转变温度
W	3 410	19.26	689	414	275	207	极易氧化,氧化物升华,低温脆性大
Mo	2 623	10.22	620	379	248	179	易氧化,氧化物升华,室温有韧性
Nb	2 468	8.57	345	166	118	—	易氧化,但氧化物不升华,具有韧性

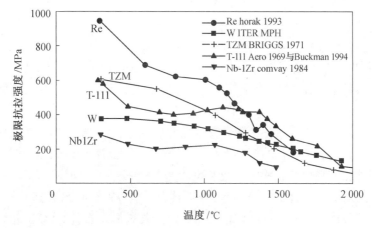

图 3.22 几种典型的难熔金属的高温强度

3.6.1 钽及钽合金

钽合金具有高温强度高、抗热震性好、蠕变强度高、膨胀系数小、塑韧性优异的特点,在难熔金属中钽具有最低脆性转变温度,在-196 ℃的温度下依然保持塑性。但钽合金在 500 ℃以上不抗氧化,需要在其表面涂抗氧化涂层进行保护。

纯 Ta 的塑性好,屈服强度约为 150 MPa,一般采用固溶强化和沉淀强化来强化合金。工业典型 Ta 合金主要有 Ta-W 系(如 Ta-2.5W-0.15Nb、Ta-7.5W 和 Ta-10W)。其中 Ta-10W 合金具有良好的高温强度和适宜的综合性能,在航空航天工业中得到应用,如用于阿吉娜宇宙飞船的燃烧室和导弹的鼻锥(使用温度在 2 500 ℃左右)、火箭发动机喷管的燃气扰流片、阿波罗的燃烧室;Ta-10W-2.5Hf 合金用于液体火箭喷管的喷嘴。与铌合金和钼合金不同,钽合金在 1 204 ℃以上的长期蠕变强度高,因此用作空间大型核电力系统的动力转换用材料,如 Ta-10W 用作宇航核动力装置的强化结构材料,T-111(Ta-8W-2Hf)用作空间用包裹热力发动机热源的强化结构材料,T-222(Ta-

10W-2.5Hf-0.01C)是为冥王星探测器发电装置研发的材料。我国自20世纪60年代末以来,相继研制了系列Ta-W合金,Ta-7.5、Ta-10、Ta-12W与Ta-8W-0.5Hf合金都获得了应用。

钽及其合金铸锭制备方法主要采用真空自耗电弧和电子束熔炼工艺。电子束熔炼主要用于提纯,而真空电弧炉则为了得到成分均匀、晶粒细小、截面尺寸大的铸锭。由于钽及钽合金塑性好,变形抗力小,加工硬化系数小,故各种型材和异型零件都可采用塑性变形加工获得。

3.6.2 铌及铌合金

铌合金是难熔金属中密度最小的材料,在1 100~1 650 ℃下有较高的强度,焊接性能好。它的室温塑性好,能制成薄板和外形复杂的零件。因此,在超高音速飞机、航天飞行器、卫星、导弹和超音速低空火箭上可作为优选的热防护材料和结构材料。

铌合金按合金强度不同分为低强、中强、高强铌合金;按照密度不同,分为低密度和高密度铌合金。低强铌合金有Nb-1Zr、Nb-10Hf-0.7Zr-1Ti;中强铌合金有Nb-10W-10Ta、Nb-10W-2.5Zr;高强铌合金有Nb-30W-1Zr、Nb-17W-4Hf-0.1C。中低强铌合金多采用固溶强化,而高强铌合金还采用了沉淀强化。W和Ta是铌的固溶强化最有效的元素,而沉淀强化元素主要为Ti、Zr、Hf的碳化物。

早期发展具有优异抗氧化性和具有高强度的铌合金,主要目的是开发用于制作航空发动机叶片。由于抗氧化的可靠性难以解决,而且高强铌合金加工困难,后期开发应用主要在塑性加工和焊接性能好的低强和某些中强铌合金方面。针对航空航天应用,美国和俄罗斯研发的铌合金自成体系,分别研发了20种铌合金,美国的铌合金以W、Mo、Hf为主要强化元素,俄罗斯以W、Mo、Zr为主要添加元素,铌合金的第二相强化都以碳化物强化为主。

抗氧化性能差是铌合金高温长时间使用的主要障碍。现代结构铌合金的工作温度为1 100~1 600 ℃。在空气中或其他氧化性气氛中工作,必须采取可靠的抗氧化保护措施。与提高合金性能相比,开发一种寿命长和耐更高温度的涂层更为重要,提高涂层性能,能够扩展铌合金的使用范围。铌合金硅化物涂层中抗氧化性能最好的是$MoSi_2$,尤其对于大型薄壁构件,采用热稳定性最好的$MoSi_2$涂层,能保证工作温度达到1 400~1 500 ℃。为了提高硅化物涂层的可靠性,并再把工作温度提高200~400 ℃,可再涂覆难熔氧化物(ZrO_2、HfO_2、Al_2O_3)或珐琅层。我国研制的铌合金涂层(铌硅和钼硅涂层)可在静态1 700 ℃保持8~20 h。

主要采用电子束和真空自耗电弧熔炼双联合工艺制取纯度高、成分均匀的铌合金坯料。采用挤压、轧制、锻造等常规加工方法可获得各种铌合金型材、板材和锻件。高强铌合金用常规熔炼加工工艺较困难,一般采用粉末冶金工艺制备较高强度的WC-3009(Nb-30Hf-9W)铌合金,能保证材料的高温蠕变和抗拉强度,有更好的经济性。

3.6.3　钼及钼合金

虽然钼的熔点温度比钨和钽低,但它的密度小(10.2 g/cm³)、弹性模量高(320 GPa)、膨胀系数小,具有良好的高温蠕变性能,合金可以进行焊接,且焊缝强度和塑性都满足要求,工艺性能比钨好。钼的缺点是低温脆化和高温氧化严重。

钼合金可通过加工硬化、固溶强化(W、Re)和沉淀强化(Hf、Zr、Ti)进行强化处理。工业生产的钼合金可分为 Mo-Ti-Zr 系(Mo-0.5Ti,Mo-0.5Ti-0.1Zr-0.02C)、Mo-W 系(Mo-30W)和 Mo-Re 系(Mo-5Re,Mo-41Re)。其中 TZM(Mo-0.5Ti-0.1Zr-0.02C)具有优异的综合性能,合金应用最广;Mo-Re 系合金的塑性好,大量 Re 的加入不仅改善了塑性,而且其高温强度也高,在 1 650 ℃时,其抗拉强度可达 420 MPa。

TZM 是早已广泛使用的高温结构材料,已用于固体燃料火箭发动机的喷管、火箭鼻锥、飞行器的前缘、方向舵等。HCM(Mo-1.1Hf-0.06C)是近几年获得航天应用的高强钼合金,在 1 315 ℃下,抗拉强度可达 455 MPa,比 TZM 高出约 140 MPa。钼钨合金具有较好的耐热性能和较高的高温强度,已被用作固体火箭发动机的喉衬材料。空间深空探测的发展为钼合金新的应用提供了广阔的空间,如钼合金单晶用于空间动力系统。

在钼的所有添加元素中,只有铼对钼的低温塑性具有正面影响,加入 5% ~50% Re,可以同时提高钼合金的强度、低温塑性和焊接性能,使钼合金再结晶后的脆裂倾向显著降低,使高温稳定性,尤其是抗热震性能明显提高。钼铼合金在真空、氢气或稀有气体的环境、高温下工作不产生脆化。

俄罗斯多采用真空自耗电弧熔炼和压力加工方法制备钼合金材料,美国和奥地利多采用粉末冶金和压力加工方法。

3.6.4　钨及钨合金

钨是最耐热的金属,它的强度是难熔金属中最高的。钨的密度大(19.3 g/cm³)、弹性模量高、膨胀系数小、蒸气压低。钨的缺点是低温脆性和高温氧化严重。合金元素能够显著提高钨合金的耐磨性和耐腐蚀性。在宇航工业中,钨及其合金可制作不用冷却的火箭喷管、离子火箭发动机的离子环、喷气叶片和定位环、热燃气反射器和燃气舵。用钨代替钼作固体火箭发动机的进口套管、喉管喉衬(W-Cu)可将材料的使用温度从 1 760 ℃提高到 3 320 ℃以上。钨合金还适用于火箭发动机、高超声速飞机前缘以及重返大气层飞行器的隔热屏蔽等。据报道,美国研发的超高音速飞行器除头锥以外的表面,覆盖了约 400 kg 的钨。美国联合技术中心生产了一种可供宇航设备使用的涂硼钨丝,这种钨丝具有强度高(抗拉强度为 2 460 MPa)、密度小、刚度高(为钢的 2 倍,铝的 6 倍)等优点,可用作火箭外壳、宇宙飞船的骨架。

早期钨合金主要有 W-10Ag、W-7Cu、W-10Cu 和 W-15Cu。由于 W 的熔点为 3 410 ℃,而 Ag、Cu 的熔点分别为960.8 ℃、1 083 ℃,不发生合金化作用,只能用粉末冶金法制造。可采用元素粉末混合烧结法和熔渗法,后者制得的产品密度高、性能好,适合于工业生产应用。熔渗法程序为:钨粉→压制→烧结(预烧)骨架→熔渗 Cu

或 Ag。

在钨合金中添加铼可改善钨的高温性能和室温延性,塑-脆转变温度降低。苏联研发的大部分钨合金加入了 Re,如 W-25Re-30Mo、W-3Re-0.1HfC、W-5Re-3.8ThO$_2$、W-24Re-3.8ThO$_2$。钨铼合金比纯钨更坚硬,其室温抗拉强度高达 3 260 MPa,耐磨性和焊接性能好。W-25Re 在 2 400 ℃下的抗拉强度为 70 MPa,曾是空间站核反应堆材料。钨铼合金单晶用于空间深空探测用热离子电源的发射极。

3.6.5 铼及铼合金

铼的弹性模量高(仅次于铱与锇),温度升高时(约为 727 ℃),其弹性模量仅减少 20%,这表明铼构件具有优异的机械稳定性和刚度。所以设计铼件时,允许有薄的截面。铼的熔点为 3 180 ℃,没有脆性临界转变温度,在高温和极冷、极热条件下均有很好的抗蠕变性能,适于超高温和强热震工作环境。铼对于除氧气以外的大部分燃气有较好的化学惰性。在难熔金属中,铼的再结晶温度最高(1 627 ℃),并具有优异的抗拉强度、蠕变极限、持久强度和抗热冲击能力。当温度为 2 800 ℃,在高应力作用下,引起铼的断裂持续时间较钨更长。此外在较大的热膨胀下,不发生机械损伤。例如铼制造的火箭喷嘴,从室温至 2 227 ℃,可经受 10^5 次以上热疲劳循环而不失效。铼的室温抗拉强度为 1 172 MPa,到 2 200 ℃时仍有 48 MPa 的强度。

铼及其合金成形件主要用于航天元件、各种固体推进热敏元件、抗氧化涂层等。我国制备的铼箔已成功用于回收卫星。Re-Mo 合金到 2 000 ℃仍有高的机械强度,可用作超音速飞机及导弹的高温部件。金属铼能抗热氢腐蚀、氢气渗透率低,可用于制作太阳能火箭的热交换器件,通过这个热交换器件,太阳辐射的热能被传递到氢气,然后氢气被吸入铼管,由此产生推力,铼管的最高工作温度可达 2 500 ℃。我国昆明贵金属研究院进行过铼铱喷管的研发,为减轻铼铱喷管的质量,研究者利用金属铼和石墨有良好热相容性、结合面有塑性的特点,采用在 C/C 复合材料外表面制备 Re/Ir 涂层的办法制备发动机燃烧室。

习题与思考题

1. 材料的高温性能指标有哪些? 以一种材料为例阐述如何提高材料的高温性能。

2. 简述发动机各个部件的工作特点,并指出能在该部位服役的代表性材料。

3. 简述各国高温钛合金的发展情况及各自的高温钛合金系列。

4. 总结已有高温钛合金的研究成果,阐述新型高温钛合金的未来发展思路。

5. 何为阻燃钛合金? 它与高温钛合金有何区别? 目前国际上有哪几个阻燃钛合金系列?

6. 阐述镍基高温合金的合金化的特点及强化机制。

7. 铸造高温合金主要有哪几种? 各自有何特点? 典型的材料有哪些?

8. 3D 打印技术可在高温镍基合金的哪些方面得到应用?

9. 金属间化合物作为高温结构材料与镍基高温合金相比有何特点？目前的研究主要集中在哪几种材料？

10. Ti-Al 系金属间化合物主要分为哪几种？在组织结构和使用性能方面各有何特点？

11. γ-TiAl 基合金合金化有何规律？经过不同热处理可得到几种组织,各有何特点？

12. 何为难熔金属？目前有哪些金属属于难熔金属？它们各有何物理特性？

13. 举例说明难熔金属在航空航天领域的应用前景。

参 考 文 献

[1] 李成功,傅恒志,于翘,等. 航空航天材料[M]. 北京:国防工业出版社,2002.

[2] 北京航空材料研究所. 航空材料学[M]. 上海:上海科学技术出版社,1985.

[3] 程秀全,刘晓婷. 航空工程材料[M]. 北京:国防工业出版社,2008.

[4] 曹春晓,郝应其. 材料世界的天之骄子——航空材料[M]. 北京:清华大学出版社,2002.

[5] 莱茵斯,皮特尔斯. 钛与钛合金[M]. 陈振华,等译. 北京:化学工业出版社,2005.

[6] 刘劲松,蒲玉兴. 航空材料及热处理[M]. 北京:国防工业出版社,2008.

[7] 张永刚,韩雅芳,陈国良,等. 金属间化合物结构材料[M]. 北京:国防工业出版社,2001.

[8] 黄乾尧,李汉康. 高温合金[M]. 北京:冶金工业出版社,2000.

[9] 刘大响. 高性能航空发动机的发展对材料技术的要求[J]. 燃气涡轮试验与研究,1998,11(3):1-5.

[10] 许国栋,王凤娥. 高温钛合金的发展和应用[J]. 稀有金属,2008,32(6):774-780.

[11] 黄旭,李臻熙,黄浩. 高推重比航空发动机用新型高温钛合金研究进展[J]. 中国材料进展,2011,30(6):21-29.

[12] 蔡建明,李臻熙,马济民,等. 航空发动机用 600 ℃高温钛合金的研究与发展[J]. 材料导报,2005,19(1):50-53.

[13] 萧今声,许国栋. 提高高温钛合金性能的途径[J]. 中国有色金属学报,1997,7(4):97-105.

[14] 赵永庆. 高温钛合金研究[J]. 钛工业进展,2001(1):33-39.

[15] 黄旭,曹春晓,马济民,等. 航空发动机钛燃烧及阻燃钛合金[J]. 材料工程,1997(8):11-15.

[16] 黄旭,曹春晓,王宝,等. 阻燃钛合金 Alloy C[J]. 航空制造工程,1997(6):24-26.

[17] 赵永庆,赵香苗,周廉. 阻燃钛合金[J]. 稀有金属材料与工程,1996,25(5):1-6.

[18] 闫平,王利,赵军,等. 高强度铸造钛合金的应用及发展[J]. 铸造,2007,56(5):451-454.

[19] 舒群,郭永良,陈玉勇,等.铸造钛合金及其熔炼技术的发展现状[J].材料科学与工艺,2004,12(3):333-337.

[20] 朱忠良,赵凯,郭立杰,等.大型金属构件增材制造技术在航空航天制造中的应用及其发展趋势[J].电焊机,2020,50(1):1-15.

[21] 刘江伟,国凯,王广春,等.金属基材料激光增材制造材料体系与发展现状[J].激光杂志,2020,41(3):6-16.

[22] 王宣平,段合露,孙玉文,等.增材制造金属零件抛光加工技术研究进展[J].表面技术,2020,49(4):1-10.

[23] 王晓燕.3D打印在航空航天领域的六大切入点[J].世界制造技术与装备市场,2018,(1):68-74.

[24] 陶正兴.钛铝系金属间化合物研究开发现状[J].上海钢研,1997(1):49-55.

[25] 林均品,张来启,陈国良.轻质γ-TiAl金属间化合物的研究进展[J].中国材料进展,2010,29(2):1-8.

[26] 唐建成,黄伯云,周科朝.TiAl基合金的组织演变[J].粉末冶金材料科学与工程,2000,5(5):183-187.

[27] 张义文,上官永恒.粉末高温合金的研究与发展[J].粉末冶金工业,2004,14(6):30-43.

[28] 贾成厂,田高峰.粉末高温合金[J].粉末冶金,2011(2):19-25.

[29] 鲁世强,黄伯云,贺跃辉,等.Laves相合金的物理冶金特性[J].材料导报,17(1):11-14.

[30] 郑海忠.Laves相NbCr$_2$基合金的制备、增韧及高温氧化行为与机理研究[D].南京:南京航空航天大学工学,2008.

[31] ZHENG Hanzhong, LU Shiqiang, DONG Huajuan, et al. Effect of mechanical alloying on microstructure, mechanical properties and oxidation behavior of hot pressed nanocrystalline Cr-33Nb alloys[J]. Materials Science and Engineering A, 2008, 496 (1-2):524-529.

[32] ZHENG Hanzhong, LU Shiqiang, HUANG Ying. Influence of grain size on the oxidation behavior of NbCr$_2$ alloys at 950 ℃ ~ 1200 ℃[J]. Corrosion Science, 2009, 51(2):434-438.

[33] 聂小武,鲁世强,王克鲁,等.Laves相金属间铬化物的制备研究进展[J].铸造技术,2006,27(7):756-759.

[34] 阳喜元,袁晓俭,胡望宇.难熔金属热学性能的研究现状[J].稀有金属材料与工程,2005,34(9):1349-1351.

[35] 樊晓丹,黄科林,孙果宋,等.难熔金属合金及其应用[J].企业科技与发展,2008(22):90-94.

[36] 胡忠武,李中奎,张清,等.难熔金属及其合金单晶的发展[J].稀有金属材料与工程,2007,36(2):367-371.

［37］郑欣,白润,王东辉. 航空航天用难熔金属材料的研究进展［J］. 稀有金属材料与工程,2011,40(10):1871-1875.

［38］胡德昌,胡滨. 航空航天用新材料——难熔金属及其合金［J］. 航天工艺,1996(3):34-40.

第4章 先进复合材料

航空航天科学技术的不断进步,促进了新材料的飞速发展,其中尤以先进复合材料的发展最为突出。飞机用复合材料经过近40年的发展,已经从最初的非承力构件发展到应用于次承力和主承力构件,可获得减轻质量20%~30%的显著效果,目前已进入成熟应用期,其设计、制造和使用经验已日趋丰富。迄今为止,战斗机使用的复合材料占所用材料总量的30%左右,新一代战斗机将达到40%;直升机和小型飞机复合材料用量将达到70%~80%,甚至出现全复合材料飞机。图4.1是复合材料在军民用飞机上的应用增长趋势。

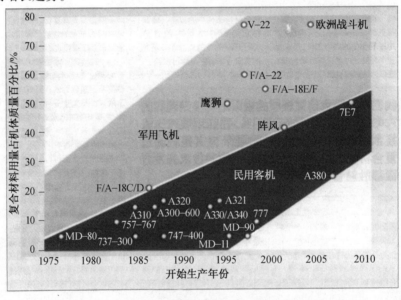

图4.1 复合材料在军民用飞机上的应用增长趋势

目前,复合材料主要指有较高强度和模量的硼纤维、碳纤维、芳纶等增强的复合材料,耐高温的纤维增强陶瓷基复合材料,隐身复合材料,梯度功能复合材料等。航空航天制造材料要求质量轻、强度高、耐高温、耐腐蚀,这些苛刻的条件,只有借助新材料技术才能解决。复合材料具有质量轻、比强度高、比模量高、延展性好,抗腐蚀、导热、隔热、隔音、减振、耐高(低)温、耐烧蚀、透电磁波、吸波隐蔽性以及材料性能可设计、制备灵活和易加工等特点,是制造飞机、火箭、航天飞行器等军事武器的理想材料。

4.1 复合材料分类及特征

复合材料(Composite Materials)对我们来说是一类既古老又先进、既熟悉又陌生的材料。早在一千多年以前,人类就会用泥土和干燥的植物(如稻草)来制作土坯(或称土砖)。顾名思义,复合材料是一类成分复杂的多相体系,目前还很难准确全面地予以定义。20世纪70年代曾将复合材料概括地定义为:由两个或两个以上独立的物理相,包括黏结材料(基体)和颗粒、片状材料、纤维等增强材料组成的一类固体产物。此后随着复合材料的广泛应用和人们在原材料、复合工艺、界面理论、复合效应等方面的实践和理论研究的深入,人们对复合材料有了更全面的认识。现在人们可以更能动地选择不同的增强材料(颗粒、片状物、纤维及其织物)和基体进行合理的性能(功能和力学)设计(如宏观的铺层设计、微细观的界面设计等),再采用多种特殊的工艺使其复合或交叉结合,从而制造出高于原先单一材料的性能或开发出单一材料所不具备的性质和使用性能,如优异的力学性能、物理-化学多功能(电、热、磁、光、耐烧蚀等)或生物效应的各类高级复合材料。因此,"复合"涵盖的范围将更广。

以上只是从较直观的角度定义了复合材料,实质上所有复合材料均由三种基本的物理相组成,即增强相、基体相以及增强材料与基体相互作用形成的界面相(Interphase)。基体相是一种连续相,它把改善性能的增强相材料固结成一体,并起传递应力的作用。增强相起承受应力(结构复合材料)和显示功能(功能复合材料)的作用。这三种相的结构、性能、配置方式、相互作用以及相对含量决定了复合材料的性能,正是这种新材料开拓了材料科学的新领域,它已成为现代航空航天必不可少的结构材料和功能材料。

现代复合材料按基体材料类型可分为有机高分子的聚合物基、金属基和无机非金属基三大类,其中:聚合物基分为树脂基体和橡胶弹性基体;金属基分为铝基、钛基、镁基、镍基、金属间化合物基等;无机非金属基分为陶瓷基、玻璃基和水泥基等。按材料作用分类可分为结构复合材料和功能复合材料。按增强材料形态分类有纤维增强复合材料、颗粒增强复合材料、晶须增强复合材料、板状增强体复合材料、编织增强体复合材料、涂层等,其中纤维增强又有碳纤维、玻璃纤维、有机纤维、金属纤维、陶瓷纤维等。按基体和增强体是否同质可将复合材料分为同质复合材料和异质复合材料。复合材料的系统组合见表4.1。

综合复合材料的概念和分类,不难发现复合材料有以下特点:

①复合材料是由两种或两种以上不同性能的材料组元通过宏观或微观复合形成的一种新型材料,组元之间存在着明显的界面。

②复合材料中各组元既保持各自的固有特性,而且可最大限度发挥各种材料组元的特性,并赋予单一材料组元所不具备的优良特殊性能,即取长补短、协同作用,产生原来单一材料本身所没有的新性能。

③复合材料具有可设计性,可以根据使用条件要求进行设计和制造,以满足各种特殊用途,从而极大地提高工程结构的效能。

表 4.1　复合材料系统组合

增强相		连续相		
		金属材料	无机非金属材料	有机高分子材料
金属材料	金属纤维	纤维/金属基复合材料	钢丝/水泥复合材料	增强橡胶
	金属晶须	晶须/金属基复合材料	晶须/陶瓷基复合材料	—
	金属片材	—	—	金属/塑料板
无机非金属材料	陶瓷 纤维	纤维/金属基复合材料	纤维/陶瓷基复合材料	—
	陶瓷 晶须	晶须/金属基复合材料	晶须/陶瓷基复合材料	—
	陶瓷 颗粒	弥散强化合金材料	—	粒子填充塑料
	玻璃 纤维	—	—	纤维/树脂基复合材料
	玻璃 颗粒	—	—	—
	碳 纤维	碳纤维/金属基复合材料	碳纤维/陶瓷基复合材料	碳纤维/树脂基复合材料
	碳 炭黑	—	—	颗粒/橡胶;颗粒/树脂基
有机高分子材料	有机纤维	—	—	纤维/树脂基复合材料
	塑料	金属/塑料	—	—
	橡胶	—	—	—

　　复合材料改善或克服了组成材料的弱点,能按零件结构和受力情况最佳设计,从而获得新的优越性能。与一般材料的简单混合有本质区别,其存在以下性能方面的特点。

　　(1)比强度和比模量高

　　复合材料多数情况是增强体为密度不大而强度很高的材料(如玻璃、碳和硼纤维),或是基体为密度小的物质(如聚合物),或者两种相的密度都不高(如碳纤维增强树脂),复合结果是密度大幅度减小而强度提高,因而高的比强度和比模量是复合材料的突出性能特点。

　　(2)抗疲劳性能好

　　复合材料中的纤维缺陷少,因此本身抗疲劳性能高。而且,基体的塑性和韧性好,能够消除或减小应力集中,使疲劳源难以萌生出微裂纹。即使微裂纹形成,塑性变形也能使裂纹尖端钝化而减缓其扩张,这样就使得复合材料具有很好的抗疲劳性能。基体中密布着大量纤维或颗粒,疲劳断裂时,裂纹的扩张常经历非常曲折和复杂的路径。因此,复合材料的疲劳强度都很高,碳纤维增强材料 σ_{-1} 可达抗力强度的 $70\% \sim 80\%$,而一般金属材料仅为 $30\% \sim 50\%$。

　　(3)减振性能良好

　　构件的自振频率与结构有关,并且同材料的弹性模量与密度之比的平方根成正比。复合材料的比模量大,自振频率很高,所以在一般的加载速度或频率的情况下,其构件不易产生共振而快速脆裂。另外,复合材料是一种非均质多相体系,其中大量的纤维与基体界面有反射和吸收振动能量的作用。一般基体的阻尼也大,因此在复合材料中产生振动也会很快衰减,故复合材料的减振能力比钢强得多。例如同样形状和尺寸的梁进行试验,金属梁需 9 s 才能停止振动,而碳纤维复合材料则只需 2.5 s。

(4)高温性能好

增强体纤维多有较高的弹性模量,因此复合材料具有优越的耐高温性能,高温下保持很高的强度。聚合物基复合材料使用温度 100 ~ 350 ℃;金属基复合材料使用温度 350 ~ 1 100 ℃;SiC 纤维、Al_2O_3 纤维陶瓷复合材料在 1 200 ~ 1 400 ℃范围内保持很高的强度。碳纤维复合材料在非氧化气氛下,在 2 400 ~ 2 800 ℃长期使用。

(5)断裂安全性高

纤维增强复合材料基体中有大量细小纤维(每平方厘米截面上有成千上万根互相隔离的细纤维),当其受力时,将处于力学上的静不定状态。较大载荷会使其中部分纤维断裂,但随即迅速进行应力的重新分配,而由未断纤维将载荷承担起来,不至造成构件在瞬间完全丧失承载能力而断裂,所以工作的安全性高。

(6)其他特殊性能

除上述几种特征外,复合材料摩擦系数比高分子材料本身低得多,少量短切纤维大幅度提高耐磨性,耐腐蚀性及工艺性能也都较好,耐辐射性、蠕变性能高以及具有特殊的光、电、磁等性能。金属基复合材料具有高韧性和抗热冲击性能,玻璃纤维增强塑料电绝缘性优良,不受电磁作用,不反射无线电波。

应该指出,复合材料为各向异性材料,横向拉伸强度和层间剪切强度不高,同时,伸长率较低,冲击韧性有时不是很好,尤其成本太高,所以目前应用还较为有限。

复合材料的增强机制大概可归纳为:聚合物基复合材料是阻碍分子链的运动而起到增强的效果;金属基复合材料是阻碍位错运动而起到增强效果;陶瓷基材料是阻碍裂纹扩展而起到增韧作用。

复合材料中主要是以纤维增强和颗粒增强为主,它们要遵循一定的复合原则,否则就难以突出复合材料的特点。

纤维增强复合材料的复合原则:

①纤维增强相是主要承载体,应有高的强度和模量,且高于基体。

②基体相起黏结剂作用,应对纤维相有润湿性,基体相应有一定塑性和韧性。

③纤维增强相和基体两者之间结合强度应适当。过小,承载时容易沿纤维和基体间产生裂纹;过高,会使复合材料失去韧性而发生危险的脆性断裂。

④基体与增强相的热膨胀系数不能相差过大。

⑤纤维相必须有合理的含量、尺寸和分布。

⑥增强相与基体两者间不能发生有害的化学反应。

颗粒复合材料的复合原则:

①颗粒应高度均匀地弥散分布在基体中,从而起到阻碍导致塑性变形的分子链或位错运动。

②颗粒大小应适当:颗粒过大,本身易断裂,同时会引起应力集中,从而导致材料的

强度降低;过小,位错容易绕过,起不到强化的作用。通常,颗粒直径为几微米到几十微米。

③颗粒的体积分数应在 20% 以上,否则达不到最佳效果。

④颗粒与基体之间应有一定的结合强度。

4.2 聚合物基复合材料

聚合物基复合材料(Polymer-Matrix Composite,PMC)在结构复合材料中发展最早,研究最多、应用最广、规模最大。第二次世界大战期间的玻璃纤维增强工程塑料(玻璃钢)使机器零件不用金属材料成了现实;20 世纪 60 年代的硼纤维和碳纤维增强塑料改善了玻璃纤维模量低的缺点,大量应用于航空航天等领域;20 世纪 70 年代初期的聚芳酰胺纤维增强聚合物基复合材料加快了复合材料发展;20 世纪 80 年代初期热固性树脂复合材料基础上产生的热塑性复合材料完善了聚合物基复合材料的工艺及理论,在航空航天、汽车、建筑等各领域得到全面应用。

聚合物基复合材料按基体的性质可分为树脂基体(热塑性、热固性)和橡胶弹性基体。树脂基体处于玻璃态,因此树脂基复合材料具有高的模量、强度和尺寸稳定性,可作为承力结构材料;橡胶弹性基体处于高弹性态,可用作阻尼、隔音、含能等功能复合材料的基体。由于复合材料的优势在于用作结构材料,因此树脂基复合材料更为重要,以至可认为它是聚合物基复合材料的代表。热固性聚合物基复合材料一直在连续纤维增强复合材料中占有统治地位,如玻璃纤维增强塑料。热塑性聚合物基复合材料出现较晚,但是因为其具有一些热固性聚合物不具备的优点,如吸湿性低、断裂韧性好,所以发展很快。

聚合物基复合材料按纤维种类分为玻璃纤维、有机纤维、碳纤维、混杂纤维等复合材料;按增强相的外形分为连续纤维、短棒纤维、纤维织物或片状料、粒状填料复合材料;按使用性能分为结构和功能复合材料。

4.2.1 增强纤维及基体

高性能复合材料的研究和开发的主要方面是高性能纤维和基体材料的研究和开发。高分子基复合材料中常用的纤维主要有玻璃纤维、碳纤维和芳香族聚酰胺合成纤维。硼纤维虽发明和使用较早,但自碳纤维问世以后,硼纤维在高分子基复合材料中的使用减少,现多用于金属基复合材料。

1. 玻璃纤维(Glass Fibers)

玻璃纤维是最早开发出来的用于高分子基复合材料的纤维。玻璃纤维是由二氧化硅和 Al、Ca、B 等元素的氧化物以及少量的加工助剂(氧化钠和氧化钾)等原料经熔炼成玻璃球,然后在坩埚内将玻璃球熔融拉丝而成。从坩埚中拉出的每一根线称为单丝,一个坩埚拉出的所有单丝,经浸润槽后,集合成一根原纱(又称为丝束)。原纱是构成商品纤维和织物的最基本单位。

在制造玻璃纤维(原纱)过程中,浸润剂对纤维的质量有重大影响。它的主要作用是:作为黏合剂,把单丝黏结在一起;作为润滑剂,减小单丝间的摩擦系数;作为偶联剂,提高纤维与基体的黏结强度;作为润湿剂,促进树脂润湿。很明显后三点对改善复合材料的界面性能起着重要的作用。图4.2是玻璃纤维的生产示意图和玻璃纤维的产品实物图。

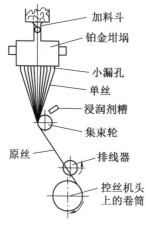

(a) 玻璃纤维的生产示意图

(b) 玻璃纤维的产品实物图

图 4.2　玻璃纤维的生产示意图和玻璃纤维的产品实物图

由于原材料的纯度和组成、配比不同,可制得不同性能的玻璃纤维,其性能见表4.2。从表4.2中可以看出,玻璃纤维的性能特点是:高强、低模、高延伸率、低膨胀系数。玻璃纤维的拉伸强度远远超出各类钢材的强度(1 010 ~ 1 815 MPa),其中强度最高的是高强度纤维,无碱纤维(碱金属氧化物含量低于2%)也有较高的强度。在航空航天中主要应用高强度纤维和无碱纤维。

表 4.2　玻璃纤维的性能

材料性能	有碱纤维	化学纤维	低价电纤维	无碱纤维	高强度纤维	粗纤维	高模量纤维
拉伸强度/GPa	3.1	3.1	2.5	3.4	4.58	4.4	3.5
拉伸模量/GPa	73	74	55	71	85	86	110
延伸率/%	3.6	—	—	—	3.37	4.6	5.2
密度/$(g \cdot cm^{-3})$	2.46	2.46	2.14	2.55	2.5	2.55	2.89
比强度/$(GPa \cdot g^{-1} \cdot cm^{-3})$	1.3	1.3	1.2	1.3	1.8	1.7	1.2
比模量/$(GPa \cdot g^{-1} \cdot cm^{-3})$	30	30	26	28	34	34	38
热膨胀系数/$(10^{-6}K^{-1})$	—	8	2 ~ 3	—	—	4	—
折射率	1.5	—	—	1.55	1.52	1.54	—
损耗角正切值	—	—	0.000 5	0.003 9	0.007 2	0.001 5	—
体积电阻率/$(\mu\Omega \cdot m)$	10^{14}	—	—	10^{19}	—	—	—

与碳纤维和有机纤维相比,玻璃纤维有良好的氧化稳定性,但其强度随温度升高而

降低,在200~250℃强度无明显变化,超过250℃,强度显著下降。由于高强度纤维具有高的强度、低的导热系数和高的短期耐热性,特别适宜作为耐烧蚀和绝热的结构复合材料,而无碱纤维和低介电纤维由于有极低的介电损耗角正切值,适宜作为透波结构复合陶瓷。

玻璃纤维的主要缺点是比模量低和密度大,其比模量远低于碳纤维和芳纶纤维。因此,在飞行器结构复合材料中,玻璃纤维应用相对要少。

2. 碳纤维

碳纤维是一种含碳质量分数在90%以上不完全石墨结晶化的纤维状碳素材料,它既具有一般碳素材料低密度、耐高温、耐腐蚀、导电、导热等特点,又具各向异性、轴向拉伸强度和模量高、呈丝状柔软可制造加工的特点。如对碳纤维2 500℃以上高温处理可得到碳含量99%以上、由乱层结构向三维有序结构转向的更高模量的高性能石墨纤维。

近代碳纤维的制造方法有两大类:有机纤维法和气相生长法。应用于聚合物基复合材料的碳纤维以有机纤维法制造的为主。有机纤维法制造的碳纤维(石墨纤维)有三种:聚丙烯腈基(PAN)碳纤维、黏胶丝基碳纤维和沥青基碳纤维。目前,航空航天大都采用PAN和黏胶丝基法制造的碳纤维,前者主要用于结构材料,后者用于烧蚀防热材料。

PAN制造碳纤维的工艺可分为三个阶段:

第一阶段称为预氧化。在这一阶段将一束1 000~10 000根或更多根的PAN原丝在施加张力的条件下于200~300℃进行受控氧化。此时,PAN线型分子发生脱氢、氧化和环化等复杂的化学反应而形成取向的梯形结构的高分子。

第二阶段为碳化阶段。预氧化后的纤维在氮气保护下通过温度为1 000~1 500℃的多级炉,除去原纤维中大部分的非碳原子(CO_2、HCN、NH_3、H_2和N_2等气体排出),获得含碳为80%~95%的六元碳环叠层结构的碳纤维。

第三阶段为石墨化。为了制得高模量的碳纤维,可将碳纤维进行石墨化。石墨化是在2 000~3 000℃的炉子中并对纤维施加较大的张力下进行的。这时非碳原子进一步被排除。随着后处理温度的提高,含碳量逐渐提高,碳纤维的密度和模量也不断提高。最终形成的碳纤维(有时称为石墨纤维)含碳量可高达99%,并且具有石墨的结晶结构。

必须指出,碳纤维的性能取决于原丝的质量和生产工艺。原丝中的裂纹和缺陷的数量和大小对纤维的强度有明显的影响。碳纤维尤其是石墨纤维,其表面惰性较大,与树脂基体的黏结较弱,不能充分发挥其增强作用。因此,发展了许多碳纤维的表面处理方法,常用的有氧化法,包括气相和液相氧化法,所用氧化剂包括氧(气相法)、硝酸和次氯酸等。后来,又开发了碳纤维的表面电解聚合涂层法和表面等离子处理法,这些表面处理法不同程度地提高了碳纤维与树脂的黏结,改进了复合材料界面。但是,由于表面处理工艺大多比较复杂,有的还会引起纤维强度的降低,同时还需要控制纤维的处理程度以获得最佳的复合材料界面,这一切均导致纤维成本的进一步增加。

碳纤维最突出的特点是其比模量和比强度高。表 4.3 是部分碳纤维的特性。其中,T300 是最先商业化的普通碳纤维,T300/树脂基复合材料已在飞行器上广泛作为结构材料使用。但是,随着飞行器性能的提高以及复合材料在飞行器上应用部位的扩大(从应用于次承力结构到主承力结构),设计师们很快发现,T300 这一级的碳纤维某些性能(主要是拉伸强度和断裂应变)偏低,不能满足现代飞行器的减重和提高性能的要求,尤其是对机翼、机身等主承力结构更是如此。因此,在 20 世纪 80 年代,又开发了高强中模量碳纤维。

表 4.3 碳纤维和石墨纤维的特性

材料性能	碳纤维				石墨纤维	
	通用级	标准型 T300	高强高伸型 T1000	高强高模型 M40J	通用型	高模型
拉伸强度/GPa	1.2	3.53	7.06	4.41	1.00	2.10 ~ 2.70
拉伸模量/GPa	48	230	294	377	100	392 ~ 827
断裂应变/%	2.5	1.5	2.4	1.2	1.0	0.5 ~ 0.27
密度/$(g \cdot cm^{-3})$	1.70	1.76	1.82	2.55	2.5	2.55
比强度$(GPa \cdot g^{-1} \cdot cm^{-3})$	7.1	20.1	38.8	24.9	5.6	9.6 ~ 14.9
比模量$(GPa \cdot g^{-1} \cdot cm^{-3})$	2.8	13.1	16.3	21.3	5.6	21.7 ~ 37.9
折射率	1.5	—	—	1.55	1.52	1.54
含碳质量分数/%	—	—	90 ~ 96	—	>99	—

高强中模量碳纤维(如 T1000)的拉伸强度一般大于或等于 5 000 MPa,拉伸模量为 230 ~ 310 GPa。它具有如下特点:①很高的强度,强度值高于 T300 约 50% ~ 100%;②断裂应变较高,如目前应用较多的 IM7 和 T800H,其断裂应变高出 T300 约 25%;③与此同时,模量也比 T300 高 30%。美国的"三叉戟-2"导弹、"侏儒导弹"、"飞马座"火箭以及"大力神-4"火箭的直径高达 3.10 m 的助推器,日本的"M-5"火箭第三级,法国的"阿里安-5"火箭改型都是用高强中模量碳纤维复合材料。当前宇航级碳纤维价格在 60 ~ 300 美元/kg。

碳纤维的热性能也具有显著的特点,其中最突出的是其具有极高的潜在耐热性,当温度高于 400 ℃时,碳纤维出现明显的氧化反应。但在惰性空气中,即使温度超过 2 000 ℃,碳纤维仍具有承载能力,最高工作温度大于 2 500 ℃,远高于已知的其他纤维。为了提高碳纤维在空气中高温工作的寿命,常常采用在碳纤维表面上涂敷抗氧化涂层的方法。由于碳纤维有很高的耐热性并在高温下表面逐渐被氧化放出 CO、CO_2 等气体,故有优异的耐烧蚀性,可作为航天器的热防护复合材料的增强材料。

碳纤维具有一定的导电性还意味着它对电磁波具有反射和吸收双重作用。研究表明,改变碳纤维的成分降低其电导率可以获得吸波(隐身)功能的纤维(如碳化硅纤维);或者通过与其他纤维(玻璃纤维、芳纶纤维)的适当混杂,可制得具有吸波功能的混杂复合材料。因此,可以认为碳纤维/树脂基复合材料有可能发展成为隐身-结构双功能复合材料。

3. 硼纤维

硼纤维是由硼气相沉积在 W 丝上来制取的。由于高温下 B 和 W 的相互扩散,所以硼纤维外层是金属 B,心部为变成分的硼化钨晶体。

硼纤维复合材料的特点是:压缩强度高,为碳纤维树脂复合材料的 2~2.5 倍;剪切强度高、蠕变小、硬度和弹性模量高;还有很高的疲劳强度,达 340~390 MPa;耐辐射;对水、有机溶剂和燃料、润滑剂很稳定;由于硼纤维是半导体,所以它的复合材料的导热性和导电性很好。

硼纤维环氧树脂等复合材料主要用于航空航天工业,如制造翼面、仪表盘、转子、压气机叶片、直升机螺旋桨叶和传动轴等。F-14 是美国首先试用硼纤维环氧树脂蒙皮夹层结构做飞机水平尾翼的战斗机,蒙皮最后为 56 层,采用复合材料后减重约 22%。洛克希德公司研制的以硼纤维增强环氧树脂的 C-130 飞机的机翼,是首次用于大型客机主结构上的复合材料构件。其机翼为 2 220 kg,减重 250 kg,结构疲劳寿命提高 3 倍。

4. 芳纶纤维

芳纶为芳香族聚酰胺合成纤维的商品总称,最初由美国杜邦公司于 1965 年研制成功。芳纶的优点:强度高(2 800~3 700 MPa,为一般钢的 5 倍);密度小,为 1.45 g/cm^3,只有钢的 1/5;弹性模量也很高;耐热、耐寒(在-196~182 ℃范围内的性能及尺寸变化不大);受热时不燃烧不熔化,温度再高则直接碳化;耐辐射、耐疲劳和耐腐蚀。芳纶纤维的主要缺点是易吸湿,在阳光下受紫外线辐射其强度会衰减。

芳纶纤维分为对位芳酰胺纤维(PPTA)和间位芳酰胺纤维(PMIA)两种,其结构式如图 4.3 所示。PPTA 的典型品种是杜邦公司的 Kevlar 纤维,此外还有日本帝人公司的 Technora 纤维和 Twaron 纤维,俄罗斯的 Armos 纤维以及国内的芳纶 1414 等,其主链结构具有高度的规整性,大分子以充分舒展的状态存在,它具有低密度、耐高温、防火、耐化学药品和极高的力学性能和耐疲劳性能,由于其综合性能优异,因此是理想的抗弹材料用纤维。PMIA 代表性的品种有 Nomex、Conex、Fenelon 纤维等,大分子链呈锯齿状,具有良好的物理力学性能,突出特点是具有极高的耐火和耐氧化性。

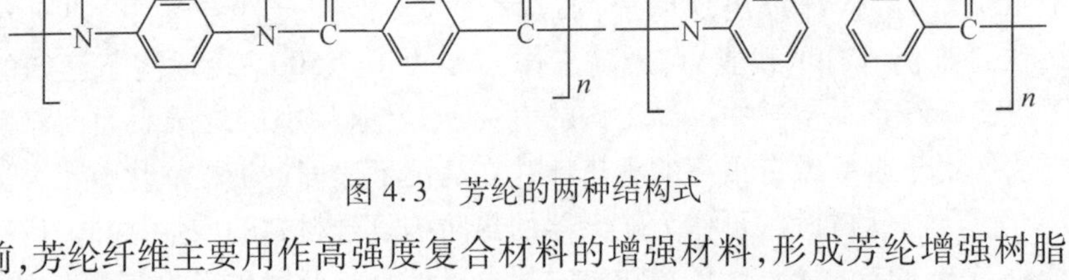

图 4.3　芳纶的两种结构式

目前,芳纶纤维主要用作高强度复合材料的增强材料,形成芳纶增强树脂复合材料、芳纶增强橡胶复合材料等,这些复合材料广泛应用于航空航天、国防军工、电子通信、交通运输、土木建筑等领域。美国军队的防弹衣和防弹头盔、飞机上的逃生弹射椅和阻力伞均采用含芳纶纤维的复合材料。将芳纶层压板与陶瓷或钢板复合,用作坦克装甲,如美国 M1 主战坦克"钢+Kevlar+钢"型的复合装甲,它能防中子弹及破甲厚度约为 700 mm 的反坦克导弹,还能减少因被破甲弹击中而在驾驶舱内形成的瞬时压力效应。美国洛克希德公司的隐形飞机将芳纶纤维取代传统的玻璃纤维,机身内部地板减轻约 90 kg,每个座椅降低 7 kg,而整架飞机减轻了 363 kg。波音 B757 的货舱和起落架舱门、B787 的客舱等也采用了 Kevlar 复合材料。芳纶及其织物还应用于直升机的舱内、进气道、发动机壳、桨叶等部位。

5. 环氧树脂

环氧树脂是开发最早、应用最广的高性能树脂基体。它具有优良的工艺性和增强纤维的黏结性,固化树脂具有高的强度和模量。具有品种多、适应面广和价格低的特点,在航空航天和其他部门均获得广泛应用。

环氧树脂基体主要是由环氧树脂、固化剂以及其他改性剂组成。在设计环氧树脂基体时,首先要选好环氧树脂和固化剂。

环氧树脂是一种分子中各有两个或两个以上环氧基团的有机化合物。环氧基是活泼的基团,可位于分子链的末端、中间。最常见的环氧树脂是双酚 A 型环氧树脂,是一种通用性环氧树脂,其结构式为

$$CH_2\!-\!CHCH_2\!-\!O\!-\!\!\!\bigcirc\!\!\!-\!\!\overset{\underset{\displaystyle CH_3}{|}}{\underset{\underset{\displaystyle CH_3}{|}}{C}}\!\!\!-\!\!\!\bigcirc\!\!\!-\!O\!-\!CH_2\!\cdot\!\underset{\underset{\displaystyle OH}{|}}{CHCH_2}\!-\!\!\!\left[O\!\!\!-\!\!\!\bigcirc\!\!\!-\!\!\overset{\underset{\displaystyle CH_3}{|}}{\underset{\underset{\displaystyle CH_3}{|}}{C}}\!\!\!-\!\!\!\bigcirc\!\!\!-\!O\!-\!CH_2\!-\!CH\!-\!CH_2\right]_n$$

式中,聚合度 n 是一平均值,$n=0\sim19$。通常 $n<2$ 时环氧树脂呈液体状态,其黏度随 n 值的增加而增加。

双酚 A 型环氧树脂具有黏度低、力学性能高(见表4.4)、价格低等优点。它只有与一些特殊的固化剂(如芳香二胺)配合之后才能作为高性能树脂基体,但耐热性不高,其工作温度低于 100 ℃。

表 4.4　环氧树脂基复合材料的力学性能

材料种类	纵向抗拉强度/MPa	纵向弹性模量/GPa
环氧树脂	69	6.9
环氧树脂/E 级玻璃纤维	1 020	45
环氧树脂/碳纤维(高弹性)	1 240	145
环氧树脂/芳纶纤维(49)	1 380	76
环氧树脂/硼纤维(70% V_f)	1 400～2 100	210～280

环氧树脂的固有缺点是耐冲击损伤能力差,因而壳体设计时的应变极限常取得较小,以保障安全。其次是耐热性低于 170 ℃,在湿热环境下力学性能通常会下降。为避免发动机在高速飞行下由于气动加热而失强,需要采用外绝热层。

因此,多年来各国一直在寻找一批耐热性高、韧性好的环氧树脂。

6.聚甲基丙烯酸甲酯(PMMA)

PMMA 是由单体甲基丙烯酸甲酯聚合而成的典型线型无定形热塑性树脂(其结构式如图4.4所示),透光率比无机玻璃还好,可达到92%以上,故俗称有机玻璃,也称压克力(Acrylic)。其密度也只有无机玻璃的二分之一,大约为 $1.18~g/cm^3$,抗脆裂性却超过无机玻璃几倍。此外,PMMA 还耐老化,绝缘性和机械强度好,耐酸、碱性好,可染色,在破碎时不易产生尖锐的碎片,已成为制造飞机透明件的重要材料,用于飞机风挡、座舱盖和弦窗等。在各种透明的装饰面板、仪表板、容器、包装盒、灯罩、文具、光盘、光纤、眼睛、假牙、工艺美术品等方面也有广泛应用。

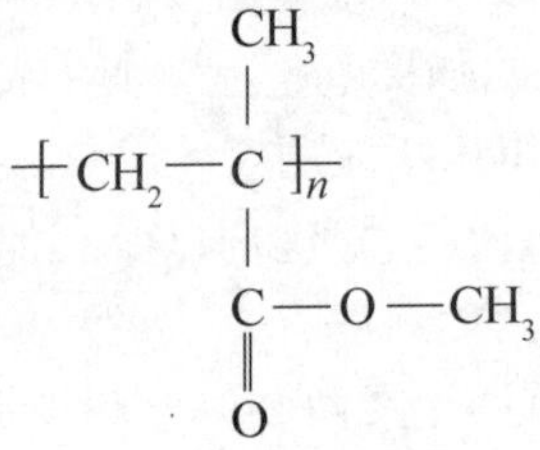

$$+CH_2-\underset{\underset{O}{\overset{\parallel}{C}}-O-CH_3}{\overset{\overset{CH_3}{\overset{\mid}{|}}}{\underset{\mid}{C}}}+_n$$

图 4.4 PMMA 的结构式

PMMA 的成形性较好,不但可以切削加工及吹塑、注射、挤压、浇注成形,还易于用丙酮、氯仿等溶剂自体黏结。但其不足是表面硬度较低,耐磨性差,易划伤起毛,易产生银纹,抗冲击强度低,耐热性较差。所以需对 PMMA 进行改性或复合化,以提高其综合性能。

4.2.2 聚合物基复合材料的制造工艺

聚合物基复合材料的制造与传统金属材料的制造是完全不同的。除少数产品以外,金属材料的制造基本上是原材料的制造,各种产品是利用原材料的金属材料经过加工而制成的。与此相比,大部分聚合物基复合材料的制造,实际上是复合材料的制造和产品的制造融合为一体。聚合物基复合材料的原材料是纤维等增强体和聚合物基体材料。聚合物基复合材料的制造主要涉及怎样将纤维等增强体均匀地分布在基体的树脂中,怎样按产品设计的要求实现成形、固化等。因此,与金属材料的制造相比,聚合物基复合材料的制造有很大的灵活性。根据增强体和基体材料种类的不同,需要应用不同的制造工艺和方法。聚合物基复合材料的制造方法有很多,常见的主要制造方法可以按基体材料的不同分为两类:一类是热固性复合材料的制造方法,其中主要有手工成形法、喷涂成形法、压缩成形法、注射成形法、SMC 压缩成形法、RTM 成形法(注塑成形法)、真空热压成形法、连续缠绕成形和连续拉挤成形法;另一类是热塑性复合材料的制造方法,类似于热固性复合材料的制造方法,其中主要有压缩成形法、注射成形法、RTM 成形法、真空热压成形法和连续缠绕成形法等。由此可见,两类复合材料的制造方法有很多是类似的。各种成形法有各自的特点,采用时可根据产品的质量、成本、纤维和树脂的种类来选择适当的成形法。当然,根据基体材料的不同,即使成形方法一样,相应的加压、加热的条件和过程也会有所不同。

1. 手工成形法和喷涂成形法

手工成形法是聚合物基复合材料制造的最基本的方法,多用于玻璃纤维/聚酯树脂复合材料的产品制造,例如浴缸、船艇、房屋设备等。手工成形法主要以玻璃纤维布或片材和聚酯树脂为原材料。在根据产品的形状制造的底模上,先涂一层不粘胶或铺一层不粘布或不粘薄膜等,然后铺一层玻璃纤维布,再利用刷子或滚轮等工具将树脂涂抹在玻璃纤维布上,使树脂均匀地渗透到玻璃纤维布里,重复此过程直到达到产品要求的厚度,然后将铺层完成后的制品送进固化炉实现固化。固化的条件主要根据树脂的固化条件而定。许多玻璃纤维/聚酯树脂复合材料的产品是可以在室温条件下固化的,制造工艺如下。

底模的制作 → 不粘处理 → 手工铺层,涂抹 → 固化 → 脱模

与其他的制造方法相比,手工成形法的特点是:设备、工具等成本低,能用长纤维布和短纤维布,能适应各种形状产品的成形。但是,由于以人工为主,生产效率低,不易实行大量生产,仅适于小数量产品的制造。

喷涂成形法是在人工铺层涂抹成形法上改进的一种成形法。喷涂成形法以长纤维和树脂为原材料,它使用的主要工具是一杆能自动切断纤维并喷出切断的短纤维和树脂的自动化喷枪。它是利用自动化喷枪,将自动切断的短(玻璃)纤维和树脂一起喷涂在底模上来实现积层。与手工成形法相比,喷涂成形法省略了人工铺层涂抹的过程,易于实行自动控制生产。但是,它仅适用于制造短纤维增强复合材料制品。喷涂成形法的制造工艺与手工成形法类似。

2. 压缩成形法

压缩成形(Compression Molding)法是将增强材料的纤维和树脂等一起先放入底模,然后再加压、加热使之成形、固化的一种复合材料制造方法。在实际制造中还需要考虑到压模的空气出口、多余纤维和树脂的出口等。此外,根据基体材料的不同,需采用不同的加压、加热过程。利用压缩成形法制造复合材料时,需要的基本设备是一台压力机(油压机或水压机等),其次将纤维和树脂等放入底模时,需要预成形,有时也使用一台预成形机,另外,根据树脂的固化条件,有时需要一固化炉。压缩成形法的基本制造工艺如下。

底模的制作 → 不粘处理 → 放入纤维和树脂 → 热压 → 固化 → 脱模

压缩成形法的特点是可制造大型产品、含纤维量高的产品、高强度产品、热固性复合材料和热塑性复合材料、短纤维增强复合材料制品。

3. 注射成形法

与压缩成形法不同,注射成形法是先将底模固定、预热,然后利用注射机械在一定的压力条件下,通过一注入口将增强材料的纤维和树脂等一起挤压入模型内使之成形。

因此,也称其为挤压成形法。图4.5为注射成形法的基本示意图。在实际制造中还需要考虑到模型的空气出口,也有采用抽真空的方式来排除空气。注射成形法不需要预成形,需要的基本设备是一台注射机,可用于制造短纤维增强的热固性复合材料和热塑性复合材料,特别是热塑性复合材料的产品多采用此成形法。注射成形法的特点是:易于实现自动化,易于实现大批生产。因此,汽车用短玻璃纤维增强复合材料产品多采用此成形法生产。注射成形法制造的产品的纤维含量不高,一般(体积分数)为20% ~ 50%,多数在20% ~40%之内。此外,由于纤维和树脂的混合物在模型内的流动引起纤维的排列,产品的强度分布会不均匀。注射机的注射口由于和纤维的摩擦易于磨损。

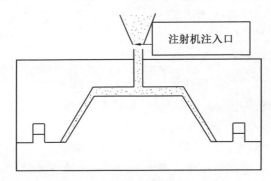

图4.5　注射成形法的基本示意图

注射成形法的基本制造工艺如下。

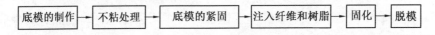

4. SMC 压缩成形法

SMC(Sheet Molding Compound)是指经过热固性树脂浸渍后的、未固化的玻璃纤维/树脂预制片。一般有三种预制片:短纤维随机分布的预制片、短纤维单方向分布的预制片、长纤维单方向分布的预制片。纤维的含量(体积分数)为30% ~70%,预制片的厚度一般在5 ~10 mm之间。因此,SMC本身就是复合材料,或是复合材料的预备产品。与前述的成形法的最大的不同点是:SMC压缩成形法使用的原材料不是纤维和树脂,而是SMC这种未固化的玻璃纤维/树脂预制片。因此,SMC压缩成形法实际上是分两步来实现的一种成形法:第一步是未固化的玻璃纤维/树脂预制片的制作;第二步是SMC压缩成形。由于这一分工,复合材料产品的生产部门可以不用顾虑原材料的纤维和树脂,而只需要买进未固化的玻璃纤维/树脂预制片就行了。因此,复合材料产品的生产的工序大为减少,易于实现自动化,易于大批量生产。

5. 树脂转移模塑成形法

树脂转移模塑(RTM)成形法是一种树脂注入成形法,最早是用于制造飞机雷达天线成功而得以推广的,其制造工艺主要分五步:第一步是增强纤维的预成形片材的制作;第二步是将纤维的预成形片材铺设在模型中;第三步是给模型加压,使铺设的纤维的预成形片材在模型内按产品形状预成形;第四步是利用低压(约为0.45 MPa),将树脂注入模型,使树脂均匀地渗透到纤维的预成形片材中;第五步是在模型内加热固化。
图4.6是RTM工艺原理图。在注入树脂的过程中,为使树脂更快地、均匀地浸透到纤维的预成形片材中,也有使用将模型中抽真空的 VRTM 成形法(真空辅助 RTM 成形法)。RTM 成形法与前述的注射成形法有些相似。但是,注射成形法是将纤维和树脂的混合物一起注入空的模型中,仅适用于短纤维复合材料制品。而 RTM 成形法是先将纤维的预成形片材在模型中预成形后,注入树脂使之一体化,多用于长纤维复合材料制品。因此也可称 RTM 成形法为注塑成形法。由于 RTM 成形法只需将树脂注入模型内,因此,它需要的压力比注射成形法要小得多,注塑装置的成本也低得多。RTM 成形法与其他成形法相比有很多优点:成本低,产品尺寸形状稳定,质量高,可适应多种热固化树脂和热塑性树脂,可适应两种以上的不同增强纤维的组合复合材料的成形,也可适应多种二维编织和三维编织的复合材料制品的成形。因此,可以说 RTM 成形法是很有发展潜力的成形法之一。

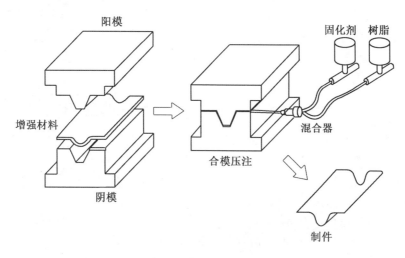

图 4.6   RTM 工艺原理图

6. 真空热压成形法

真空热压成形法是一种用于先进长纤维复合材料的成形法。它使用未固化的碳纤维/树脂等预制片作为原材料,然后经过铺层、真空包袋、抽真空、加热、加压等过程使产品固化成形。由此可见,与以上的成形法不同,真空热压成形法是一种将纤维的树脂浸渍过程和复合材料的成形完全分开的一种成形法。

用真空热压成形法制造平板以外的产品,如制造有曲线等部分的产品时,需要先制造底模。底模与复合材料制品之间一般用防粘薄膜(如聚四氟乙烯薄膜),防止底模与复合材料制品粘连。在铺层的过程中,应尽可能保持周围环境的清洁,以免灰尘等混入层间,引起层间强度的下降。在真空包装过程中,要保持达到成形所要求的真空度,以保证产品的质量。如果真空度达不到成形的要求,层间的空气排不出来,在产品中会产生较多的空间。真空热压成形法的加热、加压过程主要根据基体材料树脂的种类而定。真空热压成形法的加热、加压的设备主要有两种:一种是加热、加压釜(Autoclave),另一种是热压机(Hot Press)。加热、加压釜利用蒸气和压缩空气加热、加压,也有一种简易的加热、加压容器是利用电热板加热。热压机是利用油压或水压来加热,利用电热板加热。由此可见,真空热压成形法是一种生产成本较高的复合材料制造法。大型产品的成形需要很大的加热、加压釜或热压机,其产品的质量高、孔隙率低。因此,宇宙航空工业的产品多采用此成形法制造复合材料产品。

7. 连续缠绕成形法

连续缠绕(Filament Winding)成形法是一种制造筒状复合材料制品的特殊成形法。其工作原理是:将经过树脂浸渍过的纤维通过纤维输出梭子送出,随着梭子的移动和转筒的旋转,将纤维连续缠绕在转筒上,直到达到需要的厚度。缠绕的角度可由转筒的旋转速度和梭子的移动速度来调节,根据产品的要求可以不同。很明显,连续缠绕成形法也是一种连续纤维增强复合材料的制造方法。它需要的基本设备是连续缠绕机,类似于机械加工用的车床。纤维的树脂浸渍方法主要有两大类:一类是通过树脂浸渍过的滚子,另一类是直接通过液态的树脂。滚子式的纤维树脂浸渍方法用得较多,树脂浸渍量易于控制。固化过程根据树脂的种类而定,如果是室温固化,可以等固化后将产品从转筒上取下来;如果另需要加热或加压,就要将缠绕好的产品取下来,然后送到固化炉去加热或加压固化。

4.2.3 聚合物基复合材料在航空航天中的应用

聚合物基复合材料从20世纪50年代末即用于航空航天部门,并在20世纪70年代后期迅速发展成为继铝、钢和钛之后的又一类结构材料。与此同时,还开发了许多具有重要功能的PMC,成为航空航天部门不可代替的功能材料,可以认为,复合材料在飞行器中的用量及其性能水平已成为飞行器先进性的重要标志之一。

聚合物基复合材料在飞机结构中已大量采用,以战斗机为例,已应用部位几乎遍布飞机的机体,包括垂直尾翼、水平尾翼、机身蒙皮以及机翼的壁板和蒙皮等。先进的F-22战斗机树脂基复合材料的用量为24%。民用飞机的应用部位以次结构(如整流罩、固定翼和尾翼口盖壁板、发动机罩)及飞机控制面(如副翼、升降舵、方向舵和扰流片)为主。在主结构方面,目前主要是高强中模量和T800H以上的碳纤维/高性能增韧PMC应用于尾翼、机身等部件上。

复合材料在直升机结构中应用更广、用量更大,不仅机身结构,而且由桨叶和桨毂组成的升力系统、传动系统也大量采用树脂基复合材料。20世纪80年代生产的海豚直升机,复合材料用量占结构质量的25%,20世纪80年代后期生产的虎式先进直升机和20世纪90年代开始原型机演示/验证的第五代直升机RAH-66"卡曼其",其复合材料的用量更大。

PMC在航天领域的导弹、运载火箭、航天器等重大工程系统以及其地面设备配套件中都获得广泛应用,如欧洲的"阿里安4"运载火箭采用了大量的碳纤维增强环氧树脂复合材料。卫星发射支架,仪器舱,大型整流罩,第一、二级之间的分离壳,助推器前锥和第二、三级之间段均采用碳纤维增强环氧树脂复合材料制造而成。

自从玻璃钢投入应用以来,聚合物基复合材料在航空航天中的应用中有三个值得一提的成果。第一个是:美国全部用碳纤维复合材料制成一架八座商用飞机——里尔芳2100号,并试飞成功,这架飞机质量仅567 kg。第二个是:采用大量先进玻璃钢制成的哥伦比亚号航天飞机,在这架代表近代最尖端技术成果的航天飞机上使用了树脂、金属和陶瓷基玻璃钢。这架航天飞机用碳纤维/环氧树脂制成长18.2 m、宽4.6 m的主机身隔框和翼梁,用C/C复合材料制造发动机的喷管和喉衬,发动机组的传力架全用硼纤维增强钛合金玻璃钢制成,被覆在整个机身上的放热瓦片是耐高温的陶瓷基玻璃钢。第三个是:在波音767大型客机上使用了先进玻璃钢作为主承力结构,这架可载80人的客运机使用碳纤维、有机纤维、玻璃纤维增强树脂以及各种混杂纤维的玻璃钢制造了机翼前缘、压力容器、引擎罩等构件,不仅结构质量减轻,还提高了飞机的各种飞行性能。

4.3 金属基复合材料

金属基复合材料是一门相对较新的材料学科,它涉及材料表面、界面、相变、凝固、塑性形变和断裂力学等。金属基复合材料大规模的研究与开发工作起步于20世纪80年代,它的发展与现代科学技术和高技术产业的发展密切相关,特别是航空航天、电子、汽车以及先进武器系统的迅速发展,同时这些领域的发展也对金属基复合材料特殊性能提出了更高的要求。金属基复合材料的制备工艺过程涉及高温、增强材料的表面处理、复合成形等复杂工艺,而金属基复合材料的性能、应用、成本等在很大程度上取决于其制造技术。因此,研究和开发新的制造技术,在提高金属基复合材料性能的同时降低成本,使其得到更广泛的应用,是金属基复合材料长远发展的关键所在。

4.3.1 金属基复合材料概述

金属基复合材料(MMC)是以金属或合金为基体,以纤维(Fiber)、晶须(Whisker)、颗粒(Particle)等为增强体,采用多种工艺方法制成的复合材料。金属基复合材料可以按照基体分为铝基、镁基、镍基、钛基和金属间化合物基的复合材料。按增强体分类,可分为纤维增强型、颗粒增强型等。纤维增强金属基复合材料是利用纤维或金属细丝的极高强度来增强金属的强度,根据增强相纤维长度不同有长纤维、短纤维和晶须,纤维直径为3~150 μm(晶须直径小于1 μm),长度与直径比在100以上。纤维增强金属基复合材料均表现出明显的各向异性特征。基体的性能对复合材料横向性能和剪切性能的影响比对纵向性能更大。当韧性金属基体用高强度脆性纤维增强时,基体的屈服和塑性流动是复合材料性能的主要特征,但是,纤维对复合材料弹性模量的增强具有相当大的作用。

颗粒增强金属基复合材料是指弥散的硬质增强相的体积分数超过20%的复合材料,而不包括那种弥散质点体积比很低的弥散强化金属。此外,这种复合材料的颗粒直径和颗粒间距很大,一般在1 μm以上,最大体积分数可以达90%。在这种金属基复合材料中，增强相是主要的承载荷相，而基体金属的作用则在于传递载荷和便于加工。增强相造成的对基体的束缚作用能阻止基体屈服。颗粒增强金属基复合材料的强度通常取决于颗粒的直径、间距和体积比，同时，基体的性能也很重要。除此以外，这种材料的性能对界面性能及其颗粒排列的几何状态十分敏感。

金属基复合材料与一般金属相比，具有耐高温、高比强度、高比模量、热膨胀系数小和抗磨损等优点（图4.7和图4.8）。与聚合物基复合材料相比，不仅剪切强度高、对缺口不敏感，而且物理和化学性能更稳定，如不吸湿、不放气、不老化、抗原子氧侵蚀、抗核、抗电磁脉冲、抗阻尼，膨胀系数低、导电和导热性好。上述特点使MMC更适合于空间环境使用，是理想的航天器材料，在航空器上也有应用前景。

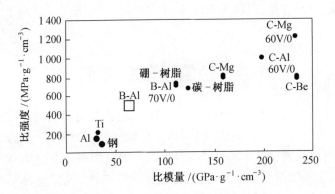

图 4.7　金属基复合材料与金属的比较

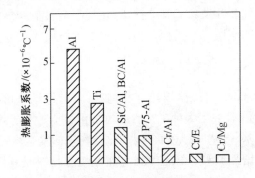

图 4.8　金属基复合材料的热膨胀系数

金属基复合材料的研究重点主要有以下几点：

①不同基体和不同增强相复合效果、复合材料的设计和性能。

②增强相/基体的界面优化、界面设计。

③制备工艺的研究，以提高复合材料的性能和降低成本。

④新型增强剂的研究开发。

⑤复合材料的扩大应用。

4.3.2 金属基复合材料制造工艺

金属基复合材料的加工方法分为初加工制造和精加工两大类。初加工制造就是指从原材料合成复合材料的制造工艺,包括将适量的增强相引到基体的适当位置上,并在各种成分之间形成合适的结合。精加工就是指将粗加工的复合材料进行进一步的辅助加工,使其在尺寸和结构等方面满足实际工程等需要,得到最终所需零件。由于金属基体与增强体的组合不同,因此在制造工艺过程中所注意的事项也不同,所得到的复合材料的性能也就不同。

1. 连续纤维增强金属基复合材料的特点

连续纤维增强金属基复合材料的制造工艺相比颗粒、晶体和短纤维增强的金属基复合材料,其工艺较复杂。为了能够顺利地进行最终成形,制造出满足实际需求的高质量的连续纤维金属基复合材料制品,重要的是先要将其制造成为预制带、预制丝和预成形体,然后再通过不同的工艺制备技术将其制成所需制品。预制带和预制丝是用固相扩散结合法和液相浸渗法制造复合材料的中间制品,它们可以直接使用,也可以先做成预成形体后再用于复合材料的成形。纤维增强金属基复合材料制造过程如图 4.9 所示。

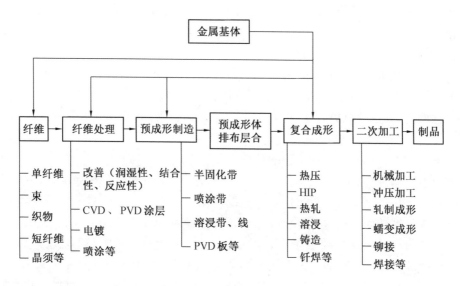

图 4.9 纤维增强金属基复合材料的制造过程

纤维的表面处理一般是指对纤维表面涂覆适当的薄涂层,其目的是:为了防止或抑制界面反应,以获得合适的界面结构和结合强度;改善增强体与基体间在复合过程中的润湿与结合;有助于纤维的规则排列;减少纤维与基体之间的应力集中。纤维表面处理技术包括梯度涂层(即覆以双层或多重涂层)、物理气相沉积、溶胶-凝胶处理、电镀和化学镀等。

预制带包括半固化带、喷涂带、PVD 带和单层带等,图 4.10 所示为不同类型的复合预制带。

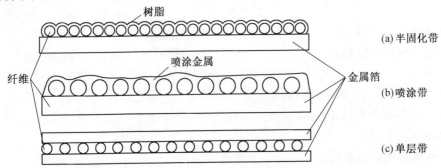

图 4.10 各种复合预制带

半固化带是用于较粗的纤维增强复合材料(如对 B/Al 复合材料),在制造时将硼纤维丝以一定间隔单向排列在铝箔上,再用树脂将其固定。喷涂带是将金属液喷涂于已排布好的纤维,使得纤维固定在金属箔上,对于粗纤维和细纤维都可行。单层带是先在金属箔上开槽,然后将纤维下到槽里,再在上面放同样的金属箔,它是一种有纤维夹层的金属箔带。

预制丝的制造有连续挤拉法、电镀法和真空沉积法等。用连续挤拉法制备预制带时,先将纤维束通过金属液,使金属液渗到纤维之间,然后再将纤维间多余的金属液挤出,并同时对其固化,从而制得预制线。

预成形体是根据所需的纤维的排列方向和分布状态,将预制带或预制丝按纤维的取向和规定的厚度进行层合、加温和加压成形,进而制成预成形体。预成形体的制造有物理方法、化学方法及机械方法,可以用单一的方法制造,也可以采用几种方法的组合制造。

2. 非连续增强金属基复合材料的特点

连续纤维增强金属基复合材料成本高、制备过程复杂,制造存在局限性,因此很难得到广泛的应用。这也就使得人们较普遍地专注于非连续纤维增强金属基复合材料,进而使研究发展较为迅速,特别是短纤维和陶瓷颗粒增强金属基复合材料,尤其碳化硅颗粒增强的金属基复合材料,因其制造成本低,可用传统的金属加工工艺进行加工,如铸造、挤压、轧制、焊接等,而成为金属基复合材料发展的一个主要方向之一。

颗粒增强金属基复合(Particulate Reinforced Metal Matrix Composites,PRMMC)材料是将陶瓷颗粒增强相外加或自生成进入金属基体中得到兼具金属的优点(塑性与韧性)和增强颗粒优点(高硬度与高模量)的复合材料。因此,对于颗粒增强金属基复合材料,它具有良好的力学性能、高耐磨性、低热膨胀率、良好的高温性能等特点,以及可以根据设计需求,通过选择增强相的种类、尺寸和体积含量调整材料的性能。与纤维增强、晶须增强金属基复合材料相比,颗粒增强金属基复合材料具有增强体成本低、微观结构均匀和材料各向同性,它可采用传统的成形加工方法,如铸造、锻造、挤压、轧制或切削加工等,因而降低了零件成形费用,较易实现批量生产。但从另一方面看,由于在颗粒增强金属基复合材料中,具有相当数量(10%～20%体积分数)的增强相,复合材料各种成形加工方法具有自己的特点,在工艺制度上不能完全采用基体铝合金相同的工艺过程和参数。

金属基复合材料用的颗粒增强体大都是陶瓷颗粒材料,主要有氧化铝(Al_2O_3)、碳化硅(SiC)、氮化硅(Si_3N_4)、碳化钛(TiC)、硼化钛(TiB_2)、碳化硼(B_4C)及氧化钇(Y_2O_3)等。这些陶瓷颗粒具有高强度、高弹性模量、高硬度、耐热等优点。

金属基复合材料按增强颗粒的加入方式,其制备技术可分为原位生成和强制加入两种。原位生成金属基复合材料的增强颗粒不是外加的,而是通过内部相的析出或化学反应生成的。原位反应复合制备的复合材料成本低,增强体分布均匀,基本上无界面反应,而且可以使用传统的金属熔融铸造设备,制品性能优良。但是,其工艺过程要求严格,比较难掌握,且增强相的成分和体积分数不易控制。强制加入复合材料的增强相与原位反应法正好相反,其增强相是外加入的,这也因此使其制备技术中有很多因素。目前发展的强制加入复合材料的制备技术包括粉末冶金技术、共喷射沉积技术、搅拌混合技术、挤压制造技术和电渣重熔技术等。

3. 片层状相增强金属基复合材料的特点

片层状增强相金属基复合材料是指在韧性和成形性较好的金属基体材料中含有重复排列的高强度、高模量片层状增强物的复合材料。片层的间距是微观的,在正常的比例下,材料按其结构组元看,可以认为是各向异性和均匀的。这类金属基复合材料属于结构复合材料,因此不包括包覆材料。对层状增强金属基复合材料的强度与大尺寸增强物的性能比较接近,而与晶须或纤维类小尺寸增强物的性能差别较大。因为增强薄片在二维方向上的尺寸相当于结构件的大小,所以增强物中的缺陷也就可以成为长度和构件相同的裂纹的核心。此外,由于薄片增强的强度不如纤维增强相的高,因此层状金属基复合材料的强度受到了限制。但是,在增强平面的各个方向上,薄片增强物对强度和模量都有增强效果,这与纤维单向增强的复合材料相比,具有明显的优越性。

金属层状复合材料的加工方法有许多,包括爆炸复合、压力加工复合、电磁复合等力学复合方法,钎焊、铸造、自蔓延高温合成(SHS)、喷射沉积、粉末冶金等冶金方法,以及胶黏、表面涂层等化学方法。但是,对于金属层状复合材料的加工生产,主要采用力学复合方法。

目前各种加工制造方法主要分为三大类:固态法、液态法和其他制造方法。金属基复合材料的主要制造方法及适用范围见表4.5。

固态法的特点是:制备过程中温度较低,金属基体与增强相均处于固态,可抑制金属与增强相之间的界面反应。液态法是指金属处于熔融状态下与固体增强物复合在一起的方法。液态法的关键技术是有效控制高温下的界面反应及基体的氧化反应。液态法可用来直接制造复合材料零件。

表 4.5 金属基复合材料的主要制造方法及适用范围

制造方法		适用体系		典型复合材料及产品
		增强材料	金属基体	
固态法	粉末冶金法	SiC_p、Al_2O_3、SiC_w、B_4C_p 等	Al、Cu、Ti	SiC_p/Al、SiC_p/Al、TiB_2/Ti、Al_2O_3/Al 等
	热压固结法	B、SiC、C、W	Al、cu、Ti、耐热合金	SiC_p/Ti、C/Al 等零件
	热轧法、热拉法	C、Al_2O_3	Al	C/Al 的棒、管等零件
液态法	挤压铸造法	SiC、Al_2O_3、C 等纤维、晶须	Al、Cu、Zn、Mg 等	SiC/Al、SiC/Al、C/Al、C/Mg 等零件、板、锭
	真空压力浸渍法	各种纤维、短纤维、晶须	Al、Cu、Mg、Ni 合金	C/Al、C/Mg、C/Cu、SiC_p/Al 等零件、板、锭
	搅拌铸造法	SiC_p、Al_2O_3、短纤维	Al、Zn、Mg	铸件、锭、坯
	共喷沉积法	SiC_p、Al_2O_3、B_4C_p、TiC 等颗粒	Al、Ni、Fe 等金属	SiC_p/Al、Al_2O_3/Al 等板坯、锭、管坯零件
其他制造方法	反应自生成法	—	Al、Ti	铸件
	电镀及化学镀法	SiC_p、B_4C、Al_2O_3 颗粒、C_f	Ni、Cu 等	表面复合层
	热喷镀法	颗粒增强、SiC_p、TiC	Ni、Fe	棒、管等

4.3.3 铝基复合材料及航空航天应用

铝基复合材料的基体可以是纯铝,也可以是铝合金,其中采用铝合金的居多。工业上常采用的铝合金基体有 Al-Mg、Al-Si、Al-Cu、Al-Li 和 Al-Fe 等。如减轻构件质量并提高刚度,可以采用 Al-Li 合金作为基体;用于高温的零部件则采用 Al-Fe 合金作为基体;而经过处理后的 Al-Cu 合金强度高,且有非常好的塑性、韧性和抗腐蚀性,易焊接,易加工,可考虑作为对这些性能要求高的复合材料的基体。增强材料主要有纤维、晶须以及颗粒。增强体与基体必须要有良好的界面结合状况,因为界面是连接基体和增强体的"桥梁"。对增强体进行预处理可以显著改善其与金属基体液的润湿性,控制过渡界面反应的发生。如在 SiC 表面涂覆一层 Ni 或 Cu,对 Al_2O_3 颗粒进行稀土表面改性也可以提高界面润湿性。

表4.6和表4.7是铝基复合材料的主要体系及其性能。

表4.6　连续纤维增强 Al 基复合材料的体系和性能

材料名称或牌号	纤维体积含量/%	密度/(g·cm^{-3})	拉伸强度/MPa	拉伸模量/GPa	断裂应变/%	热膨胀系数/(×10^{-6} K^{-1})
B$_f$/2024Al	47	—	1 420	222	0.795	—
B$_f$/2024Al	46	—	1 458	220.7	0.81	—
B$_f$/6061Al	50	2.491	1 343	217	0.695	—
B$_f$/6061Al	51	—	1 417	231.7	0.735	—
C$_f$/6061Al	43(石墨 T50)	2.436	641	215	0.83	—
SiC$_f$/Al	47(SCS-2)	2.934	1 462	204	0.89	6.6
SiC$_f$/Al	34(SCS-2)	—	1 034	172	—	—
SiC$_f$/Al	35(Nicalon)	—	800~900	100~110	—	3.2
Al$_2$O$_3$/201Al	50(FP)	3.598	1 170	210	—	7.2

表4.7　晶须或颗粒增强 Al 基复合材料的体系和性能

材料名称或牌号	材料状态	增强剂规格和数量/%	密度/(g·cm^{-3})	拉伸强度/MPa	拉伸模量/GPa	屈服强度/MPa	断裂应变/%	热膨胀系数/(×10^{-6} K^{-1})
SiC$_w$/2024Al	—	20	2.796	384	111	298	—	16
	T6	20	2.86	496	—	351	—	16
SiC$_p$/6061Al	—	20	—	496	103	414	5.5	—
	—	40	—	586	145	448	2	—

铝基复合材料已广泛应用于航空航天领域,尤其是纤维增强铝基复合材料(表4.8),以 B/Al 复合材料为例。早在20世纪70年代,美国就把 B/Al 复合材料用到航天飞机轨道器上(图4.11),该轨道器的主骨架是用89种243根重150 kg 的 B/Al 管材制成,比原设计的铝合金主骨架减重145 kg,相当于降低结构质量约44%。美国还用 B/Al 复合材料制造了 J-79 和 F-100 发动机的风扇和压气机叶片,制造了 F-106、F-111 飞机和卫星构件,减重效果达20%~66%。苏联的 B/Al 复合材料于20世纪80年代达到实用阶段,研制了多种带有接头的管材和其他型材,并制造出安装三颗卫星的支架。B/Al 复合材料其他的一些应用见表4.9。

表4.8　纤维增强铝基复合材料的性能与用途

增强体	铝基复合材料的性能	铝基复合材料的用途
硼纤维	沿纤维方向的 σ_b 达到 1 500 MPa 左右,弹性模量为 210 GPa,疲劳强度稍低于碳纤维增强复合材料	用于航天飞机构件和飞机发动机风扇叶片、压缩机叶片等部件

续表 4.8

增强体	铝基复合材料的性能	铝基复合材料用途
碳纤维	高强度、高弹性模量、耐磨性和导电性好,有优异的耐热性,250 ℃的抗拉强度仍能保持其室温的81%,疲劳强度比铝合金高38%	飞机构件、汽车发动机零件、滑动部件、计算机集成电路封装材料以及电子设备的基板等方面
SiC 纤维	高的比强度和比刚度,优良的抗疲劳性能,质量轻	可替代飞机结构中100~300 ℃使用的钛合金零件
氧化铝纤维	比强度、比模量大,600 ℃强度和弹性模量几乎与室温相同,抗疲劳强度高,且耐腐蚀性比其他纤维增强复合材料优异	制造航空航天器中某些设备和构件以及活塞、连杆、盘式制动器转子等汽车部件

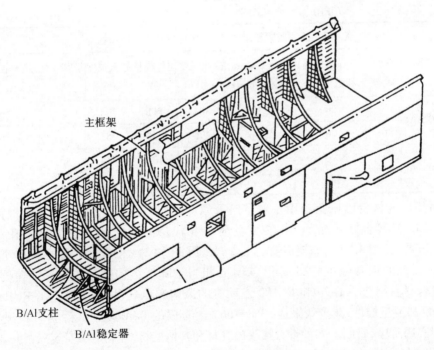

主框架

B/Al支柱

B/Al稳定器

图 4.11 B/Al 机身框架在航天飞机上的应用

表 4.9 B/Al 复合材料的应用

构件名称	所属飞行器	质量/kg	构件特点
转接客	阿特拉斯导弹	13.6	ϕ1.22 m×2.14 m 的加筋圆柱壳

续表4.9

构件名称	所属飞行器	质量/kg	构件特点
推进器箱(方案)	阿特拉斯导弹	590	长椭圆形
姿态控制系统的下壁板(方案)	阿波罗飞船的服务舱	—	四层单向 B/Al 板
卫星天线桁架(方案)	—	373	B/Al 管组成桁架式天线 ϕ30.5 m×1.66 m
中机身框构件	航天飞机	141	243 根 B/Al 管和钛接头组成
中机身上翼板(方案)	航天飞机	136	B/Al 板加筋与铝蒙皮铆接
中机身上侧壁板(方案)	航天飞机	364	同上
主起落架柱杆(方案)	航天飞机	33.2	B/Al 管和钛接头组成
受压缩壁板(试件)	航天飞机	95.91	1.2 m×1.8 m 多条桁条组成的多件构件
压力容器(方案)	空间站	—	ϕ5.6 m×4.06 m 圆柱壳

4.3.4　钛基复合材料及航空航天应用

钛基复合材料(TiMMC)与钛合金相比,比强度和热稳定性高(图 4.12),弹性模量高、抗蠕变性能高、耐热温度高(比钛合金基体高 100~200 ℃,纤维增强钛基复合材料的耐热温度可达 760 ℃)、耐磨性能好,如 10% TiC/TiMMC 的耐磨性能比钛合金基体高3 倍。

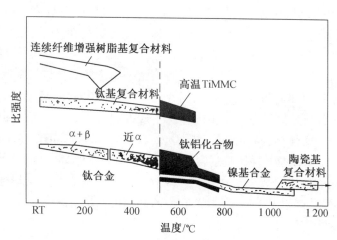

图 4.12　钛基复合材料与钛合金基体的比强度对比

纤维增强钛基复合材料的发展已有 20 多年的历史,在美国通过 3 个项目对该材料的研究进行支持:一是国家航空航天计划(NASP),主要是针对航空航天框架结构用材;二是 1988 年启动的集成高性能涡轮发动机技术项目(IHPTET),主要是针对双倍汽轮机的推进能力;三是钛基复合材料涡轮发动机联合研制项目(TMCTECC),是针对钛基复合材料在大型汽轮机上的应用。这3个项目的执行将纤维增强钛基复合材料的研究推向成熟。表4.10是SCS-6 SiC纤维增强钛基复合材料的纵向拉伸性能。

表4.10 SCS-6 SiC 纤维增强钛基复合材料的纵向拉伸性能

材料性能	温度/℃	SCS-6/TC4	SCS-6/Ti1100	SCS-6/Ti-25-10-3-1
σ_b/MPa	23	1 932	1 291	1 517
	538	1 370	1 004	1 472
	650	1 221	971	1 360
E/GPa	23	202	198	217
	538	183	178	200
	650	167	166	188
δ/%	23	1.09	0.73	0.79
	538	0.87	0.65	0.85
	650	0.86	0.68	0.82

碳化硅纤维增强的 TiMMC 具有比强度高、比刚度高、使用温度高及抗疲劳和蠕变性能好等优点,如德国研制的 SCS-6/IMI834 复合材料的抗拉强度达 2 200 MPa,刚度达 220 GPa,而且具有极为优异的热稳定性,在 700 ℃温度下暴露 2 000 h 后力学性能不降低。采用 SCS-6/TiMMC 替代耐热钢制成 RB211 制造压气机转子叶片可以使压气机质量减轻 40% 左右(图 4.13)。用 SCS-6/TiMMC 做成压气机叶环结构的转子代替 Ni 基高温合金叶盘结构转子,减重 80%(图 4.14)。采用 TiMMC 发动机轴替代传统发动机轴,可以使发动机质量大大减轻。因此,这种复合材料在 21 世纪高推重比发动机中的应用具有很大的潜力。未来发动机的低压压气机转子叶片和静子叶片、压气机和涡轮整体叶环,以及涡轮轴、压气机机匣也将广泛采用这种复合材料制造。

由于 TiC 在热力学上与钛及钛合金相容,密度比 Ti 稍大,泊松比与 Ti 相近,而弹性模量是 Ti 的 4 倍,与其他陶瓷材料相比,两者的热膨胀系数最为接近,因此最近的研究大多都用 TiC 作为增强相,而且发现 Ti/TiC 及 Ti-6Al-4V/TiC 的结合都很好。另外发现 TiB_2 是 γ-TiAl 基颗粒增强钛基复合材料的最佳颗粒增强体。颗粒增强钛基复合材料中颗粒增强相的体积分数一般在 5% ~20%。它们的主要作用是提高材料的硬度、耐磨性能、耐高温性能以及抗蠕变性能,它们的共同特点是熔点高、硬度大、比强度和比刚度高以及化学稳定性好。

美国 1989 年报道的 Cerme Ti 系列复合材料是采用 CHIP 工艺(冷等静压+烧结+热等静压)制造,具有不同含量 TiC、TiB_2 颗粒增强 Ti-6M-4V 复合材料。该系列复合材料可进行锻造、轧制和挤压等各种后续变形加工。

10%(质量分数)TiC/Ti-6Al-4V 复合材料与 Ti-6Al-4V 相比,从室温到 650 ℃的屈服断裂强度和弹性模量分别提高了 15%。20%(质量分数)TiC/Ti-6Al-4V 的弹性

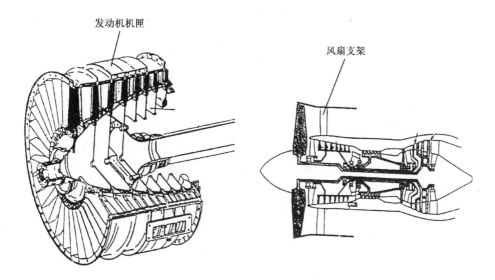

图 4.13 钛基复合材料在发动机静子件上的潜在应用

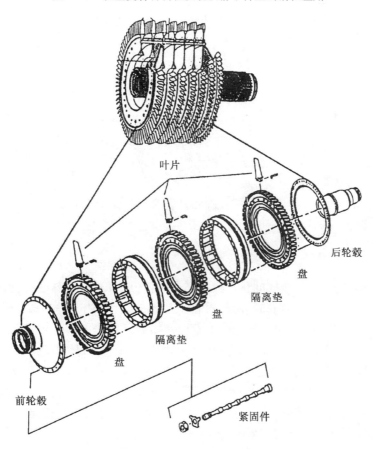

图 4.14 TiMMC 在发动机转子件上的潜在应用

模量可再提高10%。15%(质量分数)TiC/Ti-6Al-4V复合材料的538℃蠕变速率可以降低一个数量级左右,而538℃持久寿命增加一个数量级。由于高温性能和刚度改善,Cerme Ti复合材料的使用温度可比Ti-6Al-4V提高110℃左右。Cerme Ti复合材料不足之处是室温塑性和断裂韧性偏低。但Germe Ti和Ti-6Al-4V的650℃塑性相差不大,且其断裂韧性K_{IC}值仍有28 MPa·m$^{1/2}$,与航空常用的2014-T6铝合金相当。此外,Cerme Ti复合材料具有较高的硬度、较好的耐磨性和抗疲劳性能。

钛基体非常活泼,几乎能与所有增强颗粒发生界面反应。所以对于颗粒增强钛基复合材料的制备可采用原位反应生成法制备。目前,利用原位反应生成法生产颗粒增强钛基复合材料的主要制备技术有:粉末冶金法(PM)、机械合金化(MA)、自蔓延高温合成工艺(SHS)、放热扩散法(XDTM)、快速凝固技术(RSP)以及各种各样的熔炼铸造技术。其中,粉末冶金法制备原位自生钛基复合材料是目前研究最多的方法,其主要缺点是:工艺复杂,对加工设备要求高,难以制备大零件和实现批量化生产。熔炼铸造法采用传统的钛合金熔炼工艺,直接将所需的反应物和钛合金基体一起熔炼,在熔炼过程中发生反应,生成原位自生的增强相。采用普通的熔铸法,可以在不改变原钛合金熔炼工艺和设备的条件下,制备钛基复合材料,因此可以大大降低成本。

迄今为止,原位合成钛基复合材料主要是利用以下几个反应式:

$$Ti+B \longrightarrow TiB \tag{4.1}$$

$$Ti+C \longrightarrow TiC \tag{4.2}$$

$$5Ti+B_4C \longrightarrow 4TiB+TiC \tag{4.3}$$

$$14Ti+2REB_6+B_2O_3 \Longrightarrow 14TiB+RE_2O_3 \tag{4.4}$$

钛基复合材料未来的发展方向主要有以下几方面:

①研制钛基复合材料的高温防氧化涂层。

②重视界面结构与性能表征的研究。

③发展低成本、高质量和高可靠性的钛基复合材料制造工艺。

④积极开展钛基复合材料的回收再生研究。

4.3.5 其他金属基复合材料

金属基复合材料中的金属间化合物基复合材料(IMMC)是高温结构材料中发展的重点。美国、日本、德国、英国和我国都投入了大量的人力和物力进行系统研究和开发,美国IHPTET、NASP和HSCT计划均要求发展使用温度高于1 000℃的金属间化合物复合材料。目前研究最多的是铝化物基金属间化合物,如TiAl、Ti$_3$Al、Ti$_2$AlNb、NiAl、Ni$_3$Al、FeAl、Fe$_3$Al、Nb$_3$Al,此外还有MoSi$_2$等。与美国IHPTET和HSCT计划相配套的HITEMP计划中,TiAl、Ti$_3$Al、NiAl、FeAl基复合材料也是发展重点。单一金属间化合物的损伤容限和高温强度较低,从而导致金属间化合物复合材料和复相合金的发展,通过控制复合材料的组成和结构,有可能达到强度和韧性的平衡。

钛铝金属间化合物基复合材料的应用背景是作为NASP和其他高速交通器的结构件,如:桁条、加强筋;涡轮发动机喷嘴鱼鳞片的平板、轴、管、杆和环,压气机的整体静子和转子。图 4.15 是以钛铝金属间化合物基复合材料替代高温合金的减重效果。图 4.16 是 SiC/Ti₃Al-Nb 复合材料与现有高温合金的性能对比。

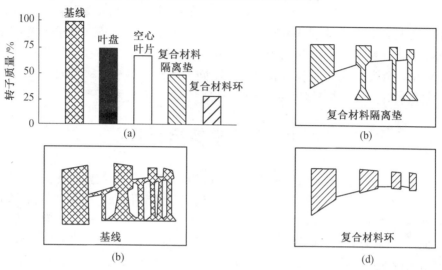

图 4.15　纤维增强钛铝金属间化合物基复合材料构件减重效果示意图

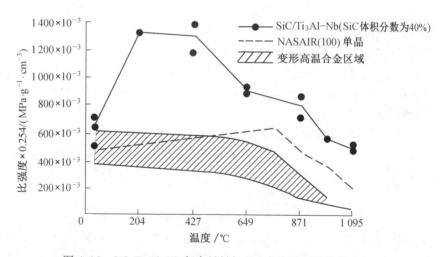

图 4.16　SiC/Ti₃Al-Nb 复合材料与现有高温合金性能对比

在发展金属间化合物复合材料中,基体与增强体之间的界面起着关键作用。该界面不仅仅要像在金属基复合材料那样起到转移载荷的作用,而且要类似于陶瓷基复合材料的界面起到增韧作用。因此要求界面具有优良的高温化学稳定性,以避免损伤增强体和形成脆性反应产物。热膨胀系数的不匹配、金属间化合物的高模量以及高的加工温度,常会引起相当大的残余应力,界面应该能降低残余应力。由于大多数金属间化合物存在环境脆化的问题,因此提高 IMMC 的抗环境能力也是一个重要课题。

金属陶瓷是金属基复合材料中容易被忽视的一类。金属陶瓷是金属(通常为 Ti、Ni、Co、Cr 等及其合金)和陶瓷(通常为氧化物、碳化物、硼化物和氮化物等)组成的非均质材料,是颗粒增强型的金属基复合材料。金属和陶瓷按不同配比组成工具材料(陶瓷为主)、高温结构材料(金属为主)和特殊性能材料。

氧化物金属陶瓷多以 Co 或 Ni 作为黏结金属,热稳定性好,抗氧化性较好,韧性高,可用作高速切削工具材料,还可用作高温下工作的耐磨件,如喷嘴、热拉丝模以及机械密封环等。碳化物金属陶瓷是应用最广泛的金属陶瓷,如 WC/Co 基金属陶瓷。通常以 Co 或 Ni 作为金属黏结剂,根据金属含量的不同可用作耐热结构材料或工具材料。碳化物金属陶瓷作为工具材料时,通常被称为硬质合金。

4.4　陶瓷基复合材料

陶瓷是用无机非金属天然矿物或人工合成的粒状化合物(例如碳化硅、氮化硅、氧化铝等)为原料,经过原材料处理、成形、干燥和高温烧结而成的。同金属材料相比,陶瓷材料在耐热性、耐磨性、抗氧化、抗腐蚀以及高温力学性能等方面都具有不可替代的优点。但是,它具有脆性大的缺点,在工业上的应用受到很大限制。因此,提高韧性是陶瓷材料领域的重要研究课题。陶瓷基复合材料是在陶瓷基体中引入第二相材料,使之增强、增韧的多相材料,又称为"多相复合陶瓷"或"复相陶瓷"。

陶瓷基复合材料根据增强体分成两大类:连续增强的复合材料和不连续增强的复合材料,其中连续增强的复合材料包括一方向、二方向和三方向纤维增强的陶瓷基复合材料,也包括多层陶瓷基复合材料;不连续增强复合材料包括晶须、晶片和颗粒状的第二相元增强和自身增强(如 Si_3N_4 中等轴晶的基体中分布一些晶须状 β-Si_3N_4 晶粒起到增韧效果)。另外,纳米陶瓷可能是添加纳米尺寸的增强体复合材料,也可能是自身晶粒尺寸纳米化,即自增强(韧)。

陶瓷基复合材料也可根据基体分为氧化物和非氧化物基复合材料。氧化物基复合材料包括玻璃、玻璃陶瓷、氧化物、复合氧化物等,若增强纤维也是氧化物,常称为全氧化物复合材料。非氧化物基复合材料以 SiC、Si_3N_4、$MoSi_2$ 基为主。

4.4.1　陶瓷基体材料

陶瓷基体材料主要由已结晶和非结晶两种形态的化合物组成,按照组成化合物的元素不同,可以分为氧化物陶瓷(Al_2O_3、ZrO_2、SiO_2、MgO)、碳化物陶瓷(SiC、B_4C、TiC)、氮化物陶瓷(BN、Si_3N_4)等。另外,还会以一些混合氧化物($3Al_2O_3 \cdot 2SiO_2$)的形态存在。

1.氧化物陶瓷基体

(1)氧化铝陶瓷基体

Al_2O_3 有许多种同质多晶变体。研究报道过的变体有十多种,但主要有三种,即 γ-Al_2O_3、β-Al_2O_3 和 α-Al_2O_3。γ-Al_2O_3 属于尖晶石(立方)结构,密度较小,为 3.42 ~ 3.47 g/cm^3,高温下不稳定,1 000 ℃以上转化为 α-Al_2O_3,机械性能差,很少单独制成材料使用,在自然界中不存在;β-Al_2O_3 是一种氧化铝含量很高的多铝酸盐矿物,其化

学组成可近似用 $RO-6Al_2O_3$ 和 $R_2O-11Al_2O_3$ 来表示,密度为 $3.30\sim3.63$ g/cm³,1 600 ℃转变为 $\alpha-Al_2O_3$;$\alpha-Al_2O_3$ 具有稳定晶型,属于六方晶系,熔点为 2 050 ℃,密度为 $3.96\sim4.01$ g/cm³,结构最紧密,活性低,高温稳定,电学性能最好,具有优良的机械性能,莫氏硬度为 9,自然界中以天然刚玉、红宝石、蓝宝石等矿物存在。

以氧化铝为主要成分的陶瓷称为"氧化铝陶瓷",常用的有以下三类:刚玉瓷,主晶相是 $\alpha-Al_2O_3$;刚玉-莫来石,主晶相是 $\alpha-Al_2O_3$、$Al_2O_3\cdot2SiO_2$;莫来石瓷,主晶相是 $Al_2O_3\cdot2SiO_2$(Al_2O_3 的质量分数约为 53.44%,SiO_2 的质量分数约为 25.54%),属斜方晶系,熔点为 1 810 ℃。按照氧化铝的含量,可将氧化铝陶瓷分为 75 瓷、85 瓷、95 瓷、99 瓷和高纯瓷,其氧化铝的含量(质量分数)依次为 75%、85%、95%、99% 和 99.9%,烧结温度依次为 1 360 ℃、1 500 ℃、1 650 ℃、1 700 ℃和 1 800 ℃。陶瓷的 Al_2O_3 含量越高,性能越好,缺点是制备工艺更复杂,成本更高。氧化铝的硬度很高,仅次于金刚石、氮化硼和碳化硅,有很好的耐磨性,而且氧化铝还有很好的电绝缘性,耐腐蚀性很强。因此,由氧化铝制备的氧化铝陶瓷具有较高的室温和高温强度、高的化学稳定性和介电性能,但热稳定性不高,而且氧化铝的缺点是脆性大,抗热震性差,不能承受环境温度的变化。氧化铝陶瓷的结构和主要性能见表 4.11。氧化铝陶瓷的生产工艺,由于产品性能要求不同,配方不同,形状大小不同,成形方法不同,其生产工艺也不尽相同,其基本工序为原料制备→煅烧→磨细→成形→烧结,即粉末冶金的基本工序。煅烧是为了将 $\gamma-Al_2O_3$ 转变为 $\alpha-Al_2O_3$;磨细是为了细化氧化铝颗粒粒径,便于烧结和提高氧化铝瓷的性能;成形主要有注浆法、模压法、热压铸、热压法及等静压法等;烧结技术主要有常规烧结、气氛烧结、真空烧结、微波烧结、热压烧结、热等静压烧结和放电等离子烧结等。

表 4.11　氧化铝陶瓷的结构和主要性能

名称	刚玉-莫来石瓷	刚玉瓷	刚玉瓷
牌号	75 瓷	95 瓷	99 瓷
Al_2O_3 含量(质量分数)/%	75	95	99
主晶相	$\alpha-Al_2O_3$ 和 $Al_2O_3\cdot2SiO_2$	$\alpha-Al_2O_3$	$\alpha-Al_2O_3$
密度/(g·cm⁻³)	3.2~3.4	3.5	3.9
抗拉强度/MPa	140	180	250
抗弯强度/MPa	250~300	280~350	370~450
抗压强度/MPa	1 200	1 200	2 500
热膨胀系数/×10⁻⁶℃⁻¹	5~5.5	5.5~7.5	6.7
介电强度/(kV·mm⁻¹)	25~30	15~18	25~30

(2)氧化锆陶瓷基体

以氧化锆(ZrO_2)为主要成分的陶瓷称为"氧化锆陶瓷"。氧化锆有三种晶型:立方相(密度为 6.27 g/cm³)、四方相(密度为 6.10 g/cm³)和单斜相(密度为 5.65 g/cm³)。

氧化锆从熔点冷却结晶为立方相,到约 2 300 ℃ 转变为四方相,在 1 000 ~ 1200 ℃ 转变为单斜相。单斜相与四方相转变时,伴随有 7% 左右的体积变化,加热时由单斜相转变为四方相,体积收缩;冷却时由四方相转变为单斜相,体积膨胀。而且,这种收缩与膨胀并不发生在同一温度,前者约在 1 200 ℃,后者约在 1 000 ℃。由于晶型转变过程中的体积变化,氧化锆陶瓷烧结时容易开裂,因此,需要在氧化锆陶瓷中加入一定量的烧结稳定剂,一般加入 CaO、MgO、Y_2O_3、CeO_2 或 La_2O_3 等,形成稳定立方、四方相结构的 ZrO_2(Stabilized Zirconia,SZ)。减少稳定剂的添加量(一般为原来的50%左右),则可获得部分稳定 ZrO_2(Partially Stabilized Zirconia,PSZ)。稳定剂的有效加入量为:MgO 摩尔分数为 16% ~ 26%、CaO 摩尔分数为 15% ~ 29%、Y_2O_3 摩尔分数为 7% ~ 40%、CeO_2 摩尔分数大于 13%。稳定剂可以单独使用,也可混合使用。稳定的氧化锆陶瓷的比热容和导热系数小,韧性好,化学稳定性良好,高温时具有良好的抗酸性和抗碱性。

2. 碳化物陶瓷基体

(1)碳化硅陶瓷基体

以碳化硅(SiC)为主要成分的陶瓷称为“碳化硅陶瓷”。SiC 主要有 α-SiC(六方晶型)和 β-SiC(立方晶型)两种,Si—C 键属于典型的共价键结合。通常将石英、碳和木屑装入电弧炉中,在 1 900 ~ 2 000 ℃ 的高温下合成碳化硅粉,再通过反应烧结或热压烧结工艺制成碳化硅陶瓷。反应烧结法是将一种高温型碳化硅(α-SiC)粉末与碳粉混合,加入适量的黏结剂后,压制成所需的形状,放入炉中,加热到 1 600 ~ 1 700 ℃,使熔融的硅和硅的蒸气渗透到制件中,与碳反应生成低温型碳化硅(β-SiC),与高温型碳化硅紧密结合在一起制备成碳化硅陶瓷。热压烧结法是在碳化硅中加入烧结促进剂,然后热压烧结,热压时的温度和压力要根据烧结剂的温度而有所改变。SiC 是一种非常硬的抗磨蚀材料,具有良好的抗腐蚀性能和抗氧化性能,密度为 3.17 g/cm^3。

(2)碳化硼陶瓷基体

以碳化硼(B_4C)为主要成分的陶瓷称为“碳化硼陶瓷”。碳化硼晶体的密度为 2.52 g/cm^3,在 2 350 ℃ 左右分解,属于六方晶体。碳化硼晶胞中碳原子构成链状位于立体对角线上,同时碳原子处于十分活跃的状态,这就会使它有可能被硼原子代替形成置换固溶体,并且可能脱离晶格,形成有缺陷的碳化硼。

碳化硼的突出特点是:密度低、熔点高、硬度高(仅次于金刚石和立方晶体 BN),且耐磨性好。碳化硼的热膨胀系数很低,具有良好的热稳定性和很高的耐酸、耐碱性,能抵抗大多数熔融金属的侵蚀。碳化硼粉体是由 B_2O_3 和 C 在电弧炉中发生下列反应所得,即

$$2B_2O_3 + 7C =\!=\!= B_4C + 6CO \tag{4.5}$$

碳化硼陶瓷的烧结温度范围窄,难于烧结。温度低,则烧结不致密;温度高,则碳化硼会分解。一般通过无压烧结、热压烧结等制备技术形成致密的材料。热压烧结的碳化硼可以达到理论密度的 98%,制备时在真空热压炉或普通热压炉中进行,热压温度为 2 100 ℃ 左右,压力为 80 ~ 100 MPa,保温数分钟,降温时需要保持压力。

3. 氮化物陶瓷基体

(1)氮化硅陶瓷基体

以氮化硅(Si_3N_4)为主要成分的陶瓷称为"氮化硅陶瓷"。氮化硅有 α 和 β 两种六方晶型,前者为针状结晶体,后者为颗粒状结晶体,氮化硅的 Si—N 共价键结合强度很高,属于难烧结物质。常用的制备方法有反应烧结(RBSN)与热压烧结(HPSN)两种。前者以硅粉为原料,然后冲入95% N_2+5% H_2 气体,氮化 1～1.5 h,氮化温度为 1 180～1 210 ℃,为了精确控制试样的尺寸公差,通常将反应烧结后的制品在一定氮气压力和较高温度下再次烧结,使之进一步致密化,这就是所谓的"RBSN 的重烧结"或"重结晶"。后者是用 α-Si_3N_4 含量高于90% 的 Si_3N_4 细粉,加入适量的烧结助剂(如 MgO、Al_2O_3),在高温(1 600～1 700 ℃)和外压力下烧结而成。近年来,在热等静压方面也取得了一定的进展。利用烧结助剂使 α-Si_3N_4 在常压下液相烧结也是可行的。氮化硅陶瓷的热膨胀系数低($2.75×10^{-6}K^{-1}$)、强度高、弹性模量高、耐磨、耐腐蚀,抗氧化性好,在1 200 ℃下,不氧化,强度也不下降。

(2)氮化硼陶瓷基体

以氮化硼(BN)为主要成分的陶瓷称为"氮化硼陶瓷"。氮化硼是共价键化合物,它有六方晶型和立方晶型两种晶体类型。六方晶型具有类似石墨的层状结构,被称为"白石墨",理论密度为 2.27 g/cm^3,在热压陶瓷过程中被当作脱模剂使用,它的硬度不高,是唯一易于机械加工的陶瓷。六方晶型氮化硼粉末可以通过含有硼的化合物引入氨基来制造,然后通过气相合成、等离子流合成或气固相合成等制备成六方晶型的氮化硼陶瓷。立方晶型氮化硼的结构和硬度都接近金刚石,是一种极好的耐磨材料,通常有黑色、棕色、暗红色、白色、灰色或黄色成品出现,当用氮化物作为催化剂时,它几乎为无色。氮化硼的抗氧化性能优异,可在 900 ℃以下的氧化气氛中和 2 800 ℃以下的氮气和惰性气氛中使用。将粉末加入到氮化硅和氧化铝中,则混合物在20 ℃时的热导率为15.07～58.89 W/(m·K),且随温度的变化不大;热膨胀系数为(5～7)×10^{-6} K^{-1},热稳定性好。高纯氮化硼的电阻率为 10^{11} Ω·m,1 000 ℃高温下为 10^2～10^4 Ω·m,介电常数为 3.0～3.5,介电损耗因子为(2～8)×10^4,击穿电压为 950 kV/cm,高温下也能保持绝缘性、耐碱、酸、金属、砷化镓和玻璃熔渣侵蚀,对大多数金属和玻璃熔体不湿润,也不反应。立方晶型氮化硼粉末一般都是由六方晶型氮化硼经高温高压处理后合成转换而得到的。

4.4.2 陶瓷基复合材料的增韧机理

颗粒、纤维及晶须加入到陶瓷基体中,使其强度尤其韧性得到大大提高。对于给定的陶瓷复合材料,实际上可能有多种增韧机理,其中有一种增韧机理起主要作用。增韧效果取决于:增强材料的尺寸大小、形状、界面的结合情况、基体与增强材料的力学和热膨胀性能及相变情况。由于基体和增强材料不同,因此增韧机理也会有所不同。有些复杂的复合材料很难确定是哪种增韧机理起主要作用。下面将分别介绍颗粒增韧,纤维、晶须增韧以及相关的增韧机理。

1. 颗粒增韧

颗粒增韧是最简单的一种增韧方法,它具有同时提高强度和韧性等优点。以下讨论非相变第二相颗粒增韧和相变第二相颗粒增韧机理。

(1)非相变第二相颗粒增韧

断裂力学的理论表明:反映材料韧性本质的是裂纹扩展性质。固体中裂纹扩展的临界条件是弹性应变能释放率等于裂纹扩展单位面积所需的断裂能。因此,凡是影响这一平衡的因素均可改变材料的强度和韧性。而非相变第二相颗粒可以改变能量平衡,从而达到强韧化的目的。

① 热膨胀适配增韧和裂纹偏转增韧。

热膨胀适配增韧是陶瓷基复合材料颗粒增韧的重要机制,影响第二相颗粒复合材料增韧效果的主要因素是:基体与第二相颗粒的弹性模量 E、热膨胀系数 α 以及两相的化学相容性。假设第二相颗粒与基体之间不存在化学反应,在一个无限大基体中存在第二相颗粒时,由于冷却收缩的不同,颗粒将受到一个力 F。$\Delta\alpha$ 为第二相颗粒与基体之间的热膨胀系数失配,即 $\Delta\alpha = \alpha_p - \alpha_m$,公式中的下标 m、p 分别代表基体和颗粒。当忽略颗粒效应场之间的相互作用时,这一内应力将在距离颗粒中心 R 处的基体中产生正应力 σ_r 和切应力 σ_τ。

当 $\Delta\alpha > 0$ 时,即 $\alpha_p > \alpha_m$,$F > 0$,$\sigma_r > 0$,$\sigma_\tau < 0$,第二相颗粒内部产生等静拉应力,而基体径向处于拉伸状态,切向处于压缩状态,当应力足够大时,可能产生具有收敛性的环向微裂;当 $\Delta\alpha < 0$ 时,即 $\alpha_p < \alpha_m$,$F > 0$,$\sigma_r < 0$,$\sigma_\tau > 0$,第二相颗粒内部产生等静压力,而基体径向处于压缩状态,切向处于拉伸状态,当应力足够大时,可能产生具有发散性的径向微裂纹。

当 $\Delta\alpha > 0$ 时,由于基体中压应力 σ_τ 和拉应力 σ_r 的共同作用,当裂纹遇到第二相颗粒时,并不是直接朝着第二相颗粒扩展,而是在基体中沿着与 σ_τ 方向平行和与 σ_r 方向垂直的方向发展,绕过第二相颗粒后,再沿原方向扩展,这样增加了裂纹扩展的路径,因此增加了裂纹扩展的阻力。$\Delta\alpha > 0$ 时,裂纹扩展的路径如图 4.17 所示。

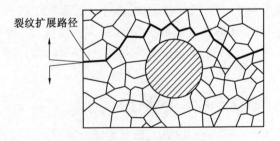

图 4.17　$\Delta\alpha > 0$ 时,裂纹扩展的路径

当 $\Delta\alpha < 0$ 时,由于基体中拉应力 σ_τ 和压应力 σ_r 的共同作用,当裂纹遇到第二相颗粒时,并不是直接朝着第二相颗粒扩展,而是在基体中沿着与 σ_τ 方向垂直和与 σ_r 方向平行的路径扩展,如果外力不再增加,裂纹就在第二相颗粒前终止。若外力进一步增大,裂纹会继续扩展,有可能穿过第二相颗粒(穿晶断裂)或绕着基体和颗粒的界面继

续扩展(裂纹偏转)。裂纹究竟沿哪一途径扩展,取决于颗粒的表面能、颗粒半径、取向及基体与颗粒界面结合状态。$\Delta\alpha<0$ 时,裂纹扩展的路径如图 4.18 所示。

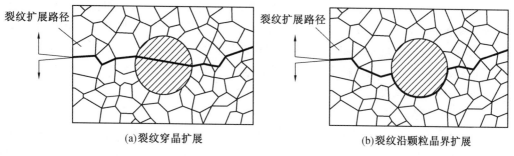

(a)裂纹穿晶扩展　　　　　　　　　　(b)裂纹沿颗粒晶界扩展

图 4.18　$\Delta\alpha<0$ 时,裂纹扩展的路径

②裂纹桥联增韧。

裂纹桥联是一种裂纹尾部效应,发生在裂纹尖端后方,靠桥联剂连接裂纹的两个表面并提供一个使两条裂纹面相互靠近的应力,也就是闭合应力,这样导致应力强度因子随裂纹扩展而增加。

脆性颗粒裂纹桥联模型如图 4.19 所示。当裂纹遇上桥联剂时,桥联剂有可能穿晶破坏(如图 4.19 中第一个颗粒),也有可能出现互锁现象,即裂纹绕过桥联剂沿晶界扩展(如图 4.19 中第二个颗粒)并形成摩擦桥,而第三、第四个颗粒形成裂纹联。

延性颗粒裂纹桥联模型如图 4.20 所示。第一个、第二个颗粒呈穿晶断裂,第三个颗粒在应力场作用下发生塑性变形并形成裂纹桥联,第四个颗粒未变形但也产生桥联。其增韧机理包括由于塑性变形区导致的裂纹尖端屏蔽,主裂纹周围微开裂以及延性裂纹桥。

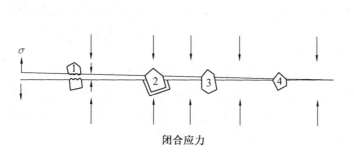

图 4.19　脆性颗粒裂纹桥联模型

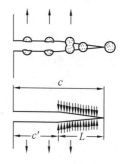

图 4.20　延性颗粒裂纹桥联模型

当基体与延性颗粒的热膨胀系数相等时,利用延性裂纹桥可以达到最佳增韧效果。例如,调节 Na-Li-Al-Si 玻璃热膨胀系数和弹性模量,使其与金属 Al 的相同,复合材料的断裂性能比基体玻璃提高 60 倍,而当热膨胀系数和弹性模量相差足够大时,裂纹将绕过金属颗粒发展,难以发挥金属的延性性能,增韧效果较差。

（2）相变第二相颗粒增韧

材料的断裂过程要经历弹性变形、塑性变形、裂纹的形成与扩展，整个断裂过程要消耗一定的断裂能。因此，为了提高材料的强度和韧性，应尽可能地提高其断裂能。对于金属来说，塑性功是其断裂能的主要组成部分，而陶瓷材料主要以共价键和离子键键合，晶体结构较为复杂，室温下几乎没有可移动位错，塑性功很低，所以需要寻找其他的强韧化途径，相变第二相颗粒增韧补强即是途径之一。相变第二相颗粒增韧主要分为相变增韧和微裂纹增韧。

①相变增韧。

相变增韧是在应力场存在下，由分散相的相变产生应力场，抵消外加应力，阻止裂纹扩展，达到增强增韧目的。

相变增韧的典型例子是氧化锆颗粒加入其他陶瓷基体（如氧化铝、莫来石、玻璃陶瓷等）中，由于氧化锆的相变，使陶瓷的韧性增加。前面介绍过氧化锆有多种晶型，在接近其熔点时为立方结构，冷至约 2 300 ℃时为四方结构，在 1 100 ~ 1 200 ℃之间转变为单斜对称结构。当部分稳定的氧化锆存在于陶瓷基体时，即存在单斜对称结构和四方结构可逆相变特征。晶体结构的转变伴随有 3% ~ 5% 的体积膨胀。这一相变温度正处于烧结温度与室温之间，因此，对复合材料的韧性和强度有很大影响。氧化锆颗粒弥散在其他陶瓷中，由于两者具有不同的热膨胀系数，烧结完成后，在冷却过程中，氧化锆颗粒周围则有不同的受力情况，当它受到周围基体的压制，氧化锆的相变也将受到压制。另外一个特征是其相变温度随颗粒尺寸的降低而降低，一直可降到室温或室温以下，这样在室温时氧化锆颗粒仍可以保持四方相结构。当材料受到外应力时，基体对氧化锆的压制作用得到松弛，氧化锆颗粒随即发生由四方结构向单斜对称结构的转变，这一转变引起了体积膨胀和切变，在裂纹的尖端产生了一种封闭裂纹的应力，一部分断裂能量被用于应力诱发转移。围绕着裂纹区产生的膨胀挤向周围不转移的材料，这些材料又产生一种反作用力挤向裂纹，使裂纹扩展困难，达到增加断裂韧性的效果。

②微裂纹增韧。

在含有 ZrO_2 弥散相的陶瓷基体中，高温稳定的四方结构 ZrO_2 随着温度的下降而逐步转化为单斜结构。不同的 ZrO_2 颗粒各有其相应的相变温度，并有其相应的膨胀程度。ZrO_2 颗粒越大，其相变温度越高，膨胀也越大，这种体积膨胀可以在主裂纹尖端过程区诱发弹性压应变能或激发产生显微裂纹，从而提高断裂韧性和强度。

为了阻止裂纹扩展，在主裂纹尖端有一个较大范围的相变诱导微裂纹区，在相变未转化之前，裂纹尖端诱导出的局部压力起着提高抗张强度的作用，一旦相变转化而导致微裂纹带，就能在裂纹扩展构成中吸收能量，起到提高断裂韧性的作用。

2. 纤维、晶须增韧

纤维和晶须的引入不仅提高了陶瓷材料的韧性，更重要的是使陶瓷材料的断裂行为发生的根本变化，由原来的脆性断裂变为非脆性断裂。对典型的陶瓷基复合材料断裂行为的研究表明，材料的断裂过程一般为：基体中出现裂纹，纤维或晶须与基体发生界面解离（也称为脱黏），此时纤维和晶须出现断裂和拔出，如图 4.21 所示。纤维、晶须的增韧机制有裂纹偏转,纤维、晶须拔出,脱黏和桥联。

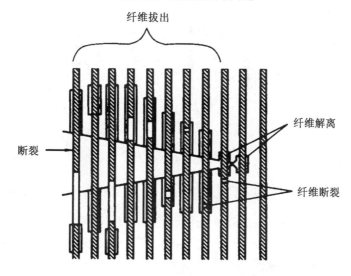

图 4.21 纤维、晶须增韧陶瓷基复合材料的增韧机制

(1)裂纹偏转

在扩展裂纹尖端应力场中的增强体会导致裂纹发生弯曲和偏转,从而干扰应力场,致使应力强度降低,起到阻碍裂纹扩展的作用。陶瓷基体中的裂纹很难穿过纤维或晶须,在原来的扩展方向进行扩展,相对地,它更容易绕过纤维或晶须并尽量贴近纤维或晶须表面进行扩展,即发生裂纹偏转。裂纹偏转可以绕着增强体发生偏转或扭转偏转,增强体的长径比对裂纹扭转偏转有很重要的影响,增强体的长径比越大,裂纹偏转增韧效果越好。偏转后的裂纹受到的拉应力往往低于偏转前,由于裂纹的扩展路径增长,裂纹扩展中需消耗更多的能量,因此通过裂纹扩展路径的增长起到了增韧的作用。

(2)脱黏增韧

脱黏是指在复合材料中,纤维与基体产生解离,产生了新的表面(图 4.21 中纤维解离部分),尽管单位面积的表面能很小,但是所有脱黏纤维总的表面能则很大。脱黏可以使基体的内部应力释放,从而起到增韧的作用。

(3)纤维、晶须拔出

纤维、晶须拔出是指靠近裂纹尖端的纤维在外应力作用下沿着它和基体的界面滑出的现象。纤维、晶须拔出的前提条件是纤维或晶须应首先发生脱黏,当纤维、晶须上的拉伸应力小于其断裂强度,同时,作用于纤维、晶须上的剪切应力大于基体与其界面结合强度时,就产生纤维、晶须的拔出。纤维、晶须拔出会使裂纹尖端的应力松弛,从而减缓了裂纹的扩展,起到增韧作用。

(4)晶须桥联

晶须桥联是指对于特定位向和分布的纤维,裂纹很难偏转,只能沿着原来的扩展方向继续扩展,如图 4.22 所示。这时,紧靠裂纹尖端处的纤维并未断裂,而是在裂纹两边架起小桥,使两边连在一起,这会在裂纹表面产生一个压应力,以抵消外加拉应力的作用,从而使裂纹难以进一步扩展,起到增韧作用。

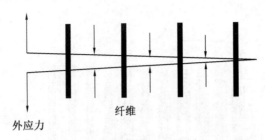

外应力　　　　纤维

图 4.22　晶须桥联

4.4.3　陶瓷基复合材料的制造工艺

陶瓷基复合材料的制造通常分为两个步骤:第一步,将增强材料掺入未固结(或粉末状)的基体材料中,排列整齐或混合均匀;第二步,运用各种加工条件在尽量不破坏增强材料和基体性能的前提下,制成复合材料制品。

针对不同的增强材料,陶瓷基复合材料的成形方法主要有四类。第一类是传统的混合方法和黏合液浸渍方法。短纤维和晶须增强复合材料多采用直接混合然后固化的方法;纤维增强玻璃和玻璃-陶瓷基材料加工采用黏合液浸渍方法预成形,然后加热固化,但这种技术对耐热基体就不太合适,因为过高的热压温度易使纤维受氧化和产生损伤。第二类是化学合成技术,如溶胶-凝胶方法和高聚物先驱体热解工艺方法,前者指从化学溶液和胶体悬浮液中形成陶瓷的方法。这种方法可用来涂敷纤维,加工温度比第一种技术低。第三类是熔融浸渍方法,它与金属基、聚合物基复合材料的常规加工方法相似,也要求陶瓷基体熔点不能太高。第四类是化学反应形式的方法,有化学气相沉积(CVD)、化学气相浸润(CVI)和反应结合法,不过这类技术的缺陷是形成结构的速率低。

下面具体介绍几种陶瓷基复合材料的成形方法。

(1)冷压和烧结法

将陶瓷粉末、增强材料(颗粒或纤维)和加入的黏结剂混合均匀后,冷压制成所需形状,然后进行烧结,这是一种传统工艺(借鉴聚合物生产工艺中的挤压、吹塑、注射等成形工艺),为了快速生产的需要,可以在一定的条件下将陶瓷粉体与有机载体混合后压制成形,除去有机黏结剂然后烧成制品。工艺简单、制备速度快是这种方法的优点。但是这种方法在生产过程中,通常会遇到烧结过程中制品收缩的现象,导致最终产品中有许多裂纹,而且在用纤维和晶须增强陶瓷基材料进行烧结时,除了会遇到陶瓷基收缩的问题外,还会因为增强材料具有较高的长径比,在烧结和冷却时产生缺陷或内应力。

(2)热压烧结成形法

热压是目前制备纤维增强陶瓷基复合材料最常用的方法,热压烧结成形是使松散的或成形的陶瓷基复合材料混合物在高温下,通过外加的压力纵向(单轴)加压使其致密化的成形方法。热压时导致复合材料致密化的可能机制是基体颗粒重排、晶格扩散和包括黏滞变形的塑性流动,但究竟哪种机制起主要作用,则因复合材料体系和烧结的不同阶段而异。有效压应力的作用可促进陶瓷基体的致密化,同时使增强体容易发生位移,从而获得接近理论密度的复合材料。

热压烧结成形工艺的主要过程如图4.23所示,将纤维用陶瓷料浆浸渗处理,泥浆由陶瓷基体粉末、载液(通常是蒸馏水)和有机黏结剂组成,然后缠绕在轮毂上,经烘干制成无纬布,将无纬布切成一定尺寸,按照层叠在一起,最后经热压烧结得到复合材料。为了使纤维表面均匀黏附料浆,要求陶瓷粉体颗粒粒径小于纤维直径并能悬浮于载液和黏结剂混合的溶液中。纤维应选用容易分散的、捻数低的丝束,保持其表面清洁无污染。在操作过程中尽量避免纤维损伤,并注意排除气泡。

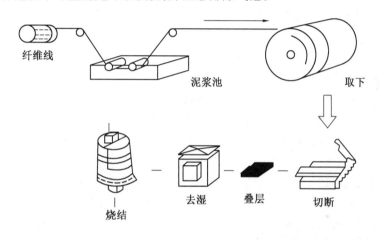

图 4.23　热压烧结成形工艺过程

热压烧结的重要参数有热压温度、保温时间、压力、气氛和升降温速率。热压烧结与无压烧结相比,能降低烧结温度,缩短保湿时间,使基体的晶粒较细;热压烧结能获得高致密度、高性能的复合材料;材料性能的重复性好,使用可靠,控制热压模具的尺寸精度能减少复合材料的加工余量。其缺点是:只能制造形状简单的零件;模具的消耗大,一次只能单件或少件烧结,成本较高;由于热压力的方向性,材料性能有方向性,垂直于热压方向的强度往往比平行于热压方向上的强度要大些。热压烧结法工艺非常适合玻璃或玻璃陶瓷基复合材料,因为它的热压温度低于这些晶体基体材料的熔点。

(3)热等静压烧结成形法

热等静压烧结成形是在气体介质高温和高压作用下,将陶瓷粉末均匀地作用于复合材料表面并使之固结的工艺方法。在烧结工艺中,第二相(粒子、晶须、纤维等)的存在,特别是晶须的架桥作用,阻碍了陶瓷基复合材料的致密化过程,而且晶须、纤维在高温下比基体有更强烈的分解趋势,要求烧结的温度不能太高。而热等静压主要以均匀外加应力,而不是自由能变化为烧结驱动力,可以再降低烧结温度,使用少量添加剂甚至不使用添加剂的条件下获得致密制件,从而防止了第二相(主要是晶须和纤维)的分解,以及与基体或烧结助剂发生反应,因而能制备性能良好的陶瓷基复合材料。

热等静压烧结成形法工艺可分为:包封烧结和无包封烧结。

①包封烧结。

包封烧结的包封材料主要有石英玻璃、硼玻璃和耐高温的金属,包封之前先将其抽成真空再加热,抽掉内部空气及成形黏结剂,再升温、加压,软化的玻璃包套或金属包套会填充坯件周围空隙,传递压力来完成烧结。

②无包封烧结。

无包封烧结是指先将材料成形和预烧封顶,使坯料成为基本无开口气孔的烧结体,然后再实施热等静压烧结。

等压烧结基本上可以消除材料内部的气孔,使致密化速度和程度大大提高,改善了制品的性能,同无压烧结相比,可降低烧结温度、缩短烧结时间;与热压相比,材料性能基本相似,但由于热等静压是均匀地将压力作用在材料各个表面,因而材料各向同性,且韦伯模数要高得多,不过热等静压烧结成形的设备制造困难且成本高。

(4)固相反应烧结成形法

固相反应烧结成形是反应物坯件通过固相化学反应直接得到复合材料烧结体的一种烧结工艺方法。固相反应烧结通常可在电阻炉中进行,高温反应烧结时一般须保持一定的气氛,例如 Ar 气氛、N_2 气氛等。反应物粉末需纯度高、颗粒细、有较高的反应活性,也可添加一些催化剂加速固相反应的进行,并需注意控制素坯的气孔率。固相反应烧结的重要参数有:反应温度、反应时间、升温速率、气氛控制(包括气氛的成分、压力、流态等)。

固相反应烧结是以生成物烧结体与反应物素坯件的化学位之差为动力,在进行固相化学反应的同时完成材料的烧结,其具体工艺是:先将反应物粉末与增强体混合均匀,再成形得到素坯,在某一温度下使素坯中反应物通过固相反应生成新的化合物基体,同时素坯内发生物质传递、填补空隙、基体与增强体结合,即得到复合材料烧结体。

固相反应烧结可以在比基体烧结温度低得多的温度下,制备出基体本身有较高熔点、较难烧结的复合材料。例如,用 $ZrSiO_4$ 和 Al_2O_3 进行固相反应烧结,得到 ZrO_2 增韧莫来石复合材料,该反应在 1 400 ℃ 左右就可进行,可制备出形状复杂、尺寸精确要求较高的陶瓷基复合材料部件,但固相反应烧结成形法所得的制品一般气孔率较大。

(5)溶胶-凝胶成形法

溶胶(Sol)是由于溶液中化学反应沉积而产生的微小颗粒(直径小于 100 nm)的悬浮液。凝胶(Gel)是水分减少的溶胶,即比溶胶黏度大的胶体。溶胶-凝胶成形法(Sol-Gel)是采用胶体化学原理制备陶瓷基复合材料的工艺方法。将含有多种组分的溶液通过物理或化学的方法使分子或离子成核制成溶胶,在一定的条件下,再经凝胶化处理,获得多组分的复合相的凝胶体,经烧结后可获得所需组分的陶瓷基复合材料。该工艺广泛用于制备玻璃和玻璃陶瓷。

用溶胶-凝胶法制备复合材料,通常有两种方法:一种是将复合陶瓷粉末烧结获得陶瓷基复合材料,另一种是将复合的溶胶相经凝胶化后直接烧结制得整块陶瓷基复合材料。制备复合凝胶体可以是复合的各相或分子级均匀混合,共同形成溶胶和凝胶;也可以是复合的其中一相以微粒或纤维的形式存在,而另一相则是通过溶液的成核和生长形成溶胶,该种溶胶将均匀地分散在颗粒或纤维的表面,经凝胶化处理后形成复合相。

溶胶-凝胶法反应条件温和,通常不需要高温和高压,对设备技术要求不高,均匀性好,使各组分能高纯、超细、均相的分子级或包裹式复合,而且所得陶瓷材料性能良好,溶胶-凝胶法可广泛地应用于颗粒-基质相、颗粒-纤维-基质相等的陶瓷基复合材料的制备。溶胶-凝胶法与一些传统的制造工艺相结合,可以发挥更好的作用,如用在浆料浸渍工艺中,溶胶可以作为纤维和陶瓷的黏结剂,在随后除去黏结剂的工艺中,溶胶经烧结后变成了与陶瓷基相同的材料,有效地减少了复合材料的孔隙率。该方法的缺点是:工艺过程比较复杂,不适合于部分非氧化物陶瓷基复合材料的制备。

陶瓷基复合材料的制备方法还有很多,如无压烧结成形法、液态浸渍成形法、高聚物先驱体热解成形法、化学气相浸渍(CVI)成形法、压力渗滤成形法、注射成形法、自蔓延高温合成法(SHS)、原位生长工艺等。

4.4.4　陶瓷基复合材料在航空航天中的应用

新一代飞机的超音速巡航、非常规机动性、低环境污染、低油耗、低全寿命成本等特点,极大程度上是靠发动机性能的改善来实现,提高发动机的推重比和平均级压比。降低油耗是军用航空发动机发展的主要方向;提高发动机的总增压比、涵道比和降低油耗是民用发动机的发展方向。增加航空发动机的涡轮进口温度和降低结构质量是提高推重比和降低油耗的主要途径。如当推重比为 10 时,涡轮前进口温度为 1 550 ~ 1 750 ℃,当推重比为 15 ~ 20 时,涡轮前进口温度高达 1 800 ~ 2 100 ℃,与之相适应,发动机的平均级压比也由 1.44 提高到 1.85。这意味着发动机构件要在更高的温度和压力下工作,由于发动机的质量反比于推重比,在不增加推力的情况下,若质量降低 50%,可使推重比提高一倍。陶瓷基复合材料的密度仅为高温合金的 1/3 ~ 1/4,最高使用温度为 1 650 ℃。其"耐高温和低密度"特性是金属和金属间化合物无法比拟的。因此,美、英、法、日等发达国家一直把 CMC 列为新一代航空发动机材料的发展重点,并投入巨资进行研究。

目前,航空发动机用连续纤维增韧 CMC 已在推重比 9 ~ 10 一级的多种型号军用发动机和民用发动机的中等载荷静止件上试验成功,主要试验应用的部位有燃烧室、燃烧室浮壁、涡轮外环、火焰稳定器、尾喷管(矢量喷管)调节片等(表4.12)。

上述构件采用了 SiC/SiC、C/SiC 和 SiC/Al_2O_3 等连续纤维增韧的 CMC。综合当前商业化 SiC 纤维和 CMC 的性能水平,绝大部分报道认为,SiC/SiC 是目前使用温度最高和寿命最长的 CMC,由于受当前纤维和界面性能水平的限制,目前在发动机环境下长时间工作达 1 000 h 的最高温度为 1 300 ℃。

表 4.12　CMC 在航空发动机上的演示验证情况

飞机型号/发动机型号	推重比	应用部位和效果
F-22/F-119(美)	10	矢量喷管采用 CMC(内壁板)和钛合金(外壁板)的复合结构代替高温合金,有效地减重,从而解决了飞机重心后移问题
EF-2000/KJ-200(欧)	10	CMC 燃烧室、火焰稳定器、尾喷管调节片分别通过了军用发动机试验台、军用验证发动机的严格审定,证明 CMC 未受高温、高压的损伤
阵风/M88-Ⅲ(法)	9~10	CMC 用作尾喷管调节片试验成功
F-118F/F-414(美)	9~10	成功地应用了 CMC 燃烧室
B-777/Trend(遣达)800(美/英)	民用	CMC 用作扇形涡轮外环试验成功,实践表明使用 CMC 构件大大节约了冷却气量、提高了工作温度、降低结构质量并提高使用寿命

美、英、法各国在推重比 15~20 发动机的研制计划中,CMC 更成为不可缺少的材料,应用部位显著增加,已进行了大批试验。

另外,美国"IHPETET"还开发了发动机用自增韧氮化硅陶瓷轴承,要求工作温度为 980 ℃。国际上自 20 世纪 90 年代以来,自增韧氮化硅轴承已成功地用于飞机上,如 B777 环控系统的蝶阀,C-17 军用运输机的 3 号轴承,F117-PW-100 飞机轴承,此外还用在"发现者"号航天飞机动力装置和响尾蛇导弹上。应用表明,其大幅度提高了轴承的寿命和可靠性,节省了巨额维修费。

导弹向小型化、轻型化、高性能的方向发展,提高火箭发动机的质量比是实现上述目标的关键。因此,发展低密度、耐高温、高比强、高比模、抗热震、抗烧蚀的各种连续纤维增韧 CMC,对提高射程、改善导弹命中精度和提高卫星远地点姿控、轨控发动机的工作寿命都至关重要。发达国家已成功地将 CMC 用于导弹和卫星中,如作为高质量比全 C/C 喷管的结构支撑隔热材料、小推力液体火箭发动机的燃烧室-喷管材料等。这些 CMC 构件大大提高了火箭发动机的质量比,简化了构件结构并提高了可靠性。此外,C/SiC 头锥和机翼前缘还成功地提高了航天飞机的热防护性能。熔融石英基复合材料是一种优良的防热-介电透波材料,作为导弹的天线窗(罩)在中远程导弹上具有不可取代的地位。对于上述瞬时或有限寿命使用的 CMC,其服役温度可达到 2 000~2 200 ℃。未来火箭发动机技术对 CMC 性能的要求见表 4.13。

由于在航空和航天领域中,CMC 的服役环境和条件不同,可将 CMC 分为超高温有限寿命、超高温瞬时寿命和高温长寿命。前者主要用于战略和战术导弹的雷达天线罩、燃烧室、喷管等;后者用于航空发动机热端部件;至于航天飞机头部、机翼前缘,以及卫星发动机姿态控制系统燃烧室、喷管均属于短时多次重复使用(或多次点火)的有限寿命 CMC 构件,对材料性能的要求介于上述两者之间。

表 4.13　未来火箭发动机技术对 CMC 性能的要求

性能参数	烧蚀防热材料	热结构支撑材料	绝热防护材料
密度/$(g \cdot cm^{-3})$	2.5 ~ 4	2 ~ 2.5	1 ~ 2
最高使用温度/℃	3 500 ~ 3 800	1 450 ~ 1 900	1 500 ~ 2 000
拉伸强度/MPa	100 ~ 150	100 ~ 300	10 ~ 30
剪切强度/MPa	≥50	50 ~ 100	2.5 ~ 10
断裂韧性/$(MPa \cdot m^{1/2})$	10 ~ 30	>30	—
径向线烧蚀率/$(mm \cdot s^{-1})$	0.1 ~ 0.2	—	—
径向导热系数/$(W \cdot m^{-1} \cdot s^{-1})$	≥10	—	0.5 ~ 1.5

4.5　碳/碳复合材料

碳/碳复合材料(C/C)是碳纤维增强的碳基体。碳明显不属于树脂和金属,如果把它列入陶瓷,则人们在传统观念上也难以接受。因此,在许多参考书中它都被列于金属基、树脂基和陶瓷基复合材料之后作为第四类复合材料来介绍。在航空航天技术中,碳/碳复合材料以它优异的性能后来居上,独树一帜,成为 21 世纪前途无限的材料。

碳/碳复合材料的研究开始于 1958 年,到 20 世纪 60 年代后期碳/碳产品开始问世。到了 20 世纪 70 年代,美国和欧洲的试验室里进行了广泛研究,推出了碳纤维多向编织技术、高压浸渍碳化技术,使碳/碳复合材料的工艺走向成熟。C/C 首先作为抗烧蚀材料用于航天领域,如导弹鼻锥,火箭、导弹发动机的喷管的喉衬、扩展段、延伸出口和导弹空气舵,继而在高超音速飞机的刹车装置中取代金属陶瓷和高强度钢而崭露头角。

4.5.1　碳/碳复合材料的性能特征

碳原子间的典型共价键结构,使碳/碳在惰性气氛下直到 2 000 ℃以上均保持着非常优异的高温力学和物理性能,因此其长时的工作温度可达 2 000 ℃。随温度升高,除导热系数略有下降外,抗拉、抗压、抗弯性能和比热容均增加,这些性能是其他结构材料所不具备的。

虽然组成碳/碳复合材料的基体和纤维都是脆性的,但是其失效模式却表现为具有很大断裂功的非脆性断裂,其断裂机制是载荷转移、纤维拔出和裂纹偏转,赋予复合材料高的断裂韧性。一般认为碳/碳复合材料在一定载荷下,呈现假塑性的破坏行为,在高温下尤为明显。由于碳/碳的强度被基体很低的断裂应变所控制(0.6%),所以应选择模量较高的纤维。

碳/碳复合材料的力学性能随纤维预制体的编织与排布(图 4.24)和承载方向的不同而有较大变化。表 4.14 是几种美国报道的 C/C 复合材料的力学性能。

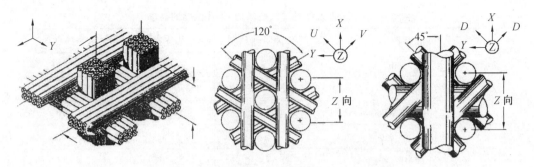

图4.24　多维编织的碳/碳复合材料预制体结构

表4.14　几种美国C/C复合材料的力学性能

牌号	纤维编织方式	$\rho/(\text{g} \cdot \text{cm}^{-3})$	σ_b/MPa	E/GPa	膨胀系数/$\times 10^{-6} \text{℃}^{-1}$
3Dmod	3D	1.65	103.4	41.3	1.9
T50-221-44	3D	1.9	137.2	57.9	1.45
G.E.2-2-3	3D	1.88	302	96.1	2.69
AS4	4D	1.92	208	79.9	—
AS4	2D	1.65	254.8	—	—

C/C复合材料具有耐高温、低密度、高比强度、高比模量、抗热震、耐腐蚀、摩擦性能好、吸振性好和热膨胀系数小等一系列优异性能,具体如下:

①低的密度。作为航空航天材料,密度非常重要。碳/碳复合材料的密度仅为$1.8 \sim 2.0 \text{ g/cm}^3$,比树脂基和陶瓷基复合材料还要低,为金属基复合材料的$1/4 \sim 1/3$。

②良好的物理性能。碳/碳复合材料的热膨胀系数很低,只有金属材料的$1/10 \sim 1/5$,在各种温度条件下具有理想的尺寸稳定性和导热性。

③高的强度和比强度。碳/碳复合材料在高温下具有较高的强度,而且其结构强度随着温度的升高(直到2 000 ℃左右)而增大。由于其密度低,因此它具有很高的比强度。

④良好的抗热震性和化学稳定性。碳/碳复合材料由于导热系数高和热膨胀系数低而具有良好的抗热震性,能耐剧烈的温度变化。加之结构致密,故在500 ℃时无明显氧化,在800 ℃时才开始缓慢地氧化,直到1 000 ℃时才开始剧烈地氧化。这是一般金属无法达到的。

4.5.2　碳/碳复合材料的制造工艺

碳/碳复合材料的主要制备工序是预制体的成形、致密化、石墨化等。其中致密化是制备碳/碳复合材料的关键技术。致密化方法主要分为两大类:碳氢化合物的化学气相渗透(CVI)工艺及树脂、沥青的液相前驱体浸渍(LPI)工艺。

1.CVI工艺

化学气相渗透(CVI)工艺是将丙烯或甲烷之类的碳氢气体1 100 ℃左右在预制体

（可以是短碳纤维毡、布或三维编织物）内部进行热分解,使气体碳沉积在预制体的孔隙中而致密化。气体输送与热解沉积之间的关系决定了产物的质量和性能,沉积速率过快会因瓶颈效应导致形成很大的密度梯度而降低材料性能,过慢则使致密化时间过长而降低生成效率。在保证均匀致密化的同时尽可能提高沉积速率是 CVI 工艺改进的核心问题,因此发展了如等温压力梯度 CVI、强制对流热梯度 CVI 和低温低压等离子CVI 等多种工艺。

CVI 工艺的优点是材料性能优异、工艺简单、致密化程度能够精确控制,缺点是制备周期太长(500～600 h 甚至上千小时),生产效率很低。通过改变 CVI 工艺参数,可以得到不同结构、不同性能的碳/碳复合材料。英国 Dunolp 公司制备碳/碳复合材料刹车盘时,采用直径为 2.74 m 的大容量炉和大批量一次投入 2 000 片毛坯的方法,以弥补 CVI 生产周期长的缺点。

CVI 工艺可与液相浸渍工艺结合使用,提高致密化效率和性能。美国 Textron 公司研究了一种快速致密化的 RDT。主要过程是把碳纤维预制体浸渍于液态烃内并加热至沸点,液态烃不断汽化并从预制体表面蒸发,从而使预制体表面温度下降而芯部保持高温,从而实现预制体内液态烃从内向外的逐渐裂解沉积,仅 8 h 可制得密度高达$1.37～1.8 \ g/cm^3$ 的 C/C 刹车盘构件。

2. 液相前驱体浸渍工艺

液相前驱体浸渍(LPI)工艺是将碳纤维预制体置于浸渍罐中,抽真空后充稀有气体加压使浸渍剂向预制体内部渗透,然后进行固化或直接在高温下进行碳化,一般需重复浸渍和碳化 5～6 次而完成致密化过程,因而生产周期也很长。

液相浸渍剂具有产碳率高、黏度适宜、流变性好等特点。许多热固性树脂,如酚醛、聚酰亚胺和聚苯撑都具有较高的产碳率。某些热塑性树脂也可作为基体碳的前驱体,可有效减少浸渍次数,但需要在固化过程中施压以保持构件的几何结构。与树脂碳相比,沥青碳较易石墨化,最常用的是石油沥青 A-240。在常压下沥青的产碳率为 50%左右,而在 100 MPa 压力和 550 ℃下产碳率可高达 90%,因此发展了高压浸渍碳化工艺,大大提高致密化效率。压力还会影响碳的微观结构,低压下产生针状碳,高压下碳组织均匀粗大,高压压力一般选择 100 MPa。

沥青的热解过程十分复杂,包括低分子化合物挥发、缩聚反应、分子结构的解理与重排(<400 ℃),碳的形核和长大(>400 ℃),最后形成基体碳。在热解过程中,具有芳香族结构的沥青小分子在液态下缩聚成大分子。由于液态环境中分子的自由运动,大的芳香族平面分子在范德瓦耳斯力作用下形成一定取向,而且层与层开始叠加,出现一个个类似液晶的小球体,这就是被称为中间相的液晶状态。由于反应历程的差异,一些分子不呈现取向性而形成玻璃态碳,如交联剂可使沥青分子在转变为中间相之前就发生交联反应而形成乱层结构状态。是否经过中间相状态通常决定着 C 基体的微结构。一般来说,液态沥青经过中间相——液晶态后所得 C/C 的基体,经高温处理能够得到三维有序的石墨化组织。

C/C 成本的 50% 来自致密化过程的高温和惰性保护气体所需要的复杂设备和冗

长的工艺时间,因此研究新型先驱体以降低热解温度和提高残碳率是液相法的发展
方向。

4.5.3 碳/碳复合材料的氧化行为

C/C 在空气中使用时,极易发生氧化反应 $2C(s) + O_2(g) \longrightarrow 2CO(g)$,即使在非常
低的氧化分压下,上述反应也有很大的反应驱动力。Walker 等人将 C/C 的氧化分为三
个区:在温度较低时的 I 区,氧化速度控制环节是氧与碳的表面活性源发生化学反应;
在温度较高的 II 区,氧化速度控制环节是氧通过碳材料的扩散;在温度更高的 III 区,氧
化速度控制环节是氧通过碳材料表面边界层的扩散。三个区的氧化活化能分别为
42.6 kJ/mol、20.8 kJ/mol、20.9 kJ/mol。上述低温到高温氧化机制的转变温度并没有
明确的定义和精确的测定,一般认为在 600 ~ 800 ℃之间。

在 650 ~ 850 ℃范围内,碳纤维/均质碳基体复合材料的氧化速度比热解石墨和未
增强的均质碳都要快,原因是纤维/基体界面存在大量的边界点和孔隙而处于高能状
态,因而成为优先氧化区域。随后氧化的区域依次是层间、非均质碳基体、均质碳基体、
纤维轴向表面、纤维末端,最后是纤维芯。

C/C 失效的原因有两种:未氧化 C/C 的失效是由层间及层内纤维束间的剥裂引起
的突发性破坏;氧化首先损伤纤维与基体的界面和削弱纤维束,使 C/C 的失效具有较
少层间剥裂和较多穿纤维束裂纹的特征,这说明氧化引起纤维束内的损伤比纤维束之
间界面上的损伤更加严重。

氧化对 C/C 的性能影响非常显著,氧化质量损失 10%,弹性模量和弯曲强度分别
降低 30% 和 50%,因此防氧化成为 C/C 应用的关键。C/C 的防氧化有材料改性和涂
层保护两种途径,材料改性是提高 C/C 本身的抗氧化能力,涂层防氧化是利用涂层使
C/C 与氧隔离。

1. C/C 改性抗氧化

通过对 C/C 改性来提高抗氧化性能,改性的方法有纤维改性和基体改性两种。纤
维改性是在纤维表面制备各种涂层,在纤维表面制备涂层不仅能防止纤维的氧化,而且
能改变纤维/基体界面特性,提高 C/C 首先氧化的界面区域的抗氧化能力。纤维改性
的缺点是:降低了纤维本身的强度,同时影响纤维的柔性,不利于纤维的编织。由于基
体没有得到保护,因此纤维改性的抗氧化寿命是很有限的。

基体改性是改变基体的组成以提高基体的抗氧化能力,但是改性的结果必然使抗
氧化温度和寿命显著降低。基体是继纤维/基体界面氧化之后的主要氧化区域,因此基
体改性是 C/C 改性的主要手段。基体改性有液相氧化(LPO)、固相复合、液相前驱体
浸渍(LPI)和化学气相渗透(CVI)四种方法。

利用液相对 C/C 进行氧化,不仅能降低基体碳氧化的活性源,使基体得到钝化,还
能在基体碳表面形成石墨氧化物层。液相氧化虽然工艺简单,但该 C/C 只能在 600 ℃
以下使用,因为高温下表面的官能团(—C—OH、—CO$_2$H 和—C =O)将会消失。固相
复合是将抗氧化剂(如 Si、Ti、B、BC、SiC、TiB$_2$ 和 ZrB$_2$、MoSi$_2$ 等)以固相颗粒的形式引入

C/C 基体。在氧化过程中能形成玻璃的抗氧化剂称为玻璃形成剂,其作用是对碳基体进行部分封填;不能形成玻璃的抗氧化剂称为聚氧剂,其作用是吸收扩散入碳基体中的氧。抗氧化剂是在浸渍碳化过程中以颗粒填料的形式掺入树脂或沥青而引入 C/C 基体。

液相前驱体浸渍是在制备结束后将抗氧化剂以前驱体的形式引入 C/C 基体,通过加热转化得到抗氧化剂,抗氧化剂可能是氧化物玻璃或非氧化物。形成氧化物玻璃的前驱体主要有硼酸、硼酸盐、磷酸盐、正硅酸乙酯等,形成非氧化物的前驱体主要是有机金属烷类。

在 C/C 制备的致密化阶段用 CVI 引入部分陶瓷基体,可以显著提高 C/C 的抗氧化性能。通常引入的陶瓷基体是 SiC,而引入部分 SiC 基体后 C/C 已经成为 C/C-SiC。因此,所谓抗氧化 C/C 实际上包含了介于 C/C 和 C/SiC 之间的广泛一族。SiC 含量增加,C/C-SiC 的剪切强度和抗氧化性能提高,韧性和使用温度下降。

2. C/C 的涂层防氧化

基体改性防氧化不仅寿命有限,而且工作温度一般不超过 1 000 ℃,对基体的性能影响也很大。在更高温度下工作的 C/C 必须依靠涂层防氧化,因此涂层是 C/C 最有效的防氧化手段。

作为航天飞机防热结构材料和飞机刹车盘摩擦材料的 C/C,其防氧化涂层研究始于 20 世纪 70 年代初,前者的防氧化涂层寿命达 1 650 ℃,30 h,后者达 1 100 ℃ 以下 300 个起落架次,这些都称为有限寿命的防氧化涂层。20 世纪 80 年代以来,高推重比航空发动机热结构 C/C 的长寿命防氧化涂层成为研究热点,但至今尚未取得突破性进展。

制备 C/C 防氧化涂层必须同时考虑涂层挥发、涂层缺陷、涂层与基体的界面结合强度、界面物理和化学相容性、氧扩散、碳逸出等诸多基本问题,正是这些基本问题决定了涂层一般都具有两层以上的复合结构。首先,涂层必须具有低的氧渗透率和尽可能少的缺陷,以便有效阻止氧扩散。其次,涂层必须具有低的挥发速度,以防止高速气流引起的过量冲蚀。再次,涂层与基体必须具有足够的结合强度,以防止热震环境引起的剥落。涂层还必须有效阻止碳的扩散逸出,以防止碳热还原反应对最外层氧化物的破坏。最后,涂层中的各种界面都必须具有良好的界面物理和化学相容性,以减小热膨胀失配引起的裂纹,防止界面扩散和界面反应。

1 500 ℃ 以下工作的防氧化涂层种类很多,但一般都具有简单的双层结构。典型的涂层有两种:一种由玻璃封填外层与陶瓷内层组成,另一种由陶瓷外层与玻璃或能形成玻璃的内层组成。第一种涂层中陶瓷内层最常用的是 SiC 和 Si_3N_4,而封填玻璃通常使用 SiO_2-B_2O_3-Na_2O 或 SiO_2-B_2O_3-Li_2O 等经过改性的硅基玻璃。第二种涂层中的外层最常用的也是 SiC 和 Si_3N_4,内层玻璃通常也是硅玻璃,能形成玻璃的内层是 BN。当然,将内层和外层材料混合也可以制备低膨胀系数、具有裂纹封填能力的单层结构涂层。

1 500 ℃ 以上由于玻璃与 C/C 的界面气相压力大于 0.1 MPa,玻璃不能直接与 C/C

接触而需要碳化物内层。1 500 ~ 1 800 ℃ 工作的防氧化涂层的外层材料主要是硅化物。涂层结构可能有三种:第一种具有 SiC 过渡层和致密 SiC、Si_3N_4 外层的双层结构;第二种具有 SiC 过渡层和致密 SiC、Si_3N_4 外层及玻璃封填的三层结构;第三种具有致密 SiC、Si_3N_4 内层和玻璃封填层及致密 SiC、Si_3N_4 外层的三层结构。SiC 过渡层可以用固渗、反应烧结及有机硅烷浸渍热解等方法制备,致密的 SiC、Si_3N_4 层通常是用 CVD 工艺制备的。在 SiC 和 Si_3N_4 表面可以用 SiO_2 玻璃封填,航天飞机 C/C 防热系统的防氧化涂层就是用固渗 SiC 加上 TEOS 封填得到的。

在 1 800 ℃ 以上短时间(2 h 左右)工作的涂层是由 HfB_2、ZrB_2 等硼化物与 SiC 组成的复合涂层。1 800 ℃ 以上长寿命防氧化涂层有两种设想的涂层结构。第一种是高熔点氧化物/SiO_2 玻璃/高熔点氧化物/碳化物(图 4.25)。外层氧化物防止腐蚀和冲蚀;SiO_2 玻璃封填裂纹和阻止氧扩散;碳化物保证 C/C 与氧化物的化学相容性;内层氧化物提高碳化物与玻璃的化学相容性。制备这种涂层的主要难点是发展满足各层之间化学相容的制备工艺和协调各层之间的热膨胀匹配关系。第二种是 Rh/Ir/碳化物。Rh 是阻止氧扩散能力很强的氧阻挡层;Ir 是 Rh 与碳化物的隔离层;碳化物是 Ir 与 C/C 的隔离层。制备这种涂层的成本非常高,工艺条件也很苛刻。

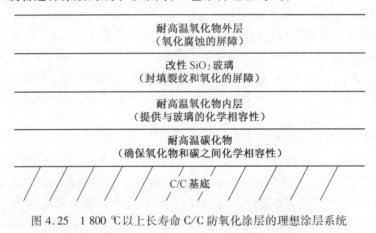

图 4.25 1 800 ℃ 以上长寿命 C/C 防氧化涂层的理想涂层系统

4.5.4 碳/碳复合材料在航空航天中的应用

碳/碳自美国 NASA 的阿波罗登月计划问世以来,在航空航天领域获得了越来越广泛的应用。从 20 世纪 70 年代开始,碳/碳首先作为抗烧蚀材料用于航天领域,如导弹鼻锥,火箭,导弹发动机的喷管的喉衬、扩展段、延伸出口锥和导弹空气舵等。在随后的近 30 年间,为了提高中远程战略弹道导弹的精度和运载火箭的推力,人们一直在发展各种制备技术和改性技术,以进一步提高碳/碳复合材料的抗烧蚀、抗雨水、粒子云侵蚀以及抗核辐射等性能,并降低材料成本。特别是多维编织的整体结构 C/C 制造技术的发展,根本改善了 C/C 构件的整体性能。碳/碳作为防热结构材料,早在 20 世纪 70 年代末 80 年代初已成功用于航天飞机的鼻锥帽和机翼前缘。由于发展了有限寿命的防氧化技术,碳/碳复合材料能够在 1 650 ℃ 保持足够的强度和刚度,以抵抗鼻锥帽和机翼前缘所承受的起飞载荷和再入大气的高温度梯度,满足了航天飞机多次往返飞行的需求。对于上述瞬时或有限寿命使用的 C/C,其服役温度可达到 3 000 ℃左右。

碳/碳在航空领域应用的最成功范例是作为摩擦材料用于飞机刹车盘(图4.26)。1973 年,英国首次将碳/碳刹车装置用于 VC-10 飞机,1976 年又在"协和号"超音速飞机上使用,至 20 世纪 80 年代中后期已广泛用于高速军用飞机和大型民用客机,形成了成熟的市场,用于刹车盘的碳/碳占到世界碳/碳年产量的 63%。目前,世界上已有六十余种飞机采用了碳/碳刹车装置,欧美公司生产的民航飞机的刹车系统已基本用碳/碳盘取代钢盘,如空中客车公司的所有飞机都采用了碳/碳刹车装置,波音公司出售 B757 和 B767 飞机可任选刹车盘,B747-400 以及 B777 则只提供碳/碳盘,军用飞机基本都采用碳/碳刹车装置。碳/碳刹车片具有低密度、耐高温、寿命长和良好的摩擦性能。使用碳/碳盘后可以大大减轻飞机质量,如 B-1 轰炸机采用碳/碳盘后,刹车盘质量由1 406 kg降至 725 kg,空中客车 A-310 减重 499 kg,A-300-600 减重 590 kg,A-330及A-340各减重 998 kg。碳/碳优异的高温性能更引人注目,飞机刹车时摩擦引起的温升高达 500 ℃以上,最苛刻的是中止起飞紧急刹车引起的温升超过 1 000 ℃,此时一架 B747-400 的刹车系统所做功高达 1.755 GJ,瞬间转变的热能会使一些钢刹车片迅速达到熔点,而 C/C 的耐高温性能显示了极大的优越性。此外,碳/碳刹车盘具有合适的摩擦系数和很好的耐磨性,不仅提高了刹车的可靠性而且大幅度提高了使用寿命。钢刹车盘一个周期仅可 300 次着陆,而碳/碳可以达到 1 500 ~ 2 000 个起落,寿命提高 5 ~6 倍。

图 4.26 A320 系列飞机碳/碳刹车盘实物图

作为热结构材料,碳/碳在航空领域的应用目标是航空发动机的热端部件,如涡轮盘和叶片、燃烧室、喷油杆、内锥体和尾喷管调节片等。当航空发动机推重比达到15 ~20时,其工作温度高达 2 000 ℃,要求材料的比强度比目前高 5 倍,而发动机的质量在推重比 10 的基础上再降低 50%。如此苛刻的条件,目前除碳/碳外的其他材料都已无能为力,因此世界各发达国家在发展新一代高推重比航空发动机中,均把碳/碳作为关键材料来竞相发展,国际上称之为"黑色争夺战"。早在 20 世纪 80 年代初美国就开始研制碳/碳涡轮盘和涡轮叶片,以后又先后进行了 F100 飞机发动机的燃烧室和喷管试验,JTD 验证机低压整体涡轮盘及叶片试验(运转温度为 1 649 ℃,比高温合金涡轮盘高出 555 ℃),还进行了 1 760 ℃地面超速试验。德国、俄罗斯和日本已相继成功研制涡轮外环和整体涡轮,但至今仍未投入应用,根本原因是在发动机工作环境下的碳/碳长寿命防氧化技术尚未取得突破。

习题与思考题

1. 阐述复合材料的分类、特征及性能特点。
2. 阐述纤维增强体的典型种类、特点、制造工艺及在航空材料领域的发展趋势。
3. 聚合物基复合材料的制造工艺有哪些? 各有何特点?
4. 举例说明聚合物基复合材料在航空航天工业中的应用。
5. 阐述金属基复合材料的分类及性能特点。
6. 金属基复合材料的制造工艺有哪些? 各有何特点?
7. 举例说明金属基复合材料在航空航天工业中的应用。
8. 陶瓷基复合材料的增韧机理有哪些? 它们是针对何种复合材料的?
9. 陶瓷基复合材料的制造工艺有哪些? 各有何特点?
10. 举例说明陶瓷基复合材料在航空航天工业中的应用。
11. 与其他材料相比,碳/碳复合材料有何性能特征?
12. 碳/碳复合材料的制造工艺有哪些? 各有何特点?
13. 阐述碳/碳复合材料的氧化行为。它可有哪些防氧化措施?
14. 举例说明碳/碳复合材料在航空航天工业中的应用。

参 考 文 献

[1] 李成功,傅恒志,于翘,等. 航空航天材料[M].北京:国防工业出版社,2002.
[2] 曹春晓,郝应其. 材料世界的天之骄子——航空材料[M].北京:清华大学出版社,2002.
[3] 冯小明,张崇才. 复合材料[M].重庆:重庆大学出版社,2007.
[4] 鲁云,朱世杰,马鸣图,等. 材料科学与工程研究进展(第二集):先进复合材料[M].北京:机械工业出版社,2004.
[5] 刘劲松,蒲玉兴. 航空材料及热处理[M].北京:国防工业出版社,2008.
[6] 陈宇飞,郭艳宏,戴亚杰. 聚合物基复合材料[M].北京:化学工业出版社,2010.
[7] 李云凯,周张健. 陶瓷及其复合材料[M].北京:北京理工大学出版社,2007.
[8] 刘维良,喻佑华. 先进陶瓷工艺学[M].武汉:武汉理工大学出版社,2004.
[9] 赵玉涛,戴起勋,陈刚. 金属基复合材料[M].北京:机械工业出版社,2007.
[10] 虢忠仁,杜文泽,王树伦,等. 芳纶纤维抗弹复合材料研究进展[J].工程塑料应用,2009,37(1):75-78.

[11] 廖子龙. 芳纶及其复合材料在航空结构中的应用[J]. 高科技纤维与应用,2008,33(4):25-29.

[12] 赵云峰. 先进纤维增强树脂基复合材料在航空航天工业中的应用[J]. 军民两用技术与产品,2010(1):4-6.

[13] 黄晓艳,刘波. 先进树脂基复合材料在巡航导弹与战机上的应用[J]. 工艺与材料,2011(8):87-92.

[14] 陈祥宝,张宝艳,邢丽英. 先进树脂基复合材料技术发展及应用现状[J]. 中国材料进展,2009,28(6):2-12.

[15] MANGALGIRIL P D. Composite materials for aerospace applications[J]. Bulletin of Materials Science,1999,22(3):657-664.

[16] 梁春华. 连续纤维增强的金属基复合材料部件在航空涡扇发动机上的应用[J]. 航空制造技术,2009,15:32-35.

[17] 金鹏,刘越,李曙,等. 颗粒增强铝基复合材料在航空航天领域的应用[J]. 材料导报,2009,23(6):24-28.

[18] 崔岩. 碳化硅颗粒增强铝基复合材料的航空航天应用[J]. 材料工程,2002(6):3-6.

[19] 姜国庆,武高辉,刘艳梅. 连续纤维增强钛铝金属间化合物基复合材料的研究进展[J]. 材料导报,2008,22(S1):406-411.

[20] HOOKER J A,DOORBAR P J. Metal matrix composites for aeroengines[J]. Materials Science and Technology,2000,16:725-731.

[21] 吕维洁. 原位自生钛基复合材料研究综述[J]. 中国材料进展,2010,29(4):41-49.

[22] 兰逢涛,李克智,李贺军. 国内外碳/碳复合材料连接研究进展[J]. 材料导报,2011,23(4):9-12.

[23] 弭群,曹丽云,黄剑锋. 碳/碳复合材料基体抗氧化改性研究进展[J]. 兵器材料科学与工程,2010,33(2):98-107.

[24] 沈军,谢怀勤. 先进复合材料在航空航天领域的研发与应用[J]. 材料科学与工艺,2008,16(5):738-741.

[25] GUÉDRA DEGEORGES D. Recent advances to assess mono-and multi-delaminations behaviour of aerospace composites[J]. Composites Science and Technology,2006,66(6):796-806.

第5章 航空用功能材料

在工程材料中,具有特殊物理性能、化学性能和生物性能的一类材料称为功能材料。这类材料能将光、声、磁、热、压力、位移、角度、加速度、化学反应、生化过程等转化为电信号,或将某一种性能的能量转化为另一种性质的能量,或按照预定目的和要求将多种能量的转化集成在一整体材料上,从而实现对能量和信号的传感、转换、传递、存储、控制、处理、集成和显示。用功能材料制作的各种各样的传感器、换能器、信息显示与处理器等在航空航天工程系统中得到广泛的应用,是飞机、火箭、导弹、卫星等航空航天器的决策系统、控制系统、战斗系统、情报系统的"五官"和"头脑",是航空航天工程的关键基础技术。因此,功能材料在航空航天工程中占有极其重要的地位,已成为现在航空航天工程先进性的决定因素之一。

在航空航天工业应用中,除了结构材料以外,还大量使用了品种繁多的功能材料。本章主要从材料的角度简单介绍功能材料的分类、隐身材料、智能驱动材料(形状记忆合金)及常用功能陶瓷。

5.1 功能材料的分类

功能材料按化学成分可分为金属功能材料、陶瓷功能材料、高分子功能材料和复合功能材料;按应用领域可分为电工材料、能源材料、信息材料、光学材料、仪器仪表材料、航空航天材料、生物医用材料和传感器用敏感材料等;按使用性能可分为电功能材料、磁功能材料、光功能材料、热功能材料、化学功能材料、生物功能材料、声功能材料和隐身功能材料等。

近几年来,功能材料迅速发展,已有几十大类,十万多品种,且每年都有大量新品种问世。现已开发的以物理功能材料最多,主要有以下几种:

①单功能材料,如:导电材料、介电材料、铁电材料、磁性材料、磁信息材料、发热材料、热控材料、光学材料、激光材料、红外材料等。

②功能转换材料,如:压电材料、光电材料、热电材料、磁光材料、声光材料、磁敏材料、磁致伸缩材料、电色材料等。

③多功能材料,如:防振降噪材料、三防材料(防热、防激光和防核)、电磁材料等。

④复合和综合功能材料,如:形状记忆材料、隐身材料、传感材料、智能材料、显示材料、分离功能材料、环境材料、电磁屏蔽材料等。

⑤新形态和新概念功能材料,如:液晶材料、梯度材料、纳米材料、非平衡材料、非晶材料等。

目前,化学和生物功能材料的种类虽较少,但其发展速度很快,其功能也更多样化。

表5.1是金属功能材料在航空航天工业方面的应用范围。

表5.1　金属功能材料在航空航天工业方面的应用范围

材料类别	飞行操作系统	发动机信号测温系统	遥感遥测技术	陀螺、罗盘、平台	燃油滑油系统	警报系统	航天器热控系统	电机、电源、电控	各种开关	特殊接头、铆钉、天线	测试设备	生命保障系统	显示仪表	计算机系统	飞行器外形
磁性合金	○		○	○	○	○		○	○				○	○	
弹性合金	○	○							○						
膨胀合金	○								○						
热双金属合金	○					○			○						
电阻合金	○										○				
测温合金		○									○				
电接触合金	○							○	○						
高比重合金															
形状记忆合金				○	○			○	○	○					
非晶态合金	○		○					○							
超导材料	○			○				○							
隐身材料															○
贮氢材料								○						○	
功能金属基复合材料													○		

5.2　隐身材料

在现代战争中,随着电子和光电子技术的应用,各种高分辨率、高可靠性的先进探测器相继研制成功和投入应用,对导弹、飞机等航空航天武器系统的生存能力、突防能力构成了严重的威胁。例如,目前的巡航导弹的速度大多为亚音速或高亚音速,具有射程大、飞行时间长的特点,射程为 150 km 时,飞行时间约 500 s,而射程为 1 000 km 以上时,巡航导弹要飞行几十分钟,甚至 1~2 h,这么长时间的飞行和低的飞行速度很容易被拦截;同样,正在飞行的飞机,若过早发现,很可能被对方精确制导武器系统所击落。电子对抗技术的发展,要求各种飞机武器,包括导弹、飞机采用隐身技术,使对方难以发现或不过早被发现,以达到先敌发现和近距离攻击目标的目的。

5.2.1　隐身技术

隐身不是一个新想法,我国古代就有“隐身术”的传说,但只是一种幻想,后来,在士兵的装载上和武器上也采用了各种形式来达到“隐身”,其基本的办法就是伪装和诱骗。这些方法都是针对人的视觉的隐身,用现代的概念来说,就是对可见光的隐身。

随着现代军事技术的发展,雷达、毫米波、红外、激光、多光谱和声波等现代探视和制导技术大量应用于武器系统中。各种精确制导武器迅速发展,使得武器的命中率提高了 1~2 个数量级,给飞机、舰艇、坦克和其他武器生存造成了极大的威胁。为了提高武器的生存能力和突防能力,武器的隐身得到了广泛的重视,并迅速发展,形成了一项专门技术——隐身技术(Stealth Technology)。

隐身技术的含义很广,从广义上看,凡是能使军事目标的各种可探测的目标特征减少或迷盲的技术均可称为隐身技术。隐身技术可分为两大类:主动隐身技术和被动隐身技术。主动隐身技术是指采用各种主动措施如干扰、假目标、烟幕、地形匹配等使敌方的特测手段受到迷惑而无法识别目标。被动隐身技术是指在武器系统的设计和使用过程中,降低其作为目标特性的技术。从狭义上看,隐身技术仅指被动隐身技术。

按目标特征,隐身技术可分为可见光隐身技术、雷达或微波隐身技术、红外隐身技术、激光隐身技术和声隐身技术。随着探测技术的多样化,单一特性的隐身技术往往不能完全满足要求,而需要向多功能隐身技术发展。

微波或雷达隐身技术是研究较早和发展最快的现代隐身技术。早在20世纪30年代,荷兰就研制了一种雷达上用的吸波材料。第二次世界大战期间,德国和美国都研制了吸波材料用于飞机和潜艇。到20世纪60年代,隐身技术受到更多的重视,由美国空军负责领导的隐身技术研究取得了较大进展,其部分成果被应用到 U-2、SR-71 等飞机上。自20世纪70年代中期以来,美国、苏联、英国、德国等国都拨出大量经费加强隐身技术的研究,其中美国正式制订了隐身计划,由1977年初开始实施,1977年8月的经费已达1亿美元。从20世纪80年代以来,飞机隐身技术有了重大突破。这方面,美国处于领先地位,先是将采用隐身技术的 TR-1 高空侦察机和 B-1B 战略轰炸机分别于1981年和1985年编入空军。接着,1988年11月美国公布了长期保密的最新式飞机——F-117A 隐身战斗轰炸机和 B-2 隐身轰炸机。F-117A 成功地躲避了敌军的防空雷达网的监视,在海湾战争中发挥了巨大的作用,共实现了1 600多架次的空袭任务,摧毁了巴格达95%的目标而无一损失。目前,美国的 F-22、F-35,俄罗斯的苏-47、T-50和我国的刚试飞成功的歼-20都具有非常强的隐身性能。

红外隐身技术是现代隐身技术中越来越重要的技术领域,因为现代探测遥感手段主要是雷达、红外、光学、声波四种类型。20世纪80年代中期以来,红外探测和制导技术迅速发展,红外型探测器仅次于雷达,约占30%,而在精确制导武器中,红外(含热寻的)制导的占60%。红外隐身技术按波段分为近红外($0.76\sim2.6$ μm)和中远红外(主要是 $3\sim5$ μm 和 $8\sim14$ μm)两类。近红外隐身技术,它本质是可见光隐身技术在长波方向的扩展,第二次世界大战后即已开始研究,进展较大,主要用于静止、常温的目标。但随着红外探测和制导技术的迅速发展,武器的中远红外目标特征成为被侦测的主要特征。由于中远红外隐身技术的难度较大,其进展仍不如雷达隐身技术。

声隐身技术和激光隐身技术是现代隐身技术的两个发展研究较晚的领域。声隐身技术对舰艇特别是潜艇和鱼雷更为重要。激光隐身技术则是激光技术日益发展和广泛运用后,面临的一项新课题。

隐身技术包括的内容很多,其中隐身材料是隐身技术的重要组成部分。因此,隐身材料的研究受到世界各国的高度重视。广义来说,凡是隐身技术用的材料都可认为是隐身材料,但一般公认的是指在武器系统的使用和设计过程中,降低其目标特征的材料,即被动隐身技术中用作降低武器目标特征的材料。相应于隐身技术的分类,也可分为雷达隐身材料、红外隐身材料、智能隐身材料、激光隐身材料、声隐身材料、可见光隐身材料和多功能隐身材料。

5.2.2 雷达隐身材料

在现代战争中,雷达是探测武器特别是飞行器的最可靠方法。雷达是利用电磁波发现目标并测定其位置的设备。电磁波在传播过程中遇到障碍物将产生反射和绕射(光学上称为衍射),统称为散射,这是雷达能发现目标的依据。电磁波具有恒速、定向传播的规律,这是测定目标距离和方向的依据。

世界各国现役雷达的工作波段绝大多数都在微波波段,故雷达隐身也可称为微波隐身。微波一般是指波长从 1 m 到 1 mm 的电磁波,相应的频率范围为 0.3 ~ 300 GHz。微波波段还可细分为分米波(波长 1 dm ~ 1 m)、厘米波(波长 1 cm ~ 1 dm)、毫米波(波长 1 mm ~ 1 cm)和亚毫米波(波长 0.1 ~ 1 mm)。

雷达隐身技术的目的是要使武器的雷达目标特征即散射信号减弱到最小限度。武器的雷达散射信号的大小一般用雷达散射截面(Radar Cross Section, RCS)来表示,习惯用字母 σ 表示。RCS 是在单位立体角内接收天线处散射回波的功率流面密度与目标处单位立体角内入射波功率流面密度之比,可推导出如下公式:

$$\sigma = 4\pi r^2 \frac{I_r}{I_i} \tag{5.1}$$

式中,σ 为雷达散射截面,m^2;r 为目标到接收天线的距离;I_r 为接收天线处散射回波功率面密度;I_i 为目标处入射回波功率面密度。

图 5.1 是一架飞机被测试 RCS 的情况。被测试的飞机放置在微波暗室的旋转支架上,测试发射机的雷达波经过弯曲的反射体迎面入射到飞机上,这样就可以测量它的 RCS 了。

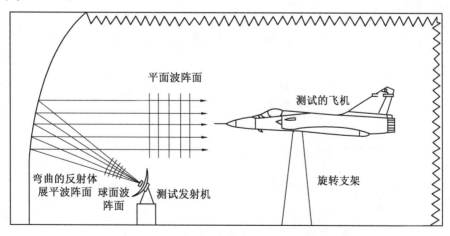

图 5.1 一架飞机被测试 RCS 的示意图

图 5.2 是一些军用飞机的 RCS 比较数据。它表示当特定的雷达波束迎面入射飞机时,它们的 RCS 并不与飞机的尺寸大小成正比。例如,图 5.2 中各种飞机是按同一比例画的,一架隐身飞机 F-117A 的迎风面积比米格-21 的要大,但前者的 RCS 只有后者的 1/160 左右。又例如 U-2 轰炸机的迎风面积跟 B-52 轰炸机几乎相同,而 RCS 只有后者的 1/1 000。一般讲,RCS 至少得小于 0.5 m² 的飞机才能称为隐身飞机。图 5.2 中所列仅有 B-2 和 F-117A 两种为隐身飞机。

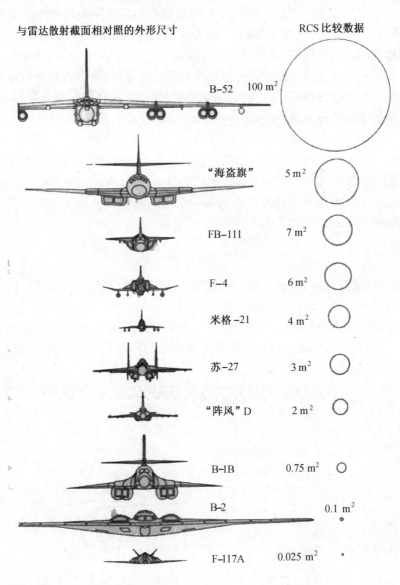

与雷达散射截面相对照的外形尺寸　　　　RCS 比较数据

B-52　100 m²

"海盗旗"　5 m²

FB-111　7 m²

F-4　6 m²

米格-21　4 m²

苏-27　3 m²

"阵风"D　2 m²

B-1B　0.75 m²

B-2　0.1 m²

F-117A　0.025 m²

图 5.2　一些军用飞机的 RCS 及外形尺寸

减少武器 RCS 值的途径主要有三条:

①外形技术,即通过外形设计来消除或减弱散射源,特别是强散射源。

②阻抗加载技术,即通过加载阻抗的散射场和武器的总散射场相互干涉来减少RCS值。

③材料技术,即通过材料吸收或透过雷达波来减少RCS。

吸收雷达波的材料称为雷达波吸收材料(Radar Absorbing Materials,RAM)或微波吸收材料,简称吸波材料。它是主要的微波隐身材料。它可按工艺方法分为涂敷型和结构型。透过雷达波的材料称为雷达透射材料,简称透波材料。它可以和吸波材料构成多层吸波体,也可以在武器某些部位作为雷达隐身材料。

1. 涂敷型吸波材料

涂敷型吸波材料是一种吸波的高分子复合涂料,简称吸波涂料。对它的一般要求如下:

①反射率低。吸波涂料减小目标RCS值的主要因素是反射率,反射率越低,在相同条件下,可使被涂敷目标的RCS值越小。理想的反射率为零,实际上不可能做到。对反射率应该有一个比较合理的要求,要求过低,往往会降低别的性能,如增加厚度和质量等。目前认为,吸波涂料的反射率小于-10 dB时,就可以应用。

②响应频带宽。雷达的工作频带很宽,为1~140 GHz范围,且还在拓宽。理想的吸波涂料是在1~140 GHz频段内有相同的反射率,但实际上带宽和低反射率是矛盾的,特别是干涉型涂料带宽都很窄,为了获得宽带的材料,一般采用多层涂层。对隐身飞行器,吸波涂料的主要覆盖频段应为1~18 GHz范围。

③密度小,厚度薄。吸波涂料的质量对武器来说,完全是附加的。例如铁氧体涂料的比重约为5,若涂层厚度为4 mm,涂敷面积为50 m^2,附加的质量就达1 000 kg。此外,涂层太厚和太重还影响飞行器的气动特性,增加涂敷工艺的难度等。

④机械性能好。主要是涂料和基材的黏结力要好,能耐振动,能耐高速气流冲刷,有较高的强度和硬度。

⑤耐候性好。武器一般在全天候下工作,工作环境有时比较恶劣,必须有良好的耐候性。首先要求涂料能在-50~50 ℃的高低温下工作。其次要耐老化,并能抗雨、雪、雾、烟和尘等的侵蚀和干扰。对于飞行器来说,还要耐高温,在高速飞行时,它的表面温度可高达500 ℃以上(Ma=2.5~3.0时),一般高分子涂料很难达到此要求,此时需要应用新型涂料。

⑥价格比较便宜。吸波涂料降低电磁反射的工作原理可分为干涉型和吸收型两类。

a. 干涉型吸波材料。干涉型吸波材料是指电磁波(E_0)入射吸波材料表面时,从材料表面反射的表面反射波(E_1)和进入材料内部并经基底(通常为金属)反射的多次出射波(E_2)发生干涉,从而使总反射波减小的一类材料(图5.3(a))。根据干涉原理所设计的吸波材料通常为窄带吸波材料,其反射率-频率特性曲线有明显的谐振吸收峰,所以干涉型吸波材料有时又称为谐振型吸波材料。为实现最小的反射,干涉型吸波材料的厚度一般为1/4介质波长的奇数倍,对厚度的均匀性要求比较严格。Salisbury屏是干涉型吸波材料最早期的形式,其结构是在金属基底前的低介电隔离层上放置一块电阻片(图5.3(b)),隔离层的厚度为1/4介质波长,电阻片的电阻值为377 Ω/m^2。

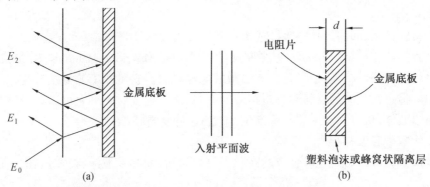

图5.3 干涉型吸波材料典型结构示意图

b. 吸收型吸波材料。吸收型吸波材料是指电磁波入射材料表面时,电磁波能几乎无反射地进入材料内部,并在材料内部被损耗或被吸收的一类材料。吸收型吸波材料的设计原理是:①通过沿电磁波入射厚度方向的各层阻抗的缓慢变化以获得最小反射;②通过材料内部有损耗介质的电磁损耗以实现最大吸收。显然,吸收型吸波材料有效吸收电磁波的基本条件是:①为使电磁波几乎无反射地进入材料内部,材料必须具有和自由空间近似的表面阻抗(即阻抗匹配特性);②为使电磁波能在材料内部被全部吸收,材料必须有足够大的损耗衰减(即吸收衰减特性)。基于上述原理,吸收型吸波材料通常设计成多层形式(图5.4(a)),或采用棱锥、圆锥等几何不均匀方式过渡(图5.4(b))。吸收型吸波材料的吸收频带较宽,其反射率–频率特性曲线变化比较平缓,但材料的厚度一般都比较厚。

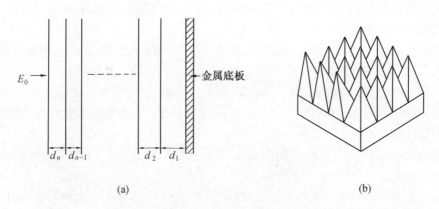

图5.4 吸收型吸波材料典型结构示意图

吸波涂料通常由吸收剂、黏结剂(载体)和其他添加剂组成,其中,吸收剂的电磁特性决定了吸波涂层的吸收性能和最终应用效果,而黏结剂作为吸波涂层的成膜物质,则决定吸波涂层的物理性能、力学性能和耐环境性能,当然也要选择介电性能好的黏结剂。目前,应用较多的涂敷型吸波材料按所使用的吸收剂分类有如下几种。

（1）铁氧体

铁氧体是以氧化铁（Fe_2O_3）为主要成分，由一种或多种金属氧化物复合而成的磁性材料，其组成用化学式 $MO \cdot Fe_2O_3$ 或 $M \cdot Fe_2O_3$ 表示，其中 M 代表二价或复合二价金属离子，可以是 Ni–Zn、Ni–Mg–Zn、Mn–Zn、Mg–Cn–Zn、Co–Ni–Zn、Li–Cd 等。

铁氧体是研究得比较多且较成熟的传统吸波材料，它最早使用在 20 世纪 50 年代的高空侦察机 U–2 上。由于铁氧体吸波性能好、频带较宽且价廉易得，所以直到目前，仍广泛用于隐身飞行器设计中。但它最大的缺点是密度大、高温特性差，在隐身飞行器应用中受到很大限制。

日本在研制铁氧体吸波涂层方面居世界领先地位，日本电气化学工业公司研制的铁氧体、四氧化三铁复合吸收剂橡胶型吸波涂料，厚度为 1.7～2.5 mm，对 5～10 GHz 频率范围的电磁波，衰减可达 30 dB。

（2）超细金属粉末

超细金属粉末以 Fe、Co、Ni 类磁性微粒为主。这种材料的雷达波磁导率较高，温度稳定性好（居里温度高达 770 K），其电磁损耗机理是通过磁滞损耗、涡流损耗等吸收衰减电磁波。它一般由超细磁性金属粉末与高分子黏结剂复合而成，通过改变多相超细磁性金属粉末的混合比例，可以调节吸波材料的电磁参数，从而获得较理想的吸波效果，正逐步取代铁氧体粉末。超细金属粉末的最大优点是密度小，其透波性和吸波性能取决于粉末的粒度。当粒度远远小于波长时，透波性能非常好，利用它可制成薄而轻的吸波涂层。超细金属粉末的最大缺点在于：①抗氧化、耐酸能力差，远不如铁氧体吸波材料；②介电常数较大，且频谱特性较差，低频段波性能较差；③制造技术难度大，价格高。

（3）导电短纤维或金属丝

在雷达波吸收复合材料中，加入导电短纤维或金属丝，能引起吸波特性的变化，如果设计合适，就能获得具有良好吸波性能的材料。在含铁氧体吸波剂的环氧树脂基体中，加入平均长度为 3 mm 的镀镍碳纤维（MCF），就可以大大提高其吸波性能。俄罗斯在先进的铁氧体材料中嵌入电热丝，从而显著提高了吸波性能。随着纤维类吸收剂的出现，各向异性材料的等效电磁参数的表征、电性能优化设计将成为吸波材料研究领域的新课题，而纤维的分散技术、取向技术以及纤维类多层材料制备将成为这类吸波材料能否成功应用并具有工程实用价值的关键。

（4）纳米材料

纳米材料独特的结构使其自身具有量子尺寸效应、宏观量子隧道效应、小尺寸和界面效应。由于纳米微粒尺寸小、比表面积大、表面原子比例高、悬挂键增多，从而界面极化和多重散射成为重要的吸波机制。国内关于纳米吸收剂的研究具有代表性的是：成都电子科技大学的纳米针形磁性金属粉、多层纳米膜复合吸收剂，青岛化工学院的手征和纳米磁性金属离子的复合吸收剂以及哈尔滨工业大学的纳米亚单畴氮化铁固体超顺磁体复合吸收剂。法国研制成功 CoNi 纳米材料与绝缘层构成的多层复合结构，经粉碎后与黏结剂混合制成宽带吸波涂层，在 50 MHz～50 GHz 频率范围内有良好的吸波性能。

（5）陶瓷

陶瓷吸波涂料比铁氧体、复合金属粉末等吸波涂料密度低，吸波性能较好，而且还可以有效地减弱红外辐射信号，主要有碳化硅、氮化硅、氧化铝和硼硅酸铝等。其中碳化硅是制作多波段吸波材料的主要组分，有可能实现轻质、薄层、宽频带和多频段，很有应用前景。碳化硅的粒径、热处理时间等对其吸波性能影响非常大，碳化硅在不同处理温度和时间条件下，其电阻率变化范围为 $1 \sim 10^4\ \Omega \cdot cm$，通过控制工艺参数，可以对其显微结构和电磁参数进行控制，获得所希望的吸波效果。

涂敷型吸波材料还有复合磁性金属化合物吸波涂料、羰基铁吸波涂料、掺杂高损物吸波涂料、盐类吸波涂料、放射性同位素吸波涂料、导电高分子吸波涂料、稀土元素吸波涂料等。

2. 结构型吸波材料

结构型吸波材料特指具有承载和吸收雷达波双重功能的复合材料和结构，如树脂基吸波复合材料和结构吸波复合材料、陶瓷基吸波复合材料和陶瓷吸波结构。结构吸波材料有时又称吸波复合材料或隐身复合材料。它既能保证在200～300 ℃温度下，结构与吸波性能的稳定，又能减轻飞行器的质量。这种材料一出现，就显示了它作为雷达隐身材料在性能上的优越性，受到国内外的高度重视，并迅速得到发展而进入了实用化。美国 B-2、F-22 等隐身飞机的尾翼、机身蒙皮、机翼前缘进气道以及 SSM-1 导弹的弹翼等部位均大量采用了结构吸波复合材料和吸波结构。结构型吸波材料目前主要有陶瓷型、塑料型和复合材料型三类。可以制成实心的和泡沫的。形状可以有薄片、平板、曲面、蜂窝、波纹、中空和框架等。表面可做成光滑、粗糙和绒毛的。

结构型吸波材料在吸波性能（如反射率低、响应频带宽等）的要求上基本和涂敷型一样。由于结构型吸波材料的质量和体积不是附加的，所以对密度和厚度的要求不是很严格，主要按飞行器各种部件本身的设计要求而定。但由于它要承担吸波和承载双重功能，因此，对机械性能的要求比对涂敷型吸波材料要高，特别是对主承载部件的要求更高，要求高比强度、高比模量、耐高温（>500 ℃）、抗疲劳、长寿命（>4 000 h）。另外，对耐候性的要求也有所提高，价格也要求比较便宜。也有人对其性能要求归纳为"牢、轻、宽"的目标。由于厚度和质量的限制不太严格，结构型吸波材料的"宽"比较容易实现，但目前的材料水平还不是很"牢"，一般用于次承载部件较多，用于主承载部件时，机械性能往往达不到要求。

结构吸波材料或吸波结构通常有层板型和夹层型两种结构形式，如图 5.5 所示。一种可承载的宽频板层隐身材料，通常由透波层（面层）、损耗层（中间层）和反射层（底层）三个不同结构层次，多达十几层或数十层组成。其中，透波层一般为玻璃纤维、芳纶纤维或石英纤维增强，低介电损耗树脂基体；损耗层可能是树脂基体中充填电磁损耗物质或树脂本身具有较高损耗，也可以由多层高低损耗层交替组成复合形式的中间层；反射层为碳纤维增强复合材料（图 5.5(a)）。

夹层结构吸波材料一般以透波性能好、强度高的复合材料为面板，其夹层通常为蜂窝、角锥或其他类型芯料(如泡沫芯)。夹层结构吸波材料因其在蜂窝壁或整个夹芯层内填充有损耗介质,当电磁波透过面板进入夹芯层后可以有很好的吸收性能,有很宽的吸收频带范围,而且结构减重效果也较明显(图5.5(b))。这种结构已广泛应用于B-2飞机和F-22飞机的机翼前缘。

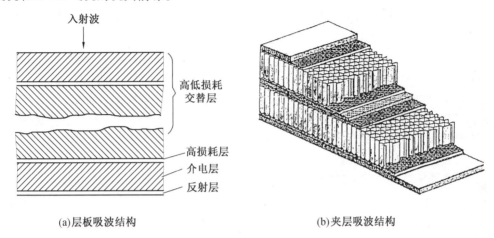

(a)层板吸波结构　　　　　　　　　　(b)夹层吸波结构

图5.5　结构吸波材料的典型结构

5.2.3　红外隐身材料

红外隐身材料是用于降低武器系统的可探测红外特征信号,以达到红外隐身要求的功能材料。红外隐身材料有时又称红外伪装材料。红外探测器只能在三个大气窗口($0.8 \sim 2.6\ \mu m$,$3 \sim 5\ \mu m$ 和 $8 \sim 14\ \mu m$)采取主动式或被动式探测目标,与此相适应的红外隐身材料也各具特色。在近红外区($0.8 \sim 2.6\ \mu m$),为防止夜视仪、激光雷达主动式探测(多采用硫化铅PbS探测器),隐身材料具有低反射率、高比辐射率特征。在中远红外区($3 \sim 5\ \mu m$),为防止红外制导武器被动式探测(多采用锑化铟InSb探测器),隐身材料具有低比辐射率特征。在远红外区($8 \sim 14\ \mu m$),为防止热像仪的成像探测(多用碲镉汞CdHgTe探测器),隐身材料具有适当的比辐射率使目标的表观温度与背景相近,或具有热迷彩功能。

红外隐身技术的目的是要使目标的红外信号特征与背景的红外信号特征之间的差别减小到最低限度或使之迷盲而无法识别。目标的红外信号特征虽然随目标种类而有所不同,但基本上是两种信号即红外辐射和反射。研究最多的目标是飞机,高速飞行的飞机有以下四种较强的红外辐射源和反射源:

①发动机的尾喷口及其热部件。发动机尾喷口处的温度一般为900～950 K,是飞机上最强的辐射源之一。尾喷口可以看作比辐射率为0.9的灰体。发动机部位蒙皮的局部温度也可达到500～700 K。它们的红外辐射波长在 $3 \sim 5\ \mu m$ 范围内。

②发动机尾喷流。它是高温燃气,主要成分为二氧化碳和水蒸气,其红外辐射波段为 $2 \sim 3\ \mu m$ 和 $4 \sim 5\ \mu m$。

③飞机蒙皮由气动加热产生的红外辐射。当航速在 $Ma>2$ 时，蒙皮温度可达500 K 以上，其红外辐射波段处于 3~5 μm 和 8~14 μm 内。

④飞机受阳光照射后反射的红外辐射。太阳辐射特征近似 6 000 K 的黑体，其红外辐射波段在 0.3~3.0 μm 内(其中90%以上能量在 0.3~1.5 μm 内)。

此外，还有飞机反射大气和其他背景辐射的红外辐射，飞机辐射被大气吸收后的二次辐射等，但都比较弱。

由此可见，工作状态的飞机红外隐身应包括近、中和远红外波段，而非工作状态的常温目标主要是近红外隐身。近红外隐身的途径，主要是使目标在阳光反射的特征相同至少相似于背景对阳光的反射。中、远红外隐身的途径，从理论上分析，可有以下四点：①改变目标的红外辐射特征。使目标的红外辐射波段避开红外大气窗口或红外制导导弹的工作频率。②降低目标的红外辐射强度。主要是降温和降低比辐射率。③控制目标红外辐射的传输过程。增加其在传输过程中的吸收、散射和反射及改变目标红外辐射的功率分布。④干扰目标的红外辐射信号。发出或形成模拟目标或背景的红外信号，造成假象。在红外隐身中，近红外隐身材料相对有效。但由于工作状态下目标的温度高，辐射强度大和辐射出的中、远红外线的特点，中、远红外隐身材料对中、远外隐身技术贡献的权重还不是很大，到目前为止，其所起的隐身作用比较有限。

根据玻尔兹曼定律 $E_b = \sigma \varepsilon T^4$，不透明物体的红外辐射强度与物体绝对温度 T 的四次方成正比，与物体的发射率 ε(或比辐射率)成正比。因此，以降低目标自身红外辐射特征的红外隐身材料应具备尽可能低的红外比辐射率和红外镜面反射率。

按照作用原理，红外隐身材料有控制比辐射率和控制温度两类。控制红外比辐射率的红外隐身材料有红外隐身涂料、红外隐身薄膜、红外伪装网等。涂料通常由颜料和黏结剂组成，金属颜料(其中主要是铝)对降低涂料的红外比辐射率最有效，而且颜料的粒子最好为鳞片状。但是过高的金属颜料含量不利于雷达隐身和可见光隐身，可以使用掺杂半导体代替金属作为涂料的非着色颜料，通过适当选择半导体的载流子参数，使涂料兼顾红外隐身和雷达隐身要求，同时通过选用着色颜料来改善涂料的可见光隐身性能。涂料的黏结剂除要求有物理、力学性能外，还应该对红外透明。

控制温度型的红外隐身材料包括隔热材料、吸热材料和高比辐射率聚合物。隔热材料的主要作用是阻止系统内部发出的热量外传，从而减小自身的红外辐射能量；吸热材料则是利用高焓值、高熔融热、高相变热等贮热材料的可逆过程，将热辐射源的温度-时间曲线拉平以减少升温过程引起的红外辐射能量；高比辐射率的聚合物涂层一般涂敷在气动加热升温的飞行器表面，这种涂层应当在气动加热所达到的温度范围内具有高的比辐射率，使飞行器有很好的辐射散热能力，使飞行主动段后期表面温度能迅速降下来，但在室温和低温条件下还应具有低的比辐射率。

5.2.4 多频谱兼容隐身材料

雷达波(几毫米~3 m)、热红外(3~5 μm、8~14 μm)、近红外(0.8~2.6 μm)和可见光(0.4~0.7 μm)等多波段探测器和复合制导技术(如红外和雷达复合制导)已被广泛用于目标探测、识别、瞄准和制导,对各类导弹、飞机、坦克等诸多军事装备和地面、舰载设施构成了严重威胁。为实现多频隐身,未来的隐身材料必须可以对付从可见光、近红外、中远红外到雷达波的主动式或被动式探测。然而,物质对电磁波的吸收、反射、散射等特性随电磁波的频率不同而变化,因而不同隐身波段对目标的电磁特性要求是不同的,对于雷达隐身和红外隐身甚至是矛盾的。雷达吸波材料的作用是尽可能多地吸收雷达辐射的电磁波,并将其转化为热能。材料的吸波能力越强,则隐身性能越好,但材料的表面温度也就随之越高,而这不利于红外隐身;另外,雷达吸波材料要求在一定频率范围内(如 $8 \sim 18$ GHz)对电磁波强烈地吸收,理想的情况是全吸收,即反射系数为零。而红外隐身材料则要求低吸收、高发射,其常用的金属材料发射率很高,但对雷达隐身是致命的。

由 Kirchhoff 定律可知,对不透明的材料有

$$\varepsilon + R = 1$$

式中,ε 为发射率,R 为反射率。因此 ε 小,R 必然就大;反之亦然。尽管如此,由于 ε 和 R 都是波长的函数且红外波与雷达波的波长相差较大,找到雷达波段反射率 R 小,而热红外波段反射率 R 大、发射率 ε 小的材料是有可能的。要实现这一目的,有以下两种途径:

①研制一种隐身材料,既有吸收雷达波功能,同时又具有可见光、近红外、中远红外的伪装性,这是一种可见光、近红外、中远红外和雷达波兼容的材料,通常是薄膜型和半导体型材料。

②分别研制可见光、近红外、中远红外伪装材料和高性能雷达波隐身材料,然后再把它们复合在一起,使材料同时兼容可见光、近红外、中远红外和雷达波隐身,这类材料一般是复合型涂层。

目前国内外研制的红外/雷达兼容隐身材料很多,红外和雷达隐身兼容的单一型材料主要有导电高聚物、纳米材料和掺杂氧化物半导体等,通过后一种途径实现红外和雷达隐身兼容的多层复合材料已经投入使用。

多频谱兼容隐身复合涂层通常由可见光/近红外伪装面层、中远红外隐身材料中间层和雷达吸波材料底层组成。其中,可见光/近红外伪装面层一般由黏结剂(载体)、颜料和填料调配而成。

中远红外隐身材料中间层本身可有以下两种形式:

①中远红外低吸收涂层与高反射基材组成中远红外隐身涂层。由于涂层吸收率随厚度增加而增加,这类材料属厚度敏感型材料,低辐射的基底是其必备条件,应用较多的有热控涂层。

②由红外低吸收黏结剂与高反射填料组成中远红外隐身涂层。这类涂层具有很高的表面反射和体积反射,中远红外不能穿透涂层,因涂层辐射率不受基底的影响,属于厚度不敏感材料,已在飞机、舰艇的发热部位获得应用。

多频谱兼容复合涂层的第三层是雷达吸波涂料。由于雷达吸波涂料大都是高红外辐射的,所以与上述第一种中远红外隐身涂层不相容,而只与第二种中远红外隐身涂层

相容。但这类材料大多以金属微粒为填料,有较高的介电常数,当它与雷达吸波涂层复合后,可能会对雷达吸波性能产生一定影响。但是,由于可见光/近红外伪装涂层一般由远红外黏结剂、颜料、填料调配而成,其介电常数和磁导率较小,从而改善了复合后材料的雷达波阻抗匹配性能,缓解了雷达波在红外隐身涂层表面反射与原吸波材料前界面反射的不一致,因此涂层复合后材料的吸收率可能会有所改善。

5.2.5 智能隐身材料

智能隐身材料是伴随着智能材料的发展而发展起来的一种功能材料,它可以感知目标和周围环境的温度变化,对感知的信息进行处理,可通过自我指令对信号做出最佳响应,具有很强的环境自适应能力。智能隐身材料能感知和分析从不同方位到达的电磁波或光波特性,并做出最佳响应,以达到隐身的目的。智能隐身材料是智能材料与隐身材料的有机结合,这种结合大大提高了隐身材料的功能,使其具有智能材料的感知、回馈、控制、执行能力,使目标混杂于环境中难以分辨,从而实现在各种环境中隐身的目的。智能隐身材料代表着隐身材料先进的发展方向。

目前国内外智能隐身材料主要研究领域包括以下几种:

(1)可见光智能隐身材料

可见光智能隐身材料即智能变色材料,如光致变化(变色龙漆)、电致变色材料、热敏化学伪装材料等。

美国空军研究了一种能吸收雷达波的聚苯胺基复合材料,可用于调节飞机蒙皮的亮度和颜色。它是通过安装在飞机各个侧面的可见光传感器控制它的光电等特性:在不加电时,它是透光的;在加电时,可同时改变亮度和颜色。使用这种蒙皮的飞机,在飞行中从上往下看,它的上部颜色与它下面地表的主体颜色相近;从下往上看,它的底部颜色与天空背景一致;而且蒙皮加电时,能散射雷达波,使跟踪雷达的探测距离缩短一半以上。美国佛罗里达大学研制出一种电致变色聚合物材料,将这种材料制成薄板覆盖在目标表面,板在加电时能发光并改变颜色,在不同电压的控制下会发出蓝、灰、白等不同颜色的光,必要时还可产生浓淡不同的色调,以便与天空的色调相一致,所以能够消除目标与背景的色差。美军纳蒂克研究、开发与工程中心正在研究一种高技术迷彩布料——自动变色布料。通过装在衣服上的微传感器的作用,电激活染料或利用可产生动态视觉迷彩的生物技术,使这种布料可随不同地面或背景的变化而自动变色。英国科学家研制出了一种新型热敏化学隐身材料,该材料能在28 ℃时变成红色,33 ℃时变为蓝色,低温时变为黑色;在20~100 ℃条件下具有色彩的全光谱变化性能。

(2)智能红外隐身材料

智能红外隐身材料是指热致可变发射率材料,即以温度控制为出发点的相变控温材料。

北京理工大学的张升康等人设计了一种红外智能隐身材料系统,这种系统由红外传感器、电致变温材料和微处理器组成,该系统实现了目标热像随背景自适应变化的功能。这种红外智能隐身材料系统采用双红外传感器分别采集目标和环境的红外辐射特征信号,感知自身和环境的差异;采用微处理器对感知信号进行分析处理;再用电致变温材料作为驱动系统与光学伪装材料相互依着,从而控制伪装材料温度使其与环境温度相适应。红外智能隐身材料系统是信号采集、处理以及驱动系统融为一体,并和伪装材料相结合的材料系统,当环境辐射特性变化时,材料辐射特性也跟着相应变化,使目标混杂于环境中难于分辨,从而实现各种环境下的自适应隐身。

(3)智能吸波材料

英国 Alan Barnes 研究的智能雷达吸波材料,材料的反射系统数会随外界电场的变化而快速变化。美国研究了一种用于主动探测雷达的隐身装置,它是在塑料涂层中集成微波探测器、相变换放大器和微波发射器。探测器探测到入射波、反射波和相消电磁波的合成波,然后相变换放大器转换探测器探测到的合成波,再通过发射器发射出去,这样理论上该武器平台的雷达反射截面近似为零。

综上所述,智能隐身材料的出现,推动了隐身技术的发展,同时势必推动各种探测技术的进步。在实现军事现代化的大趋势下,智能隐身材料可谓应时而生。它的新原理、新概念对未来武器系统和航空航天系统的发展将会产生重要影响,为武器装备的智能化、隐身化提供重要的物质基础。随着科技的进步,更多新智能材料将会研制成功。智能隐身材料也将成为 21 世纪隐身材料发展的重要方向之一。

5.2.6 隐身技术及隐身材料的应用

国外隐身技术及材料研究始于第二次世界大战期间,起源于德国,发展于美国并扩展到英国、法国、俄罗斯及日本等发达国家。美国目前拥有隐身飞行器装备部队,中国、俄罗斯、德国、法国、英国、瑞典、加拿大、日本等国家也都在竞相发展隐身技术,并在新一代作战飞机中广泛应用。

迄今为止,美国已研制出 10 余种准隐身飞机、8 种隐身飞机、12 种无人驾驶隐身飞机、7 种准隐身垂直/短距离起落飞机和直升机、多种准隐身巡航导弹和其他类型导弹以及数种中、小型舰艇。其杰出代表是 F-117A 隐身战斗机、B-2 隐身轰炸机、F-22 先进战术隐身战斗机和 A-12 先进战术战斗机,均采用了不同类型的隐身材料。

F-117A 是第一种按低可探测技术设计的实用型单座亚音速隐身攻击战斗机,具有很好的雷达、红外和目视隐身能力;以铝合金结构为主,机体表面几乎全部涂覆了黑色的雷达吸波材料。部分结构件,如翼梁、翼肋、大梁、机翼前缘、发动机舱、前机身、蒙皮及某些机内部件被涂覆了铁氧体涂料。B-2 于 1989 年开始试飞,1993 年交付美国空军使用,其 900 m² 外表面的 95% 涂覆一种具有不同厚度的韧性隐身涂层。B-2 每次飞行后,都需要对其表面进行掉屑、划伤和腐蚀等方面的检查,且在两次飞行之间必须对损坏的蒙皮进行修理。另外,这种韧性隐身涂层每五年要更换一次,在 B-2 的整个寿命期内,大约要更换 4 次,以保证它的隐身特性。

A-12 又称舰载隐身攻击机,将有可能成为美国海军今后十年唯一的一种全新飞机。它具有 20 世纪 90 年代中期以后战争环境要求的低可探测性和纵深遮断能力,将取代 A-6E 舰载攻击机、S-3B 反潜机和 E-2C 早期预警机。F-22 综合平衡了隐身性能、超音速巡航、敏捷性、可靠性和维护性的不同要求,其雷达反射截面积(RCS)为 $0.01 \sim 0.1 \ m^2$,且可像普通战斗机一样在任何天气下使用和维护。F-22采用了更先进、更成熟的隐身材料:在重点部位(如进气道和机翼前后缘)采用了将吸波涂层涂覆于吸波结构材料表面的方法,高频雷达信号被表面吸波涂层吸收,低频雷达信号则被吸波结构材料吸收;发动机舱外蒙皮以复合材料取代钛合金,既减轻结构质量,又提高隐身性能;发动机的推力换向和反推力喷管以及发动机周围的构件可能采用了陶瓷基复合材料,以提高对红外和雷达波的吸收能力。另外,座舱盖采用新开发的铟锡氧化物陶瓷镀膜,透光率达到85%。

5.3 形状记忆合金

5.3.1 形状记忆材料的概念

形状记忆材料(Shape Memory Materials,SMM)是指具有一定初始形状的材料经形变并固定成另一种形状后,通过热、光、电等物理刺激或化学刺激的处理又可恢复成初始形状的材料。

形状记忆现象早在1938年就在Cu-Zn和Cu-Sn合金中发现。1951年在Au-Cd合金、1953年在InTi合金中也发现了形状记忆现象。1962年,美国海军军械研究所将NiTi合金作为对温度敏感的振动衰减合金加以研究,在讨论该项研究经费分配时,某一成员用手将这种材料制成的细丝一端弯曲,无意中靠近手中点燃的雪茄,忽然发现靠近火焰部分的细丝伸直了。1963年,军械研究所宣布在NiTi合金丝中发现了形状记忆效应。随后人们又在成本更为低廉的CuAlNi合金中也发现了形状记忆现象。1970年,美国制成Ti-Ni合金管接头,大量用于F-14飞机油压管路的连接。同时,日本大阪大学清水等人发现Au-Cd、In-Ti、Ti-Ni、Cu-Al-Ni四种形状记忆合金都有热弹性马氏体相变的特性,据此预测凡具有这种特性的合金都有形状记忆的特性。由此,许多形状记忆合金相继发现,迄今为止,已有十多个系列的五十多个品种。已生产的形状记忆材料广泛应用于航空航天、汽车、能源、电子、家电、机械、医疗和建筑等行业。

除此之外,在非金属材料(如高聚物和陶瓷)中也发现有形状记忆现象。20世纪50年代初,英国的Charlesby等人发现在辐射交联聚乙烯中有形状记忆现象。1957年,Ray-Chem公司申请了辐射交联聚乙烯热缩管的专利,并开始了生产。随后出现了大量的形状记忆高聚物热收缩管和膜等,用于电器、医疗、机械和玩具等行业。

多数形状记忆材料,经加热至一定温度将转变为母相(奥氏体),称为逆相变。马氏体相变和逆相变时的相变临界温度一般用DSC或电阻法测定。图5.6为形状记忆合金随温度变化发生马氏体相变时电阻的变化曲线,曲线的拐点即为相变点。其中 M_s 为冷却时产生马氏体相变的起始温度;M_f 为冷却时马氏体转变的终止温度[几乎达到100%(体积)马氏体];A_s 为升温时马氏体逆转变的起始温度;A_f 为升温时马氏体逆转变终止温度[几乎达到100%(体积)奥氏体]。A_s 与 M_s 之差称为形状记忆材料的热滞。

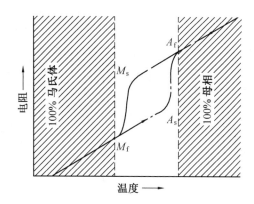

图 5.6　形状记忆合金随温度变化发生马氏体相变时电阻的变化曲线

按材料的成分,可将形状记忆材料分为以下三类:

①形状记忆合金(SMA),主要有 Ti-Ni 系、Cu-Al-Ni 系、Cu-Zn-Al 系、Ni-Mn-Ga 系、Fe-Ni-Co-Ti 系、Ti-Mo 系、Ti-Nb 系等。

②形状记忆高聚物:聚氨酯、聚酰胺、聚烯烃、聚乙酸内酯等。

③形状记忆陶瓷:ZrO_2、$CaTiO_3$ 等。

按激发能量可将形状记忆材料分为热控型、磁控型和电场控型。

5.3.2　形状记忆合金的原理

形状记忆合金(Shape Memory Alloys,SMA)是通过热弹性与马氏体相变及其逆相变而具有形状记忆效应(Shape Memory Effect,SME)的由两种以上金属元素所构成的材料。形状记忆合金是目前形状记忆材料中形状记忆性能最好的材料,也是应用最广泛的记忆材料。

马氏体相变是一种无扩散相变或称位移型相变。严格地说,位移型相变中只有在原子位移以切变方式进行,两相间以宏观弹性变形维持界面的连续和共格,其畸变能足以改变相变动力学和相变产物形貌的才是马氏体相变。马氏体相变首先在钢中发现,之后在钛、锂、钠等金属,多元合金、氧化物和铬酸盐的晶体中也发现了。马氏体相变分为非热弹性马氏体相变和热弹性马氏体相变两类。前者马氏体相变的增长是靠新马氏体的生成,成长速度很快。后者马氏体相变的增长靠旧马氏体的生长,温度下降,马氏体增大;反之,马氏体缩小,其长大速度较慢。

形状记忆合金通过热弹性马氏体相变及逆相变的机理如图 5.7 所示。把具有初始形状 L 的母相冷却到马氏体相变终止温度 M_f 以下,实现马氏体相变,变成由 24 种惯习面变体所构成的马氏体,加外力后产生塑性变形 ε 成为具有另一种形状 $L+\varepsilon$ 的马氏体单晶,去掉外力后塑性变形保留而形状 $L+\varepsilon$ 不变,再加温到马氏体逆相变终止温度 A_f 以上时,发生马氏体相变的反转即逆相变,变回初始形状 L 的母相,其结构和取向与初始母相也完全一样。图5.8是形状记忆合金晶体结构变化模型。

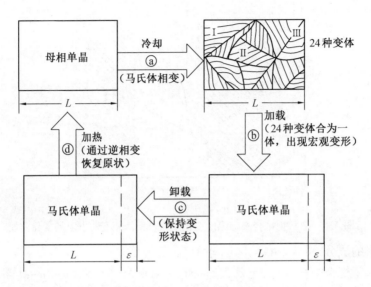

图 5.7　形状记忆合金的机理

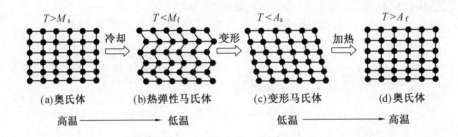

图 5.8　形状记忆合金晶体结构变化模型

5.3.3　形状记忆合金的特殊性能

具有一定形状的固体材料(通常是具有热弹性马氏体相变的材料),在某一温度下(处于马氏体状态)进行一定限度的塑性变形后,通过加热到某一温度(通常是该材料马氏体完全消失温度)时,材料恢复到变形前的初始形状,这种现象称为形状记忆效应。形状记忆合金的形状记忆效应可按形状恢复情况分为单程、双程和全程三类,如图5.9所示。第一类为单程记忆效应(不可逆记忆效应),将母相在高温下制成某种形状,再将母相冷却,使之发生马氏体相变,然后对马氏体进行任意变形;当温度升至 A_f 点,马氏体完全消失,材料恢复母相形状,重新冷却时不能恢复低温相时的形状。第二类为双程记忆效应,又称可逆记忆效应,加热时恢复高温相形状,冷却时恢复低温相形状,通过温度升降自发可逆地反复恢复高低温相形状。第三类为全程记忆效应,加热时恢复高温形状,冷却时变为形状相同而取向相反的高温相的现象。

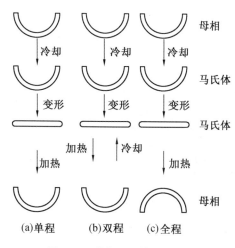

图 5.9 形状记忆效应示意图

形状记忆合金,除了形状记忆效应外,还具有超弹性,也称为伪弹性。所谓超弹性就是当形状记忆合金受到外力时发生变形,去除外力后就恢复原状。它和普通金属材料的弹性变形不同,普通弹性变形一般不大于 0.5%,而超弹性变形可达到 10%。这是因为形状记忆合金在发生超弹性变形时,诱发了马氏体相变,去除外力后,又发生马氏体逆相变。这种不通过加热即恢复到原先形状的相变,看起来像弹性变形,但其应力-应变曲线是非线性的,称为相变伪弹性,应变完全恢复时称为超弹性。从本质上看,形状记忆效应和超弹性是一致的,只因形状的温度条件不同:当 $T<A_s$ 时,出现形状记忆效应;当 $A_f<T<M_d$ 时,形状记忆合金呈现超弹性(M_d 为应力诱发马氏体相变的温度上限);但 $A_s<T<A_f$ 时,则兼有形状记忆效应和超弹性。图 5.10 是形状记忆合金的形状记忆效应、相变伪弹性和温度、应力之间的关系示意图。

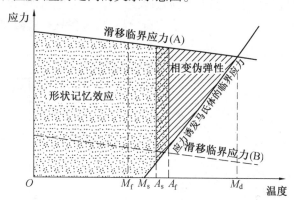

图 5.10 形状记忆效应、相变伪弹性和温度、应力之间的关系示意图

图 5.11 为形状记忆合金的伪弹性应力-应变曲线示意图。图 5.11 中 ab 段为奥氏体相的弹性变形;b 点为应力诱发马氏体的最小应力,c 点相变结束,奥氏体向马氏体的转变使应变增加,其斜率远小于 ab 段,说明相变容易进行;cd 段为相变结束后,应力作用下马氏体发生弹性变形。除外力后,发生马氏体逆相变,沿着 def 回到原点。

形状记忆合金由于马氏体相变的自协调和马氏体中形成的各种界面(孪晶面、相界面、变体界面)的滞弹性迁移会吸收能量而具有良好的阻尼特性。

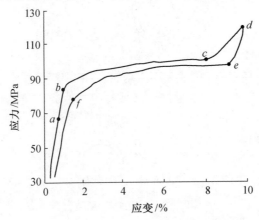

图 5.11 伪弹性应力-应变曲线示意图

5.3.4 形状记忆合金的制备

目前,工业上生产用形状记忆合金的主要方法有真空自耗电极电弧熔炼、真空感应熔炼和真空感应水冷铜坩埚熔炼等。表 5.2 是各种熔炼方法的特性、均匀性及杂质情况。真空自耗电极电弧熔炼杂质污染虽少,但铸锭成分均匀性较差,所以一般用它制作母合金,然后再真空感应熔炼,称为自耗电弧-真空感应双联法。也有先采用真空感应炉制备母相然后再用真空感应炉调整成分的方法,称为双真空感应法。此法成分易控制,而且均匀,缺点是经过两次接触石墨坩埚,容易增碳。真空感应水冷铜坩埚熔炼由于金属熔液接触的是水冷铜坩埚,而且又有涡流搅拌作用,因此可以一次获得杂质污染少,而且成分均匀的铸锭,不过由于它造价昂贵,大多只有实验室使用,难以形成大规模生产。

表 5.2 各种熔炼方法的比较

熔炼方法	电子束	电弧	等离子体	高频	
气氛	真空	真空	真空,不活泼气体	真空,不活泼气体	
坩埚	水冷铜	水冷铜	水冷铜	石墨	水冷铜
均匀性	△	○	○	◎	◎
成分	×	△	○	◎	◎
杂质物	◎	◎	◎	△	◎

注:◎○△×表示优到劣排序。

熔炼过程中对合金组元以及 O、N、H、C 等杂质元素的控制是获得理想形状记忆合金必须考虑的关键问题。以 Ni-Ti 合金为例,Ni 含量的变化将引起相变温度的严重变化,一般来说,当 Ni 的原子比例达 0.1% 时,A_f 点将变化 10 ~ 20 ℃。这要求熔炼时不仅有适当的配比,还有均匀的成分。O 含量的增加不仅会使相变温度下降,更严重的是使合金的记忆性能下降,而且使材料的力学性能恶化,影响正常的使用;N 的性质与 O 相似;C 含量是冶炼时容易渗入的元素,C 含量不明显影响合金的力学性能,但对合金的记忆性能有一定的作用,主要是相变滞后扩大,且回复率下降。

合金锭通过熔炼制备后,再经热轧、模锻、挤压等热加工工艺,然后进行冷加工来获得各种规格的板、带、丝、棒、管以满足各种用途的需要。以 NiTi 合金为例,NiTi 合金的铸态组织的热加工性能较差,应该选择较好应力状态的变形方法来加工,如挤压、锻造、热轧等,而不宜选择拉拔和斜轧穿孔等加工工艺。而变形后的组织,其加工性能要好得多。热加工温度选择要适当,过低时变形抗力大,不易操作,过高会引起表面甚至内部氧化,造成塑性急剧下降,所以一般选择加工温度为 700 ~ 800 ℃。与普通金属材料相比,NiTi 合金的加工硬化率高,所以镍钛合金的冷变形工艺必须控制变形和变形速度。以拉拔而言,必须控制道次变形量,一般每道次为 10% ~ 20%,累计变形量达到 50% 以上,需要进行中间退火处理,温度以 700 ~ 850 ℃ 为宜。

为把形状记忆合金用作元件,有必要使它记住给定形状。形状记忆处理(一定的热处理)是实现合金形状记忆功能方面不可或缺、至关重要的一环。单程记忆处理方法有三种:

①中温处理。中温处理是将轧制或拉丝加工后充分加工硬化的合金成形为给定形状,在 400 ~ 500 ℃ 温度下保温几分钟到几小时,使之记住形状的方法。此方法由于工艺简单而被广泛采用。

②低温处理。低温处理是在高于 800 ℃ 的温度下保温后进行完全退火,然后在室温下制成特定形状,在 200 ~ 300 ℃ 的低温下保温一定时间,以记忆其形状的方法。由于在完全退火的软状态下进行加工,有利于合金记住复杂形状或曲率很小的产品。但低温处理的形状特性,特别是疲劳寿命不如中温处理法。

③时效处理。时效处理是富 Ni 的 NiTi 合金经 800 ~ 1 000 ℃ 温度下固溶处理后急冷,然后在 400 ℃ 的温度下进行几小时时效处理的方法。此方法仅适合于 Ni 的原子比例高于 50.5% 的富 Ni 合金。

5.3.5 形状记忆合金在航空航天中的应用

形状记忆合金作为一种具有特殊性质的材料,在工程应用中具有良好前景。特别是 SMA 具有很高的能量密度,不会引起质量的显著增加,使其备受航空航天工业的关注。利用 SMA 的记忆效应提供的大回复力以及大回复位移,使其已应用在宇宙飞船天线、管接头、飞行器机翼、发动机喷口的形状控制及对这些结构的振动控制。

早在 1970 年美国首先将 NiTi 形状记忆合金用于宇宙飞船天线。这种天线是用 NiTi 记忆合金丝材制成,在飞船发射之前,于室温马氏体状态,折叠成直径为 5 cm 以下的球状放入飞船内,当飞船进入太空轨道后,通过加热或者是利用太阳热能,使合金丝材升温而产生马氏体逆相变,这时,被折叠成球状的天线就自动完全打开,恢复到原来设定的抛物面形状进入工作状态,施展天线功能,其原理如图 5.12 所示。

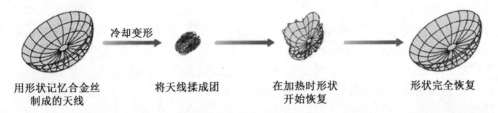

用形状记忆合金丝　　将天线揉成团　　在加热时形状　　形状完全恢复
制成的天线　　　　　　　　　　　开始恢复

图 5.12　NiTi 形状记忆合金制造的人造卫星天线

1975 年,Harrison 等人利用单向记忆的 NiTi 基形状记忆合金制成管接头(紧固件),成功地用于液压管路连接。管道传统的连接方式是采用焊接方法,不仅需要熟练的操作技术,而且易出现火情,质量难以控制。形状记忆合金管接头是利用合金的形状记忆特性,先将相变点约-150 ℃的 TiNiNb 合金制成内径稍小于连接管道外径的管接头(小 4% ~5%),经处理后在比合金相变温度低得多的液氮温度下扩张内径约 8%,在管接头还处于低温状态时,将连接管道从两端插入,当管接头逐渐升温经过马氏体逆相变,接头内径自动收缩恢复到扩径前的尺寸,把连接管道箍紧,密封耐压,牢牢箍紧被接管,可靠性高。采用 TiNiNb 合金连接与传统连接的比较如图 5.13 所示。该种管接头已在美国 F-14 战斗机上的液压管路使用 30 多万支,各种型号飞机上已成功使用数百万只,至今无一例出现过漏油事故。随后,这类管接头在核潜艇和大口径海底输油管道上都得到应用。

图 5.13　TiNiNb 记忆合金管接头与传统连接的比较

航空航天中通常采用铆钉和螺栓进行固紧,但有时不容易操作,例如在密闭真空中很难进行操作,形状记忆合金紧固铆钉可以实现这种紧固,工作原理如图 5.14 所示。采用 A_f 点低于室温的合金用来制造紧固铆钉,尾部形状记忆处理成开口形状,进行紧固操作前,把紧固铆钉浸泡在干冰或液态空气中进行充分冷却,然后把尾部拉直,插入被紧固件的孔中,温度回升后产生形状恢复,铆钉尾部叉开把物体固紧。

形状记忆合金在机翼结构中的应用:传统机翼的襟翼和副翼控制面利用铰链连接到机翼上,铰接处过渡不光滑,流过机翼的气流过早分离,气动效率低,控制面偏转角越大,性能降低越明显。科研人员尝试采用 SMA 实现控制面光滑过渡和偏转的变形机翼,具有代表性的是美国 Dappa/Afrl/Nasa 的智能机翼。利用嵌入 SMA 丝的柔性光滑结构连接襟翼、副翼和机翼。SMA 收缩使控制面光滑偏转,以延长流过机翼气流的附

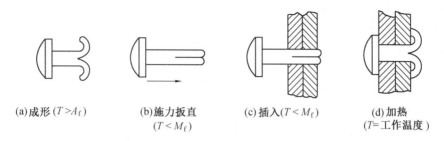

(a)成形($T>A_\mathrm{f}$)   (b)施力扳直   (c)插入($T<M_\mathrm{f}$)   (d)加热
                                    ($T<M_\mathrm{f}$)   ($T=$工作温度)

图 5.14　形状记忆合金用作铆钉的工作原理图

着时间,改善整体压力分布;利用 SMA 扭力管驱动机翼扭转,使外侧机翼攻角增大,提高升力和俯仰力矩。图 5.15 为第一阶段智能机翼动作示意图。

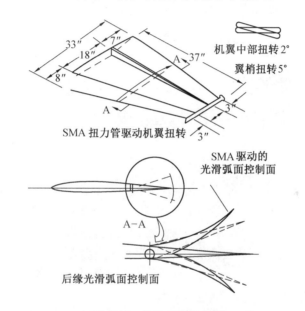

图 5.15　智能机翼示意图

诺思罗普·格鲁曼公司(NGC)建造了两个原尺寸 16% 的 FA-18 战斗机/攻击机机翼的模型(一个传统机翼和一个 SMA 驱动的智能机翼),并在 NASA 兰利研究中心(LaRC)的跨音速风洞进行了试验,速度为 $Ma=0.2\sim0.4$,动压为 2 872 ~ 5 742 Pa。第一次试验验证其可行性。第二次试验利用输出力矩 407 N·m 的 SMA 扭力管驱动翼尖扭转 5°,使升力和横滚力矩提高 8% ~ 12%;嵌入 SMA 丝的副翼能偏转 12°,使横滚力矩提高 10%。对于质量为 18 160 kg 的战斗机来说,升力和横滚力矩提高 10%,起飞总质量能提高 908 kg;当副翼偏转角与传统机翼相同时,横滚速率从 120(°)/s 提高到 132(°)/s。

固定进气道是对某几种飞行状况的优化,不能很好适应多种飞行情况,如在低速状态下,需要进气道具有大吸收面、钝角前缘来获得高速气流,在亚音速巡航状态下,尖锐前缘则有助于减小阻力,并且比钝角前缘具有更高的耐受性,吸收面的减小可以使发动机获得需要的气流速度,此时如果吸收面不减小,多余空气的溢出将引起阻力增加。而变形进气道可以随着飞行状况而变成最佳形状,达到最佳进气效果。目前,如 F-15、SR-71 等都采用了吸收面可变进气道以提高飞机性能,其驱动机构主要使用液压驱动,质量与体积相对较大。美国 DARPA 资助的 SAMPSON 飞机示范项目将全尺寸 F-15E 进气道改造成了 SMA 驱动的智能进气道(Smart Inlet),使其捕捉区域、涵道形状和唇部形状在 SMA 驱动下变化,提高进气效果,如图 5.16 所示。捕捉区域控制由整流罩转动和唇部偏转来实现,使发动机达到最佳空气流量。涵道形状改变可改变压缩系统,影响空气流量和压力恢复。唇部在低速时较钝以减小气流分离,在高速时较尖以减小阻力。与电机、液压系统等驱动装置相比,形状记忆合金能够极大地简化驱动机构,减小飞机质量,节省驱动器空间,降低飞机制造、使用和维护成本。采用变形进气道,与固定进气道相比,飞机的巡航半径能提高 20% 左右。

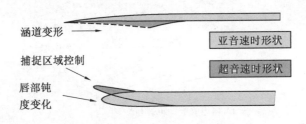

图 5.16　进气道形状变化示意图

　　飞机噪声问题日益突出,如何减小噪声成了当务之急。内涵道喷气气流、外涵道风扇气流和发动机周围自由气流互相作用形成紊流是高涵道比涡轮风扇发动机噪声的一个重要来源。在内涵道喷口和外涵道喷口后缘加装锯齿空气动力装置,即 V 型板(Chevron),能通过促进有利的气流混合来抑制噪声。降噪时,外涵道喷口的 V 型板需弯入风扇气流中一定角度。但弯入会增加阻力,减小推力。这种损失在长距离巡航飞行时相当可观,所以现有技术的固定的 V 型板一般不弯入或者只是很小量地弯入风扇气流中。针对这种情况,波音公司开发了变形 V 型板(Variable Geometry Chevron,VGC)。图 5.17 为在风扇喷口后缘带有 VGC 的航空发动机示意图。从图 5.17 可以看出,VGC 平直时的极限位置为飞机的巡航飞行,而浸入的极限位置为飞机的起飞和爬升过程。当飞机起飞和爬升时,通过在喷口处的 VGC 锯齿结构伸入高速喷出的气流中,干预喷出气流与大气气流的混合,使两者的混合平稳,进而达到降低噪声等级的作用;而当飞机巡航时,VGC 锯齿结构恢复到平直状态,不会影响飞机的推力,并且还可减小飞机巡航时的振动噪声。

　　促使 VGC 可变形的驱动器是采用的 NiTi 形状记忆合金,基体 V 型板采用的是具有良好弹性的碳纤维复合材料,将 3 块 NiTi 记忆合金通过紧固件镶嵌在一个碳纤维复合材料的 V 型板上,再由 14 块这样的 V 型板组成锯齿状喷口,具体布局如图 5.18 所示。其中每块 NiTi 合金板上覆盖了一层加热膜,起到对 NiTi 合金加热,控制其形状变化的作用,使其成为可控启动器。V 型板上还黏附了三个应变计以测试 V 型板的浸入

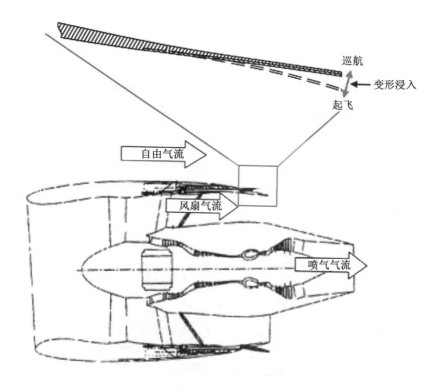

图 5.17 带有 VGC 的航空发动机示意图

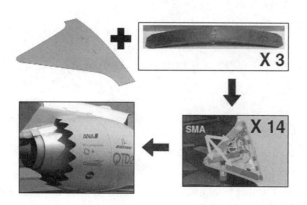

图 5.18 VGC 的结构布局

尺寸,三个热电偶以测试 NiTi 合金的温度。

我国在 20 世纪 80 年代初,由天津冶金材料研究所与航天部某院合作,研制航天器"ST"系列温控用双向驱动元件。元件采用 TiNi 形状记忆合金,当温度在 0 ℃时,记忆元件能控制百叶窗叶片自动关闭;而在 20 ℃时,则使百叶窗叶片转向到打开状态。研究的关键是在此温度区间下的双向记忆效应,元件研制获得成功,使用单位进行了完整的地面模拟试验。结果表明,TiNi 形状记忆合金作为双向驱动元件比双金属优越,质量减轻6/7,体积减小60%,驱动力增加3.5倍且热滞后小。元件对温度的灵敏度在经过

106 次冷热循环试验后,其转角保持稳定不变。

5.3.6 形状记忆合金的发展方向

形状记忆合金在航空航天领域已取得举世瞩目的成就,为进一步推进形状记忆合金在航空航天领域的使用,其发展方向主要有以下几方面。

(1)高温形状记忆合金

NiTi 和 CuZnAl 合金的马氏体开始转变温度(M_s)通常不超过 100 ℃,而形状记忆合金的动作温度取决于 M_s,因此,这两种合金只能在 100 ℃ 以下使用。但在航空航天领域,相当多的情况下工作温度都要超过 100 ℃,因而研制高温形状记忆合金(M_s > 120 ℃)就成为一个主要的发展方向。目前,国内外研究的高温形状记忆合金主要有三类:第一类是以 CuAlNi 为基础发展起来的 CuAlNiMnX(X=Ti、B、V)五元合金,它的 M_s 最高可到 200 ℃ 左右;第二类是从 NiTi 合金发展起来的 NiTiY(Y=Pd、Pt、Au)三元合金,它的 M_s 随着 Y 含量增高而增高,最高可到 1 040 ℃;第三类是 NiAl 金属间化合物发展起来的 NiAlZ(Z=Fe、Mn、B)合金,其 M_s 可在 480 ℃ 以上。

(2)窄滞后形状记忆合金

通过热弹性马氏体相变实现记忆效应的 NiTi,其相变滞后温度一般在 20~30 ℃,使其热敏感度较低而应用受限。当利用中间 R 相变实现记忆效应时,其相变滞后小于 2 ℃,这样就可以制成窄滞后形状记忆合金。NiTi 合金或 NiTiFe、NiTiCu、NiTiCo 等合金,经冷加工后在低温退火或高温退火可出现 R 相变。

(3)宽滞后形状记忆合金

NiTi 合金热滞后小,当 A_s 小于室温,它的马氏体加工后制品必须在低温处储存,很不方便。而 NiTiNb 合金可以形成 β-Nb 软相,产生塑性变形使相变应变弛豫,降低应变马氏体的弹性应变能进而减少逆相变驱动力,结果使 A_s 显著升高,其热滞最高可达 144 ℃。而且作为管接头等紧固件也希望它的热滞宽而保证紧固件的使用稳定性和安全性。

(4)铁基形状记忆合金

铁基形状记忆合金比 NiTi 合金和 CuZnAl 合金成本低,刚性好,易于加工。铁基合金中 FeMnSi 合金研究最多,其完全恢复变形量可达 6%,M_s 在室温附近,热滞宽,A_s 大约为 150 ℃。由于 FeMnSi 易锈蚀,又研究了不锈钢记忆合金,即在 FeMnSi 中加入 Cr、Ni 和 Co,但其记忆性能也有所降低。

(5)形状记忆合金薄膜

形状记忆合金目前的主要缺点是:其电阻对温度和应力的敏感度不够高,响应速度较慢。因此,发展了形状记忆合金薄膜,其因表面积大、散热能力高和电阻率高,从而增加了灵敏度和响应速度,作为敏感兼驱动元件,显示出巨大潜力。

5.4 功能陶瓷

陶瓷的发展与人类的发展是密切相关的,科学技术的发展,对陶瓷的需求范围逐渐扩大,对陶瓷的性质、质量、种类的要求也越来越高,促使陶瓷材料发展成为新的具有特殊功能的材料,构成了功能陶瓷这样一个庞大的族类。功能陶瓷是指具有电、磁、光、声、超导、化学、生物等特性,且具有相互转化功能的一类陶瓷。功能陶瓷大致上可分为电子陶瓷(包括电绝缘、电介质、铁电、压电、热释电、敏感、导电、超导、磁性等陶瓷)、透明陶瓷、生物与抗菌陶瓷、光学、发光与红外辐射陶瓷、多孔陶瓷。本节主要介绍航空航天系统中应用较多的透明陶瓷、压电陶瓷、热释电陶瓷及敏感陶瓷等功能陶瓷。

5.4.1　透明陶瓷

陶瓷是由粉末烧结而成,因此它是由晶粒、晶界和气孔组成的多晶体。由于光照射在晶界和气孔处会产生光吸收、反射、折射、散射等,故从光学意义上来说,多晶陶瓷一般是不透明的。1962 年,美国 GE 公司的 Coble 博士通过采用高纯、超细原料,并控制微结构,首先研制成半透明多晶氧化铝陶瓷,但是仍有微量杂质和缺陷存在,陶瓷的直线透过率只有15% 左右。尽管如此,这也掀起了透明陶瓷的研究热潮。透明陶瓷目前尚无确切的定义,有些学者曾经概括为:无机粉末经过烧结成陶瓷后,有一定的透明度,当1 mm 厚的抛光材料放在有文字的纸上时,可透过它读出文字,透光率大于40% ,可称其为透明陶瓷。陶瓷透明一般只是指在一定电磁频率范围内具有透过性,如可见光透明,也就是在 390 ~ 770 nm 波长范围的光波能够透过,那么人眼看来陶瓷就是透明的,但是在可见光范围外,如红外频谱某个区域的电磁波能够透过陶瓷,那么对这个区域的电磁波来说陶瓷也是透明的,虽然人眼看来陶瓷可能并不透明。

目前为止,透明陶瓷已有很多系列,并多达几十种,其中包括 Al_2O_3 (氧化铝)、MgO(氧化镁)、Y_2O_3 (氧化钇)、CaO(氧化钙)、ZrO_2 (氧化锆)等单一金属氧化物的透明陶瓷,还有非氧化物透明陶瓷如 ZnS(硫化锌)、CdTe(碲化镉)、AlN(氮化铝)、CaF_2 (氟化钙)被开发出来,又发展到多元化合物如 $MgAl_2O_4$ (镁铝尖晶石)、AlON(氮氧化铝)透明陶瓷、透明 PLZT(锆钛酸铅镧)电光陶瓷、YAG(钇铝石榴石)透明陶瓷,以及透明闪烁陶瓷如 YGO、GGG、Gd_2O_2S 等材料。图 5.19 为透明陶瓷的实物图。

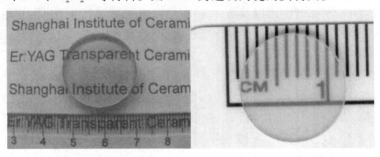

(a)Er：YAG 透明陶瓷　　　　　　　　(b)氧化铝透明陶瓷

图 5.19　Er：YAG 透明陶瓷和氧化铝透明陶瓷

透明陶瓷如果要获得高透光率,必须具备以下条件:

①陶瓷内部致密度高(为理论密度的99.5%以上)。

②晶界上不存在孔隙,或孔隙大小比光波长小得多。

③晶界没有杂质及玻璃相。

④晶粒较小而且均匀,其中没有孔隙。

⑤无光学各向异性,晶体结构最好是立方晶系,不然会引起双折射现象。

⑥表面光洁度高,降低表面对光的散射。

⑦晶体对入射光的选择吸收很小。

表面上看,透明陶瓷的制备工艺与普通陶瓷区别不大,都是原料制备、成形、烧结,从而实现致密化的过程。但从具体技术分析,透明陶瓷对工艺要求非常苛刻,特别是粉体制备与烧结。从某种意义上讲,这两个环节决定了陶瓷的透明程度。透明陶瓷对粉体的要求特别严格,要求粉体高纯(一般要求其纯度大于99.95%)、均匀、超细(一般要求平均晶粒尺寸为$0.1 \sim 0.5~\mu m$)。目前,透明陶瓷粉体制备方法有固相反应合成法、醇盐水解法、溶胶-凝胶法和化学沉淀法,应用较广的有化学沉淀法中的共沉淀和均匀沉淀法等。共沉淀法是合成高纯超细粉体最广泛的方法之一,在含有多种金属阳离子的溶液中加入沉淀剂,一般制备两种以上金属元素的复合氧化物。近年来,低温燃烧合成法(Low-Temperature Combustion Synthesis,LCS)也广泛应用于透明陶瓷粉体的制备。该方法基本过程为:在金属硝酸盐的水溶液中加入适量有机物,溶液加热后发生沸腾、浓缩、冒烟、起火迅速燃烧,最后得到氧化物粉末。透明陶瓷制备过程中,通常采用热压烧结、真空烧结、气氛烧结、激光烧结、微波烧结、热等静压烧结和放电等离子体烧结等特殊方法。

透明材料主要有蓝宝石(单晶氧化铝)、有机及无机玻璃和透明陶瓷。透明陶瓷与单晶材料相比具有制备温度低和生产周期短、成本低的优点,而且结构和尺寸更易控制,力学性能也更好;相比玻璃材料来说又具有强度硬度高、韧性好、表面抗损坏性能好等优势。此外,透明陶瓷还具有高熔点、良好的化学稳定性、优异的光学和机械性能,从而在照明、光学仪器、高温绝缘以及防弹装甲、航空航天等领域得到广泛应用。

透明陶瓷最早应用的领域是照明领域,如照明灯管用的透明材料,而后逐渐发展到激光、高能射线探测以及军事应用等领域,如激光陶瓷材料、闪烁材料以及窗口材料等。透明氧化铝陶瓷应用于高压钠灯的发光管;Nd：YAG透明陶瓷用作激光器激光介质;闪烁透明陶瓷是一种吸收高能光子后发出紫外光或可见光的光功能陶瓷材料,广泛应用于高能物理(如精密电磁量能器)、核医学(如X-CT机)、工业应用(CT探伤)、空间物理、地质勘探等领域;军事应用上,透明陶瓷可以用作透明防弹装甲材料,代替传统多层玻璃用于装甲车窗户和观察口等位置。在不损失光学性能的前提下,质量更轻、强度更高,还能够提供更好的耐久性、抗穿透和划伤能力,现在最常用的是$MgAl_2O_4$和AlON透明陶瓷;红外透明陶瓷主要应用在整流罩和红外窗口材料上,要求透过从紫外到红外$0.2 \sim 6.0~\mu m$区域的电磁波,透过率达到80%以上,接近蓝宝石和石英玻璃,常用的有$MgAl_2O_4$、AlON、MgF_2等红外透明陶瓷。

5.4.2 压电陶瓷

自从 1880 年居里兄弟发现电气石的压电效应以来,便开始了压电学的历史。石英和 $BaTiO_3$ 陶瓷在压电历史上起过重要的作用,但是在人们发现 PZT 压电陶瓷后,才大大加快了压电陶瓷的应用速度,使压电材料的应用出现了崭新的局面。压电材料的应用已经遍布日常生活的每个角落,如打火机、煤气灶、热水器等点火要用压电点火器;电子钟表、声控门、报警器、儿童玩具、电话灯要用上压电谐振器、蜂鸣器;银行、商店、超净厂和安全保密场所的管理以及侦察、破案等场合都可能要用上能验证每个人笔迹和声音特征的压电传感器;照相机和录像机要用压电马达。

一块电极,经过极化处理的压电陶瓷,如果在它的上面加上一个力,那么陶瓷片就会产生形变,同时还会产生电效应(如放电或充电现象)。相反,如果在陶瓷片的电极上加一个电压,陶瓷片就会产生变形效应。这种由于变形而产生的电效应,称为正压电效应;而由于加电压而产生的变形效应,称为逆压电效应。压电效应反映了陶瓷的"压"与"电"之间的线性耦合关系。石英晶体的压电模型如图 5.20 所示。

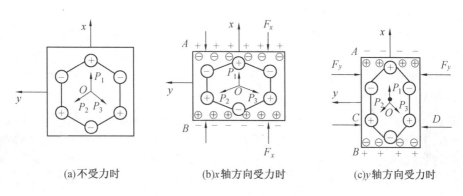

(a)不受力时　　　　　　(b)x轴方向受力时　　　　　　(c)y轴方向受力时

图 5.20　石英晶体压电模型

压电材料按材料种类可分为压电单晶体、压电多晶体(压电陶瓷)、压电聚合物、压电复合材料;按材料的形态可分为压电体材料、压电薄膜;按晶体结构可分为钙钛矿型结构、铌酸锂型结构、钨青铜型结构、铋层状型结构;按有无含铅分为无铅压电陶瓷和含铅压电陶瓷。

$Pb(Zr_xTi_{1-x})O_3$(PZT)在压电陶瓷中研究最深入、应用最广,已在电子、光、热、声等领域得到广泛的应用。它是 $PbZrO_3$ 和 $PbTiO_3$ 的连续固溶体($0 \leqslant x \leqslant 1$),具有钙钛矿结构,为 ABO_3 型化合物。在 PZT 单晶胞中,Pb^{2+} 占据 A 位置,Zr^{4+}、Ti^{4+} 则占据 B 位置,因 Ti^{4+} 的离子半径(0.74 Å[①])和 Zr^{4+} 的离子半径(0.89 Å)相近,化学性能相似,故可以以任何比例组合,形成连续的固溶体。当 $x = 0.50 \sim 0.55$ 时,PZT 的四方相和三方相共存,即处于准同型相界,此时相变激活能低,通过微弱电场的极化,即可使晶体发生结构

---

① 1 Å = 0.1 nm。

转变,从而获得高压电性能和高介电性能。但是 PZT 压电陶瓷的制备主要采用电热法,其烧成温度一般为 1 200 ~ 1 300 ℃。在 PZT 中 PbO(或 Pb_3O_4)质量约占 70%,因氧化铅是一种易挥发的有毒物质,在生产、制备、使用及废弃后的处理过程中,都会给人类和生态环境造成损害。随着环保意识的日益深入,国际上正积极通过法律、法规、政府指令等形式对含铅的电子产品加以禁止。高温烧结时氧化铅的挥发,在对环境造成污染的同时,还会造成陶瓷化学计量比的偏离,影响材料性能。因此,无铅压电陶瓷逐渐成为压电陶瓷材料研究的热点之一。无铅压电陶瓷的种类主要有 $BaTiO_3$ 基无铅压电陶瓷、铌酸盐基无铅压电陶瓷、铋层状结构无铅压电陶瓷和 BNT 基无铅压电陶瓷等。

压电陶瓷的生产工艺大致与普通陶瓷的生产工艺相似,但压电陶瓷的生产工艺有自己的特点,以 PZT 系陶瓷为例,其主要工艺流程为:配料→球磨→过滤、干燥→预烧→二次球磨→过滤、干燥→过筛→成形→排塑→烧结→精修→上电极→烧银→极化→测试。PZT 粉体的制备方法主要有固相法(包括传统固相法、机械力化学法、冲击波高压合成法和微波辐射法)和液相法(包括水热法、共沉淀法和溶胶-凝胶法)。PZT烧结工艺主要有热压烧结、真空烧结、气氛烧结、微波烧结、热等静压烧结和放电等离子体烧结等。

20 世纪 80 年代后期,压电薄膜已成为压电材料应用研究的重要方向之一。压电薄膜能制成非易失随机存取存储器、热释电红外探测器、压电微型驱动器与执行器。其优越性是尺寸小、质量轻、工作电压低、能与半导体集成电路兼容。制备 PZT 薄膜的方法主要有金属有机化学气相沉积法(MOCVD)、溶胶-凝胶法(Sol-Gel)、催化化学气相沉积法(Catalytic CVD)、脉冲激光沉积法(Pulsed Laser Position)、反应脉冲沉积法(Reactive Pulsed Deposition)、电子束沉积法(Electron-Beam Deposition)、等离子体激活的化学气相沉积法(PECVD)、溅射法(Sputtering)等。So1-Gel 方法以设备简单、成本低、能与半导体工艺兼容、均匀性好和组分能精确控制等优点得以大力推广。

5.4.3　热释电陶瓷

除因机械应力的作用而引起电极化(压电效应)外,某些晶体中还可以由于温度变化而产生电极化。这种介质因温度而引起表面电荷变化的现象称为热释电效应。热释电效应是由于晶体中存在自发极化引起的。自发极化是由于晶体本身的结构在某方向上正、负电中心不重合而固有的,自发极化矢量方向由负电中心指向正电中心。当温度变化时,引起晶体结构上的正、负电荷中心相对位移,从而使得晶体的自发极化发生改变。通常,自发极化所产生的束缚电荷来自空气中,附集在晶体外表面上的自由电荷被晶体内部的自由电荷所屏蔽,电荷不能显示出来,只有在晶体受热或冷却,即温度变化时,所引起的电距改变不能补偿的情况下,晶体两端所表现出来的电荷才能表现出来。

晶体具有热释电效应的必要条件是自发极化。因此,具有对称中心的晶体不可能具有热释电效应,这一点和压电晶体一样。但是具有压电性的晶体不一定具有热释电,而热释电晶体一定具有压电性。在 32 种点群中,只有属于 1、2、m、$2mm$、4、$4mm$、3、$3m$、6、$6mm$ 这 10 种点群的晶体,才可能具有热释电性。当然也并非属于这 10 种点群的全部晶体都必定具有热释电性,因为具有热释电性的晶体必须是介电体。

目前,热释电材料主要可分为单晶材料[如 TGS(硫酸三甘肽)、CdS、LiTaO$_3$、LiNbO$_3$、SBN(铌酸锶钡)、PGO(锗酸铅)、KTN(钽铌酸钾)等]、高分子有机聚合物及复合材料[如 PVF(聚氟乙烯)、PVDF(聚偏二氟乙烯)、PVDF−PT(聚偏二氟乙烯与钛酸铅复合)、PVDF−PZT(聚偏二氟乙烯与锆钛酸铅复合)等]和金属氧化物陶瓷及薄膜材料[如 ZnO、BaTiO$_3$、PMN(镁铌酸铅)、PST(钽钪酸铅)、BST(钛酸锶钡)、PbTiO$_3$、PLT(钛酸铅镧)、PZT(锆钛酸铅)、PLZT(锆钛酸铅镧)等]。

在各种材料中,热释电陶瓷材料由于具有制作工艺简单、成本低廉、性能稳定可靠、容易加工、机械性能好、耐电强度高等一系列优点,使其在高温、大面积、大批量、高功率及环境恶劣的条件下使用显示了优越性。PbTiO$_3$、PZT、PLZT、PZST、BST 等是常见的热释电陶瓷,其热释电系数、介电常数和居里温度见表 5.3。PbTiO$_3$ 的居里温度较高,热释电系数随温度变化很小,可用作稳定的红外探测器。PbZr$_{1-x}$Ti$_x$O$_3$(PZT)系陶瓷已广泛地用作压电材料。由于随着 x 的减小居里点降低,热释电系数增大,但介电常数也增大,未能改变作为热释电元件的性能。但是利用 PZT 在 $x = 0.1$ 附近的复杂相变,可制得性能较好的热释电元件。(Ba$_{1-x}$Sr$_x$)TiO$_3$(BST)可视为 BaTiO$_3$−SrTiO$_3$ 组成的固溶体系,即在 BaTiO$_3$ 结构中,部分 Ba^{2+} 晶格位被 Sr^{2+} 所取代,形成取代式固溶体。Sr^{2+} 对 Ba^{2+} 的取代,可以大幅度降低材料的居里温度,BST 的居里温度可以通过调节配比,从 120 ℃ 变化到 −163 ℃。同时该材料具有较高的介电常数和相对较低的介电损耗,介电特性随着材料组分可以调节,且 BST 具有较高的热释电系数。

表 5.3 常见热释电陶瓷的性能参数

陶瓷材料	热释电系数/($C \cdot cm^{-2} \cdot K^{-1}$)	介电常数	居里温度/℃
PbTiO$_3$	6.0×10^{-8}	~200	470
PZT	17.9×10^{-8}	~380	220
PLZT	17×10^{-8}	~3 800	90
PZST	—	—	148
BST	35×10^{-8}	~5 000	—

金属氧化物薄膜热释电材料体积比热小,有助于提高释电红外探测器的响应速度、灵敏度和集成度。因此,对薄膜热释电材料的研究比陶瓷和单晶更受到重视。热释电-铁电薄膜更成为制作薄膜型热释电红外探测器的首选材料。

热释电效应的发现虽然很早,但热释电材料的应用开发却很迟,直到 20 世纪 70 年代中期,随着红外技术的发展,在红外探测器中才得到重要的应用。热释电红外探测器、热释电测温仪、热释电摄像仪等现在已广泛应用于火焰探测、环境污染监测、非接触式温度测量、夜视仪、红外测厚计与水分计、医疗诊断仪、红外光谱测量、激光参数测量、家电自动控制、工业过程自动监控、安全警戒、红外摄像、军事、遥感、航空航天空间技术等领域。而随着微电子机械技术和集成铁电学的发展,薄膜型热释电红外探测器阵列和焦平面阵列已深受人们的关注。热释电单片式红外焦平面阵列和混合式非致冷红外焦平面阵列产品已进入商品和军品领域。随着非致冷红外焦平面阵列技术日益广泛地应用于军品和民品各个相关领域,热释电材料在红外探测领域必将发挥越来越大的作用,并从根本上改变目前红外光电子学的面貌。

5.4.4 敏感陶瓷

敏感陶瓷多属于半导体陶瓷(Semiconductive Ceramics),是继单晶半导体材料之后又一类新型多晶半导体电子陶瓷。敏感陶瓷材料是指当作用于由这些材料的元件上的某一个外界条件,如温度、压力、湿度、气氛、电场、光及射线等改变时,能引起该材料某种物理性能的变化,从而能从这种元件上准确迅速地获得某种有用的信号。按其相应的特性可把这些材料分别称为热敏、压敏、湿敏、光敏、气敏及离子敏感陶瓷。此外,还有具有压电效应的压力、位置、速度、声波敏感陶瓷,具有铁氧体性能的磁敏陶瓷及具有多种敏感特性的多功能陶瓷等。本节就热敏、压敏、光敏和气敏四种敏感陶瓷的性质、分类、使用材料、制造工艺和应用情况进行简单介绍。

1. 热敏陶瓷

热敏陶瓷是对温度变化敏感的陶瓷材料,它可分为热敏电阻、热敏电容、热电和热释电等陶瓷材料。在种类繁多的敏感元件中,热敏电阻应用最广。热电阻在 20 世纪 30 年代就已问世,用作电路温度补偿元件。阻值随着温度升高而增加的称正温度系数(PTC)热敏电阻;相反,则称负温度系数(NTC)热敏电阻;随着温度的升高,在临界温度附近,电阻急剧变化,称为临界热敏电阻(CTR);阻值随温度变化呈线性的热敏电阻称线性热敏电阻;阻值随温度变化呈指数(或对数)关系的称非线性热敏电阻。在非线性热敏电阻中,有一类电阻在一个很窄的温度范围内可变化(上升或下降)几个数量级,称为开关型热敏电阻。几种不同类型热敏电阻的温度特性曲线如图 5.21 所示。NTC 热敏电阻又可分为三种:工作温度在 300 ℃ 以上的 NTC 热敏电阻常称高温热敏陶瓷;工作温度在 -60 ℃ 以下的 NTC 热敏电阻材料称为低温热敏陶瓷;工作温度为 -60 ~ 300 ℃ 的 NTC 热敏电阻常称中温热敏陶瓷。

常用的正温度系数热敏陶瓷是掺入施主杂质、在还原气氛中烧结的半导体化 $BaTiO_3$ 陶瓷,主要用于制作开关型和缓变型热敏陶瓷电阻、电流限制器等。负温度系数热敏陶瓷大多是具有尖晶石结构的过渡金属氧化物固溶体,即多数含有一种或多种过渡金属(如 Mn、Cu、Ni、Fe 等)的氧化物,化学通式为 AB_2O_4,其导电机理因组成、结构和半导体化的方式不同而异。低温 NTC 热敏陶瓷通常使用掺 La、Nb、Pd 等的 Mn-Ni-Cu-Fe、Mn-Cu-Co、Mn-Ni-Cu 等系列材料,其工作温度最低达 4 K;Ge、Si 等单晶材料也可是常用的低温热敏材料。高温 NTC 热敏陶瓷为 Pr、Er、Tb、Nd、Sm 等稀土氧化物,加入适量其他过渡金属氧化物,在 1 600 ~ 1 700 ℃ 烧结后,可在 300 ~ 1 500 ℃ 工作;或采用 $MgAl_2O_4 - MgCr_2O_4 - LaCrO_3$ [或 (LaSr) CrO_3] 三元系材料,该材料系可适用于 1 000 ℃ 以下温区。以 VO_2 为代表的 CTR 热敏陶瓷是将 VO_2 与 Ba、Si、P 等的氧化物混合后在含有 H_2、CO_2 的混合还原气氛中烧结而成的。在 67 ℃ 以上,VO_2 为金红石结构,在 67 ℃ 以下,发生相变,变为单斜结构。如果对这种临界陶瓷进行适量的掺杂(如

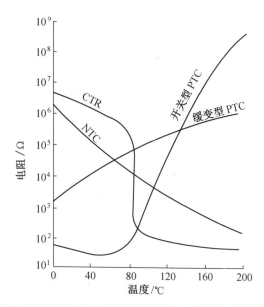

图 5.21　几种不同类型热敏电阻的温度特性曲线

掺 Ge、Ni、Mn 等)可以改变其 Currie 温度,可用作控温、温度补偿、报警等。

热敏电阻在温度传感器中的应用最广,它虽不适于高精度的测量,但其价格低廉,多用于家用电器、汽车等。PTC 热敏电阻有两种用途:一是用于恒温电热器,PTC 热敏电阻通过自身发热而工作,达到设定温度后,便自动恒温,因此不需要另加控制电路,如用于电热驱蚊器、恒温电熨斗、暖风机、电暖器等;二是用作限流元件,如彩电消磁、节能灯用电子镇流器、冰箱电机启动器、程控电话保安器等。NTC 热敏电阻应用范围广泛,主要用于温度检测、抑制浪涌电流与温度补偿等。

2. 压敏陶瓷

压敏陶瓷是指电阻值与外加电压呈显著的非线性关系的半导体陶瓷,在某一临界电压以下时电阻值非常高,几乎无电流通过,在电压超过临界电压很小时,电流急剧增加,其 $I-V$ 特性如图 5.22 所示。使用时加上电极后包封即成压敏电阻器(Variable Resistor,Varistor),又称变阻器。压敏陶瓷电阻器自 1940 年用作电力避雷器以来,已广泛应用于有线电话交换机消除电火花,硅整流器、彩色电视机吸收异常电压,微型马达吸收噪声及对电机进行过压保护和继电保护。近年来,随着电子仪器和装置的轻、薄、短、小及多功能化的发展,陶瓷压敏电阻器在大规模集成电路和超大规模集成电路的计算机、电子仪器中作为保护元件需求量逐年增加,给陶瓷压敏电阻器开辟了广阔的应用背景。

按照外形和结构的特征,压敏电阻器可分为单层结构压敏电阻器、多层结构压敏电阻器(Multilayer Varistor,MLV)和避雷器用压敏电阻片(也称阀片)。根据其工作电压,压敏电阻器也可分为低压压敏电阻器和高压避雷器阀片。制造压敏陶瓷的材料有 SiC、ZnO、$BaTiO_3$、TiO_2、Fe_2O_3、SnO_2、$SrTiO_3$ 等,其中 $BaTiO_3$、Fe_2O_3 利用的是电极与烧结体界面的非欧姆特性,而 SiC、ZnO、$SrTiO_3$ 利用的是晶界非欧姆特性。目前商品化的

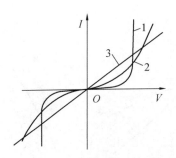

图 5.22　压敏陶瓷的 I–V 特性
1—ZnO 压敏电阻；2—SiC 压敏电阻；3—线性电阻

压敏电阻器来自 ZnO、TiO、SrTiO$_3$ 等不同体系的压敏陶瓷系列，而应用最广的是 ZnO 压敏半导体陶瓷。

ZnO 压敏陶瓷问世以来，由于其优异非线性欧姆特性得以迅速发展，成为压敏材料的主流产品。然而 ZnO 压敏电阻介电系数小，介电损失较大，高频噪声吸收能力差，对陡脉冲浪涌反应速度慢，较难实现低压化，一定程度上限制了它的开发利用。20 世纪 80 年代，由日本太阳诱电公司及松下公司相继开发的 SrTiO$_3$ 系压敏材料弥补了这种不足。SrTiO$_3$ 基压敏电阻具有良好的压敏特性、低的压敏电压、大的电容量和小的漏电流，是一种典型的电容-压敏双功能元件，因此在微型电机、移动通信等大多采用低压集成电路的低压应用领域受到广泛关注。近年来，研究人员发现(Sr、Ba、Ca)TiO$_3$ 基压敏陶瓷具有比 SrTiO$_3$ 基压敏陶瓷更好的介电性能。

然而，SrTiO$_3$ 基压敏材料需要先在还原气氛中烧结成低阻的半导体，然后经过空气中的氧再氧化。复杂的工艺使得它的制备成本较高。因此研究人员更为关注的是同期美国贝尔实验室开发的 TiO$_2$ 压敏陶瓷。TiO$_2$ 压敏陶瓷同样具有压敏电压低、非线性好和电容量大的特点，可以克服 ZnO 压敏电阻对噪声吸收能力差、反应速度慢的缺点，而且制备工艺简单，只需要在空气中一次烧结。TiO$_2$ 压敏电阻作为微电机的消噪声元件、继电器的触头保护元件等得以实际应用，具有广阔的发展前景。

压敏陶瓷电阻器的制造工艺与传统陶瓷工艺基本相同，其工艺流程为：配料→混磨→造粒→成形→烧成→喷涂电极→检测→组装→打标志→入库。混磨可以用一般球磨、振动磨或具有行星针轮摆线式减速器的微粒球磨。造粒后干压成形，在空气气氛中烧成，烧成温度视不同配方而定，在 1 150～1 350 ℃都可得到良好的非线性产品。

3.光敏陶瓷

光敏陶瓷也称光敏电阻瓷，属半导体陶瓷，它在光的照射下，吸收光能，产生光电导或光生伏特效应。利用光电导效应来制造光敏电阻，可用于各种自动控制系统；利用光生伏特效应可制造光电池(或称太阳能电池)，为人类提高新能源。光电导效应是表示材料(或器件)受到光辐射后，材料(或器件)的电导率发生变化。光敏电阻的工作原理是：在其两极加上一定电压后，当光照射在光电导体时，由光照产生的光生载流子在外加电场作用下沿一定方向运动。在电路中产生电流，达到了光电转换的目的。

根据半导体材料的分类,光敏电阻有两种类型:一种是本征型光敏电阻,另一种是掺杂型光敏电阻。掺杂型光敏电阻中 N 型半导体材料制成的光敏电阻性能稳定,特性较好,故目前大都采用。根据光敏电阻的光谱特性(图 5.23)可分为紫外光敏电阻器、红外光敏电阻器和可见光光敏电阻器。紫外光敏电阻器对 300 ~ 400 nm 紫外线较灵敏,如硫化镉、氧化锌和硒化镉等,用于探测紫外线;红外光敏电阻器对 760 ~ 6 000 nm 的红外线较灵敏,如硫化铅、硒化铅和碲化铟等,广泛用于导弹制导、天文探测、非接触测量、人体病变探测、红外光谱、红外通信等国防、科学研究和工农业生产中;可见光光敏电阻器对于 400 ~ 760 nm 的可见光敏感,如硫化铊等,主要用于各种光电控制系统,如光电自动开关门户、航标灯、路灯和其他照明系统的自动亮灭,自动给水和自动停水装置,机械上的自动保护装置,照相机自动曝光装置,光电计数器,烟雾报警器,光电跟踪系统等方面。

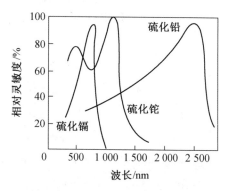

图 5.23 光敏电阻的光谱特性

传统的光敏电阻制备方法为:把 CdS 或 CdSe 粉末掺一定量的 Cu、Ag 及 CdCl$_2$ 等,在 600 ℃ 以上的温度烧结,使 CdS、CdSe 具有光敏特性。将这种粉末在一定压力下制成片状,再将这些光敏片在 300 ~ 500 ℃ 下进行氧化处理。处理后的光敏片灵敏度相当高,但工艺中压制工序较烦琐,效率低,近年来已不常采用。近年来主要采用以下工艺:

①不烧制膜法。首先制出光敏 CdS,之后用有机树脂黏合剂均匀混合,涂布在某种基体上,经过一定的热处理,制成光电导体。

②烧结制膜法。将 CdS 加入适量 CuCl$_2$、AgNO$_3$ 溶液和助熔剂 CdCl$_2$ 与蒸馏水混合,磨细并烘干。在惰性气氛中 600 ℃ 以上合成光敏 CdS。再掺入 2% ~ 8% 的高纯硫,在 200 ~ 300 ℃ 氮气气氛中加热。之后加水细磨,喷涂在陶瓷、石英、玻璃或云母等基板上,干燥。于 600 ℃ 氮气气氛中烧结。最后放在 NH$_4$OH 稀水溶液中浸泡 8 h,再用温蒸馏水充分洗涤,以除去表面的氯化物和碱。

③真空镀膜法。一种方法将 CdS 加敏化剂 CuS 与 NaCl 在含硫的气氛中烧结,粉碎后作为蒸发源,蒸发在基板上形成薄膜。另一种方法是在 CdS 中加适量 CuCl$_2$ 敏化剂放入蒸发舟里蒸发。

4.气敏陶瓷

随着现代工业的高速发展和人们生活水平的显著提高,人们使用和接触的气体越来越多,而那些易燃、易爆、有毒气体和废气不仅威胁到人们的生命和财产,而且还直接影响到人类的生存环境。因此,有效地对这些气体进行检测、监控和报警成为迫切的任务。气体传感器就是适应这些需要而发展起来的。气敏陶瓷是一种对气体敏感的陶瓷材料,陶瓷气敏元件(或称陶瓷气敏传感器)由于具有灵敏度高、性能稳定、结构简单、体积小、价格低廉、使用方便等优点,得到迅速发展。

气敏陶瓷大致可分为半导体式气敏陶瓷、接触燃烧式气敏陶瓷和固体电解质型气敏陶瓷。半导体气敏陶瓷一般可以分为表面效应和体效应两种类型。按制造方法和结构形式,可分为烧结型、薄膜型及厚膜型。通常气敏陶瓷是按照使用材料的成分划分为 SnO_2、ZnO、Fe_2O_3、WO_3、ZrO_2、TiO_2 以及许多复合氧化物系统的陶瓷材料。近年来应用于气体传感器中的气敏材料主要有烧绿石型气敏陶瓷材料、尖晶石型气敏陶瓷材料、钙钛矿型氧化物气敏陶瓷材料等。表5.4是常用气敏陶瓷的使用范围和工作条件。

表5.4 各种气敏陶瓷的使用范围和工作条件

半导体材料	添加物质	可探测气体	使用温度/℃
SnO_2	PdO、Pd	CO、C_3H_3、乙醇	$200\sim300$
SnO_2	Pt、Pd、过渡金属	CH_4、C_3H_3、CO	$200\sim300$
SnO_2	$PdCl_2$、$SbCl$	CH_4、C_3H_8、CO	$200\sim300$
SnO_2	$PdO+MgO$	还原性气体	150
SnO_2	Sb_2O_3、MnO_2、TiO_2	CO、煤气、乙醇	$250\sim300$
SnO_2	V_2O_5、Cu	乙醇、苯等	$250\sim400$
SnO_2	稀土类金属	乙醇系可燃气体	—
SnO_2	Sb_2O_3、Bi_2O_3	还原性气体	$500\sim800$
SnO_2	过渡金属	还原性气体	$250\sim300$
SnO_2	瓷土、Bi_2O_3、WO_3	碳化氢系还原性气体	$200\sim300$
ZnO	—	还原性和氧化性气体	—
ZnO	Pt、Pd	可燃性气体	—
ZnO	V_2O_5、Ag_2O	乙醇、苯	$250\sim400$
Fe_2O_3		丙烷	
WO_3、MoO、CrO	Pt、Ir、Rh、Pd	还原性气体	$600\sim900$
$(LnM)BO_3$	—	乙醇、CO、NO_x	$270\sim390$

半导体气敏陶瓷是利用半导体陶瓷与气体接触时电阻的变化来检测低浓度气体的。半导体表面吸附气体分子时,其电导率将随半导体类型和气体分子种类的不同而变化。用半导体陶瓷元件检测气体时,气体在半导体上的吸附和脱吸必须迅速。然而工作温度至少在 100 ℃以上时才会有足够大的吸脱速度。因此,元件会在较高温度下长期暴露在氧化性或还原性气氛中工作,从而要求半导体气敏陶瓷元件必须具有物理

和化学的稳定性。此外,气敏元件还应具有以下主要特性:气体选择性,初始稳定、气敏响应和复原特性,灵敏度及长期稳定性。

常见的气敏陶瓷很多,比较典型的有氧化锡系、氧化锌系、氧化铁系、氧化锆系等。SnO_2 气敏陶瓷目前应用最广,它是以 SnO_2 为基材,掺杂 Pd、Ir、Ga、CeO_2 等活性物质以提高其灵敏度,另外可添加 Al_2O_3、Sb_2O_3、MgO、CaO 和 PdO 等添加物以改善其烧结、老化及吸附等特性。SnO_2 气敏陶瓷对可燃性气体,如氢、甲烷、丙烷、乙醇、丙酮、一氧化碳、城市煤气、天然气都有较高的灵敏度。ZnO 也是很重要的气敏陶瓷材料,其最突出的优点是气体选择性强。掺以 Pt 和 Pd 催化剂后,可提高其灵敏度。掺 Pt 后对丁烷和丙烷等气体的灵敏度高,而掺 Pd 的 ZnO 对氢和 CO 的灵敏度高。ZnO 与 V-Mo-Al_2O_3 催化剂组合后,检测氟利昂气体的灵敏度比一般的气敏传感器要高。但长期使用后,催化剂层将发生变化,连续使用 400 h 后会逐渐退化,灵敏度开始降低。不用催化剂的 ZnO 传感器对氟利昂气体的灵敏度很低。Fe_2O_3 系气敏陶瓷不需要添加贵金属催化剂就可制成灵敏度高、稳定性好、具有一定选择性,且在高温下稳定性好的气敏元件。Fe_2O_3 气敏陶瓷主要用于检测异丁烷气体和石油液化气。它是利用在 $\gamma-Fe_2O_3$ 和 Fe_3O_4 之间的氧化还原过程中,Fe^{3+} 和 Fe^{2+} 转变时的电子交换来检测还原性气体的。ZrO_2 气敏陶瓷传感器主要用于氧气检测,用在锅炉、金属热处理炉、无机材料烧结炉、烟道气中,测定燃烧所排出气体中的氧含量,可以提高燃烧效率和防止大气污染。此外,ZrO_2 传感器主要用于测定金属熔体中的含氧量和空气分离产物中的含氧量。

气体与敏感陶瓷的作用部位通常只局限于表面,故其敏感特性(如电阻值与被测气体浓度的关系)和敏感体的烧结形式(几何形状)有关。气敏薄膜的厚度一般为 $10^{-2} \sim 10^{-1}$ μm,可通过化学气相沉积或不同形式的溅射方式来制备。厚膜的膜厚为几十微米,采用浆料丝网漏印烧结法制作。多孔陶瓷则采用非致密烧结法制备。

习题与思考题

1.功能材料有哪些类型?在航空工业中应用的功能材料主要有哪些?

2.隐身材料包括哪些类型?未来高性能的隐身飞机需要具备哪些隐身技术?

3.雷达隐身效果一般要什么参数来评定?它跟什么有关?如何能够提高飞机的雷达隐身效果?

4.什么是红外隐身技术?如何提高飞机的红外隐身效果?

5.未来的智能隐身材料主要包括哪几方面的材料?

6.什么是形状记忆材料?目前有哪些材料具有形状记忆特性?

7.简述形状记忆合金的工作原理。

8.形状记忆合金具备哪些特殊性能?这些性能可在航空工业哪些领域获得应用?

9.NiTi 形状记忆合金在制备过程中要注意哪些问题?它具有哪几种形状记忆处理工艺?

10.形状记忆合金的未来发展方向主要有哪些?

11. 何为透明陶瓷？怎样才能使陶瓷透明？目前有多少体系的透明陶瓷？

12. 透明陶瓷在航空航天领域可能的应用领域有哪些？

13. 何为压电陶瓷？阐述它的工作原理和应用领域。

14. 何为热释电陶瓷？阐述它的工作原理和应用领域。

15. 何为热敏陶瓷？根据热敏电阻的温度度特性曲线可将热敏电阻分为哪几类？

16. 何为压敏陶瓷？它和压电陶瓷有何区别？

17. ZnO 气敏陶瓷和 ZnO 压敏陶瓷有何不同？

18. 何为光敏陶瓷？它可以分成哪些类别？

参 考 文 献

[1] 李成功,傅恒志,于翘,等.航空航天材料[M].北京:国防工业出版社,2002.

[2] 周馨我.功能材料学[M].北京:北京理工大学出版社,2003.

[3] 曹春晓,郝应其.材料世界的天之骄子——航空材料[M].北京:清华大学出版社,2002.

[4] 徐祖耀.形状记忆材料[M].上海:上海交通大学出版社,2000.

[5] 刑丽英.隐身材料[M].北京:化学工业出版社,2004.

[6] 刘维良,喻佑华.先进陶瓷工艺学[M].武汉:武汉理工大学出版社,2004.

[7] 刘维良.特种陶瓷工艺学[M].南昌:江西高校出版社,2010.

[8] 殷之文.电介质物理学[M].北京:科学出版社,2003.

[9] 李和太,魏永广,揣荣岩.半导体敏感元件与传感器[M].沈阳:东北大学出版社,2008.

[10] 王零森.特种陶瓷[M].长沙:中南工大出版社,1994.

[11] 贡长生,张克立.新型功能材料[M].北京:化学工业出版社,2001.

[12] 赵培聪.2010年隐身与反隐身技术发展情况[J].现代雷达,2011,31(4):9-12.

[13] 马成勇,程海峰,唐耿平,等.红外/雷达兼容隐身材料的研究进展[J].材料导报,2007,21(1):126-129.

[14] 潘肃,李成功.金属功能材料在航空航天工业方面的应用[J].金属功能材料,1995(1):1-4.

[15] 宋兴华,於定华,马新胜,等.涂料型红外隐身材料研究进展[J].红外技术,2004,26(2):9-12.

[16] 赵东林,周万城.涂敷型吸波材料及其涂层结构设计[J].兵器材料科学与工程,1998,21(4):58-62.

[17] 王岩,冯玉杰,刘延坤,等.隐身技术与隐身材料研究进展[J].化学工程师,2006,132(9):43-47.

[18] 黄亮,姜涛.智能隐身材料的研究现状及发展趋势[J].国防科技,2008,29(3):7-11.

[19] 周守理.形状记忆合金在航空航天领域的应用与进展[J].天津冶金,1998(1): 1-3.

[20] 于东,张博明,梁军,等.形状记忆合金在航空工业中的应用研究进展[J].金属功能材料,2007,14(6):27-32.

[21] 杭观荣,王振龙.形状记忆合金在固定翼飞机上的应用探索[J].微电机,2007,40(11):54-58.

[22] PITT D M,DUNNE J P,WHITE E V,et al. Wind tunnel demonstration of the sampson smart inlet[J]. Proceedings of SPIE,2001,4332:345-356.

[26] QUACKENBUSH T R,CARPENTER B F,BOSCHITSCH A H,et al. Development and test of an HTSMA supersonic inlet ramp actuator[J]. Proceedings of SPIE,2008,6930:1-11.

[27] PITT D M,DUNNE J P,WHITE E V. Sampsom smart inlet design overview and wind tunnel test Part I—Design overview[J]. Proceedings of SPIE,2002,4968:13-23.

[28] PITT D M,DUNNE J P,WHITE E V. Sampsom smart inlet design overview and wind tunnel test Part Ⅱ—Wind tunnel test[J]. Proceedings of SPIE,2002,4968:24-36.

[29] CLINGMAN D J,CALKINS F T,SMITH J P. Thermomechanical properties of 60 - Nitinol smart structures and materials[J]. Proceedings of SPIE,2003,5053:219-229.

[30] 沈海涛.$Al_2O_3/MgAl_2O_4$红外透明陶瓷制备工艺及其性能研究[D].哈尔滨:哈尔滨工业大学,2011.

[31] 江东亮.透明陶瓷——无机材料研究与发展重要方向之一[J].无机材料学报,2009,24(5):873-881.

[32] 林健健,沈建兴,桑元华.透明陶瓷研究进展[J].山东轻工业学院学报,2009,23(3):5-8.

[33] 吉亚明,蒋丹宇,冯涛,等.透明陶瓷材料现状与发展[J].无机材料学报,2004,19(2):275-282.

[34] 竺保成.PZT基压电陶瓷的掺杂改性及其微波烧成研究[D].长沙:湖南大学,2011.

[35] 李环亭,孙晓红,陈志伟.压电陶瓷材料的研究进展与发展趋势[J].现代技术陶瓷,2009(2):28-32.

[36] 赁敦敏,郑莽佶,伍晓春,等.无铅压电陶瓷研究进展[J].四川师范大学学报(自然科学版),2010,33(1):117-131.

[37] 侯识华,宋世庚,陶明德.热释电材料及其应用[J].电子元件与材料,2000,19(6):26-30.

[38] 席明鹏.钛酸锶钡($Ba_{0.7}Sr_{0.3}TiO_3$)热释电陶瓷材料研究[D].武汉:华中科技大学,2007.

[39] 王卫民,赵鸣,张慧君,等.NTC热敏电阻材料组成及制备工艺研究进展[J].材料科学与工程学报,2005,23(2):286-289.

[40] 范积伟,夏良,张小立.新型压敏陶瓷材料的研究与进展[J].功能材料信息,2010,7(3):21-25.

[41] 宋吉江,牛轶霞.光敏电阻的特性及应用[J].微电子技术,2000,28(1):55-57.

[42] 张维兰,欧江,夏先均.气敏陶瓷研究进展[J].热处理技术与装备,2006,27(5):15-17.

[43] 崔志敏,马雪刚.气敏陶瓷材料的制备及应用[J].山东陶瓷,2007,30(2):11-13.

[44] 曾中明.几种半导体气敏陶瓷材料的发展概况[J].佛山陶瓷,2002(8):1-3.